DELIUS KLASING

Dr. Etzold
Diplom-Ingenieur für Fahrzeugtechnik

So wird's gemacht

pflegen – warten – reparieren

Band 16

VW Käfer

1200 / 34 PS	9/60 – 12/86
1200 / 50 PS	9/75 – 12/86
1300 / 40 PS	9/65 – 12/86
1500 / 44 PS	9/66 – 12/86
1302 / 44 PS	9/70 – 12/86
1302 S / 50 PS	9/70 – 12/86
1303 / 44 PS	9/72 – 12/86
1303 S / 50 PS	9/72 – 12/86

Delius Klasing Verlag

Bibliografische Information der Deutschen Nationalbibliothek
Die Deutsche Nationalbibliothek verzeichnet diese Publikation in der Deutschen Nationalbibliografie; detaillierte bibliografische Daten sind im Internet über http://dnb.dnb.de abrufbar.

31. Auflage
ISBN 978-3-7688-0237-6

Alle Angaben ohne Gewähr
Druck: Kunst- und Werbedruck, Bad Oeynhausen
Printed in Germany 2025

Delius Klasing Verlag GmbH, Siekerwall 21, D-33602 Bielefeld
Tel.: 0521/559-0
E-mail: info@delius-klasing.de
www.delius-klasing.de
http://sowirdsgemacht.com

Lieber Leser,

der VW Käfer zeichnet sich durch geringen Wartungsaufwand und hohe Lebensdauer aus. Dennoch kommt auch der Käfer nicht ohne regelmäßige Pflege und Wartung aus. Und natürlich müssen auch beim Käfer hin und wieder Verschleißteile erneuert werden.

Die meisten Autofahrer überlassen derartige Reparaturen den VW/Audi-Werkstätten. Doch nicht wenige Fahrer wollen ihr Auto selber reparieren und warten.

Verständlicherweise wird es vom Werk am liebsten gesehen, wenn jeder Wagen sein Leben lang von geschulten Kundendienst-Monteuren betreut wird.

Volkswagen laufen jedoch in allen Teilen der Welt und nicht überall kann das Netz der autorisierten Werkstätten so dicht und aufnahmefähig sein wie in der Bundesrepublik Deutschland. So bleibt es nicht aus, daß manchmal die Hilfe einer kleinen Werkstatt in Anspruch genommen werden muß, die nicht der VW/Audi-Organisation angehört. Hier kann es sehr hilfreich sein, wenn das vorliegende Buch als Arbeitsunterlage dient.

Natürlich ist das Buch auch dem handwerklich geschickten Käfer-Besitzer gewidmet, der es zu seinem Hobby gemacht hat, anfallende Wartungs- und Reparaturarbeiten selbst durchzuführen. Vor allem in diesen Fällen leistet das Buch wertvolle Hilfe.

Wer seine Fähigkeiten richtig einschätzt und die Arbeiten nach seinen Möglichkeiten auswählt, kann durchaus zur Werterhaltung seines Fahrzeugs beitragen. Doch auch der fachkundige Laie sollte niemals vergessen, daß es zur Überwachung und Erhaltung seines Fahrzeugs unbedingt erforderlich ist, in regelmäßigen Abständen den Kundendienst einer VW/Audi-Werkstatt in Anspruch zu nehmen.

Außerdem gibt es einige Dinge am Auto, die zwar technisch interessant sind, arbeitstechnisch jedoch lieber Spezialisten überlassen bleiben sollten.

Die Zeiten sind vorbei, in denen man einen Motor nach Gehör einstellen konnte. Auch die luftgekühlten Motoren des Käfers reagieren auf eine falsche Vergaser- oder Zündeinstellung mit Leistungseinbuße. Mitunter treten sogar aufgrund falscher Motoreinstellung ernsthafte Triebwerksschäden auf. Ohne genaue Kenntnis der Materie und ohne die erforderlichen Einstelldaten sollte man sich deshalb nicht an die Reparatur seines Fahrzeugs heranwagen.

Vom VW Käfer sind über 20 Millionen Stück produziert worden, die Grundkonstruktion des Käfers ist über 70 Jahre alt. Durch geschickte Überarbeitung konnte der Käfer jedoch jederzeit auf dem Stand der Technik gehalten werden. Es gibt am Käfer kein Teil, was im Laufe der Jahre nicht geändert wurde – mitunter sogar mehrmals. Deshalb ist es nur zu verständlich, daß in diesem Buch nicht auf jede Änderung eingegangen werden konnte.

Da der Käfer jedoch in seiner Grundkonstruktion nie geändert wurde, wird jeder – egal wie alt sein Fahrzeug ist, das vorliegende Buch als Arbeitsunterlage verwerten können. Was das Buch jedoch nicht sein will und sein kann: Ein Lehrbuch zum Erlernen des Autoschlosserberufes.

Deshalb wendet sich dieses Buch vornehmlich an den technisch versierten Heimwerker. Ihm bietet es die notwendigen Grundlagen, die meisten anfallenden Arbeiten an seinem Käfer richtig und schnell durchzuführen.

Alle Arbeitsgänge sind detailliert beschrieben, große Übersichts- und Detailfotos ermöglichen einen schnellen Überblick über den Umfang der Arbeit. Neben den einzelnen Arbeitsgängen wird zusätzlich die Funktion der Käfer-Aggregate beschrieben, so daß man sein Auto und die Arbeitsweise der einzelnen Aggregate besser kennenlernt.

Rüdiger Etzold

Inhaltsverzeichnis

Der Motor

Der VW Käfer wird von einem luftgekühlten Vierzylinder Boxermotor angetrieben, der im Heck des Wagens eingebaut ist.

Das Kurbelgehäuse des Motors besteht aus zwei Teilen, die in der Ebene von Kurbel- und Nockenwelle miteinander verschraubt sind.

Die vier Zylinder des Motors besitzen alle die gleiche Form und lassen sich zusammen mit dem passenden Kolben, wenn nötig, einzeln auswechseln.

Jedes Zylinderpaar trägt einen gemeinsamen Zylinderkopf aus Leichtmetall. Die vier Ventile, je eins für Einlaß und Auslaß pro Zylinder, sind hängend im Zylinderkopf angeordnet. Sie lassen sich nach Demontage des Zylinderkopfes auswechseln. Linke und rechte Köpfe sind im übrigen völlig symmetrisch aufgebaut.

Da beim Boxermotor die Zylinder nicht alle in einer Reihe liegen, beginnt man beim Zählen mit der in Fahrtrichtung liegenden rechten Seite und zählt hier von vorn nach hinten. Im Zweifelsfall findet man die Numerierung der Zylinder auf dem Motorabdeckblech neben den Löchern für die Kerzenstecker.

Die Kurbelwelle ist aus Stahl geschmiedet und in drei Grundlagern gelagert. Ein im Durchmesser etwas kleineres viertes Lager ist am hinteren Wellenende zwischen Nockenwellen-Antriebsrad und der großen Keilriemenscheibe angeordnet.

Die Nockenwelle ist im Kurbelgehäuse unter der Kurbelwelle angeordnet und läuft in drei geteilten Stahllagern mit Weißmetall-Lauffläche. Sie wird von einem schrägverzahnten Stirnradpaar mit halber Kurbelwellendrehzahl angetrieben. Zum Übertragen des Nockenhubs auf die Ventile dienen acht Stößel und Stößelstangen und je vier Kipphebel.

Der Ölkreislauf besteht aus der von der Nockenwelle angetriebenen Zahnradpumpe, dem Ölüberdruckventil, dem Ölkühler und dem Öldruckschalter.

Zur Motorkühlung dient ein auf das Kurbelgehäuse aufgesetztes Radialgebläse, dessen Laufrad vorn auf der Lichtmaschinenwelle befestigt ist. Die durch Kühlluftschlitze in den Motorraum angesaugte Luft wird in zwei Strömen rechts und links um die verkleideten Zylinder herumgeführt und tritt darunter ins Freie aus. Unterhalb der Zylinder 1 und 2 befindet sich im Luftstrom ein Thermostat. Er regelt in Abhängigkeit der Temperatur den Luftzutritt zu den Zylindern. Damit ist sichergestellt, daß sich der kalte Motor schnell erwärmt.

Wagen aufbocken

Damit der aufgebockte Wagen sicher steht, sind Unterstellböcke erforderlich. Das Fahrzeug kann mit einer Hebebühne oder einem Rangierheber hochgehoben werden.

Anheben mit einer Hebebühne

Beim Anheben mit der Hebebühne darf der Wagen nur an den hier gezeigten Stellen abgestützt oder angehoben werden.

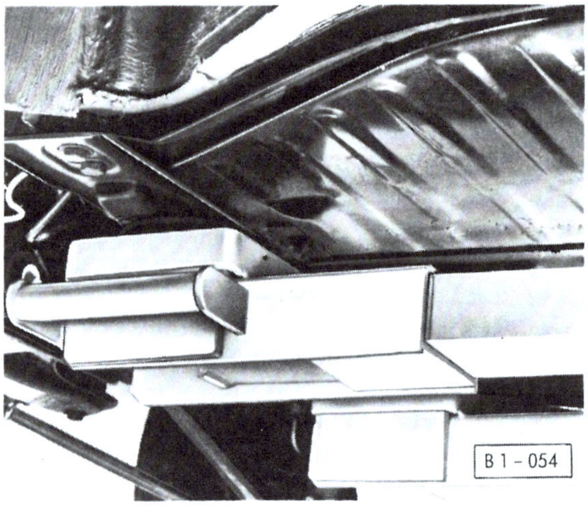

Vorn: Am Rahmenkopf

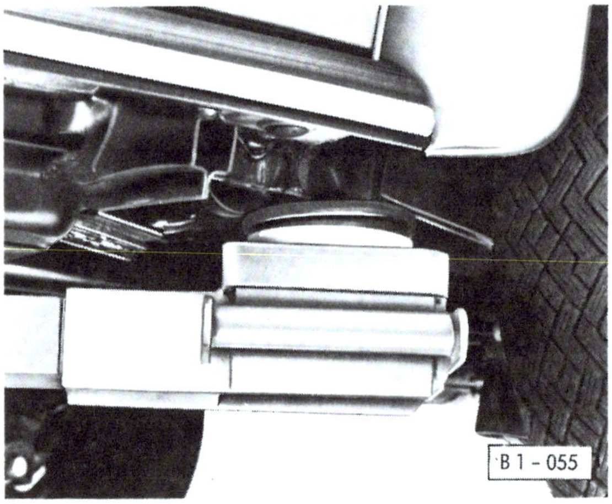

Hinten: Am Lager für Querrohr oder am äußeren Querrohr.

Anheben mit einem Rangierheber

Zum Anheben des Vorder- oder Hinterwagens fahrbaren Rangierheber vorne nur am Vorderachskörper und hinten nur am Querrohr des Rahmens ansetzen.

Achtung: Nicht tragfähige Teile in der Umgebung der Aufnahme dürfen beim Anheben nicht mit erfaßt werden. Grundsätzlich das Fahrzeug nicht am Kurbelgehäuse oder am Getriebe anheben, da sonst schwere Schäden auftreten können.

Motor aus- und einbauen

Zum Ausbau des Motors muß das Fahrzeug hinten ca. 1 m hochgehoben und aufgebockt werden. Es ist darauf zu achten, daß das Fahrzeug auf kippsicheren Unterstellböcken gelagert wird.

Ausbau

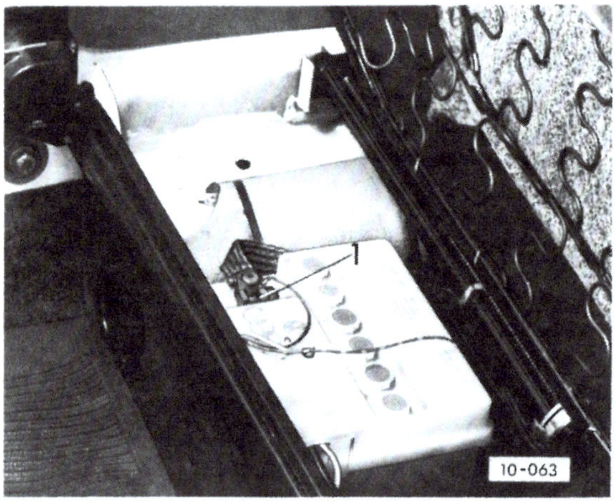

- Rücksitzbank hochheben und Masseband (1) von der Batterie abklemmen.

- Schläuche zum Luftfilter abziehen und Klemmschraube unten am Luftfilter (2) lösen. Luftfilter abnehmen. Vergaser mit sauberem Tuch abdecken.
- Elektrische Leitungen (3) von Lichtmaschine, Zündspule, Startautomatik, elektromagnetischem Leerlaufventil und Öldruckschalter abziehen.
- Vergaserzug (4) vom Vergaser abklemmen und Führungsrohr aus dem Gebläsegehäuse herausziehen. **Achtung:** Klemmhülse nicht verlieren.

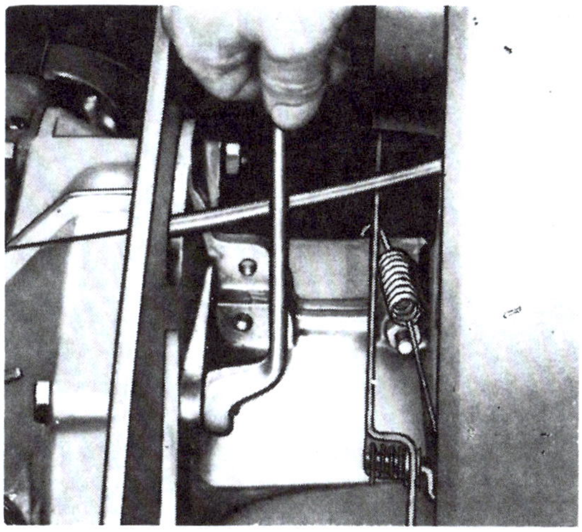

● Mutter (5) der beiden oberen Befestigungsschrauben hinter dem Gebläse abschrauben. Dabei muß ein Helfer die Schrauben festhalten.

● Wagen aufbocken.

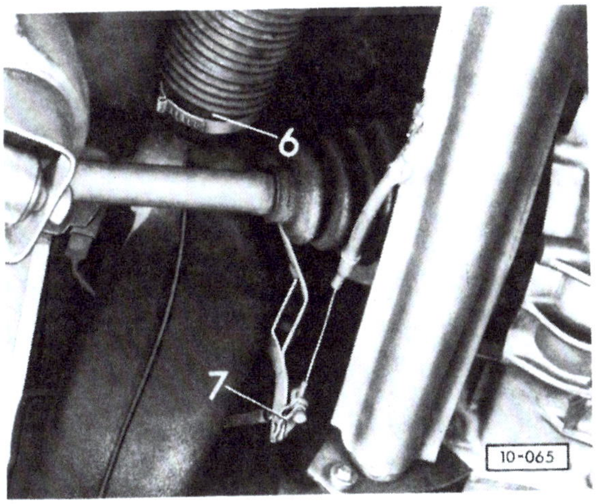

● Klemmschellen für Heizungsschläuche lösen, Heizungsschläuche (6) abziehen. Links und rechts Heizungszüge (7) abklemmen.

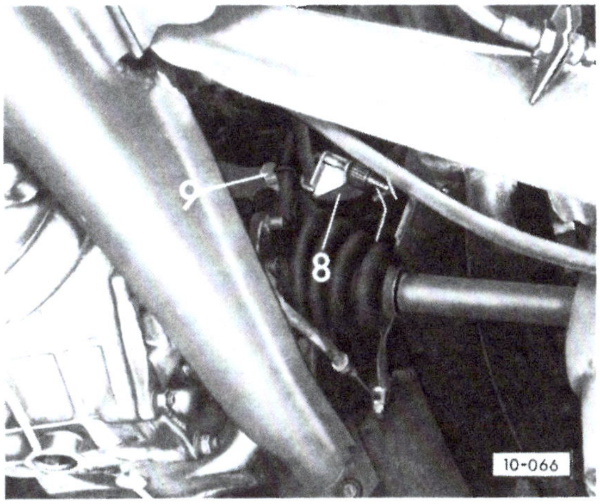

● Kraftstoffschlauch (8) abziehen und mit Holzpfropfen verschließen.

● Motorbefestigungsschraube (9) oben links herausschrauben.

● Vergaserzug aus dem Führungsrohr ziehen.

● Rangierheber unter Motorölwanne stellen. Motor mit Rangierheber ganz leicht anheben.

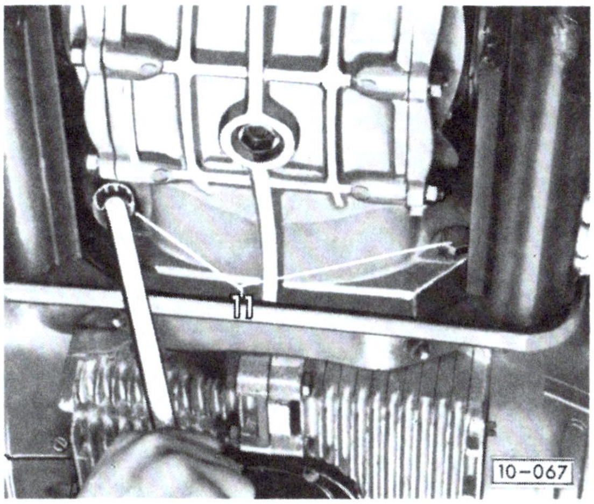

● Muttern (11) der unteren Motorbefestigungsschrauben abschrauben.

● Motor vom Getriebegehäuse abziehen und nach unten ablassen. Darauf achten, daß Antriebswelle und Kupplungsscheibe nicht beschädigt werden.

Einbau

Vor dem Motoreinbau sind folgende Arbeiten durchzuführen: Getriebegehäuse- und Motorflansch gut reinigen, Kupplungsausrücklager nicht mit Waschbenzin oder anderen Reinigungsmitteln auswaschen.

- Kupplungsausrücklager auf Verschleiß prüfen und gegebenenfalls auswechseln. Kunststoffring mit etwas MoS_2-Paste einreiben.
- Buchse für Anlasserwelle mit etwas Mehrzweckfett schmieren.
- Kerbverzahnung der Getriebe-Antriebswelle mit MoS_2-Puder einreiben.
- Prüfen, ob die Zentrierung der Kupplungsscheibe stimmt, siehe unter „Kupplung".
- 1. Gang einlegen, damit sich die Antriebswelle des Getriebes nicht verdrehen kann.
- Motor auf Rangierheber stellen. Man kann den Motor auch mit einem etwa 50 Zentimeter breiten und ausreichend dicken Brett einbauen. Dann sind zum Hochheben allerdings zwei Helfer nötig.
- Motor von Helfer hochheben lassen und gleichzeitig von oben in den Motorraum einführen. Das Einführen des Motors ist mit größter Vorsicht durchzuführen, damit Kupplungsscheibe, -Ausrücklager und Antriebswelle nicht verbogen werden.
- Beim Aufschieben des Motors gleichzeitig die Keilriemenscheibe hin- und herdrehen, damit sich die Kurbelwelle etwas verdreht und die Verzahnung der Antriebswelle besser in die Kupplungsscheibe eingeschoben werden kann.

Achtung: Vor dem Anflanschen des Motors an das Getriebegehäuse muß der Vergaserzug in das Führungsrohr des Gebläsegehäuses eingeführt werden.

- Motor fest gegen das Getriebe drücken, die oberen Schrauben des Motors einführen und anziehen, dann die unteren.
- Heizschläuche aufschieben und Heizklappenzüge anklemmen.
- Kraftstoffschlauch aufschieben.
- Kupplungsspiel überprüfen, siehe Seite 72.
- Fahrzeug ablassen und elektrische Leitungen anschließen, siehe unter Ausbau.
- Führungsrohr für Vergaserzug in das Gebläsegehäuse einschieben und Klemmhülse aufschieben. Vergaserzug einstellen, siehe Seite 57.
- Luftfilter anbauen.
- Motorraumdichtung einwandfrei verlegen.
- Ölstand im Motor kontrollieren.
- Zündung einstellen, siehe Seite 170.

Motor zerlegen und zusammenbauen

Der ausgebaute Motor wird zunächst äußerlich gereinigt und in der hier empfohlenen Reihenfolge zerlegt.

- Öl ablassen
- Vorderes Motorabdeckblech abnehmen
- Hinteres Motorabdeckblech abnehmen
- Schalldämpfer ausbauen
- Kühlgebläsegehäuse mit Generator ausbauen
- Vergaser abschrauben
- Saugrohr mit Vorwärmleitung ausbauen
- Wärmetauscher links und rechts abbauen
- Lichtmaschinenträger mit Öleinfüllung ausbauen
- Zylinderverblechung links und rechts abnehmen
- Keilriemenscheibe abziehen
- Zündverteiler-Antriebswelle ausbauen
- Ölkühler abschrauben
- Ventilkammerdeckel und Kipphebelachsen ausbauen
- Zylinderköpfe abnehmen
- Zylinder und Kolben ausbauen
- Kupplung ausbauen
- Schwungrad abziehen
- Ölpumpe und Ölsieb abnehmen
- Kurbelgehäuse zerlegen
- Nockenwelle und Kurbelwelle mit Pleuelstangen herausnehmen

Die zum Zerlegen des Motors erforderlichen Arbeitsgänge werden auf den folgenden Seiten näher beschrieben. Der Zusammenbau geschieht sinngemäß in umgekehrter Reihenfolge.

Die Zylinderköpfe

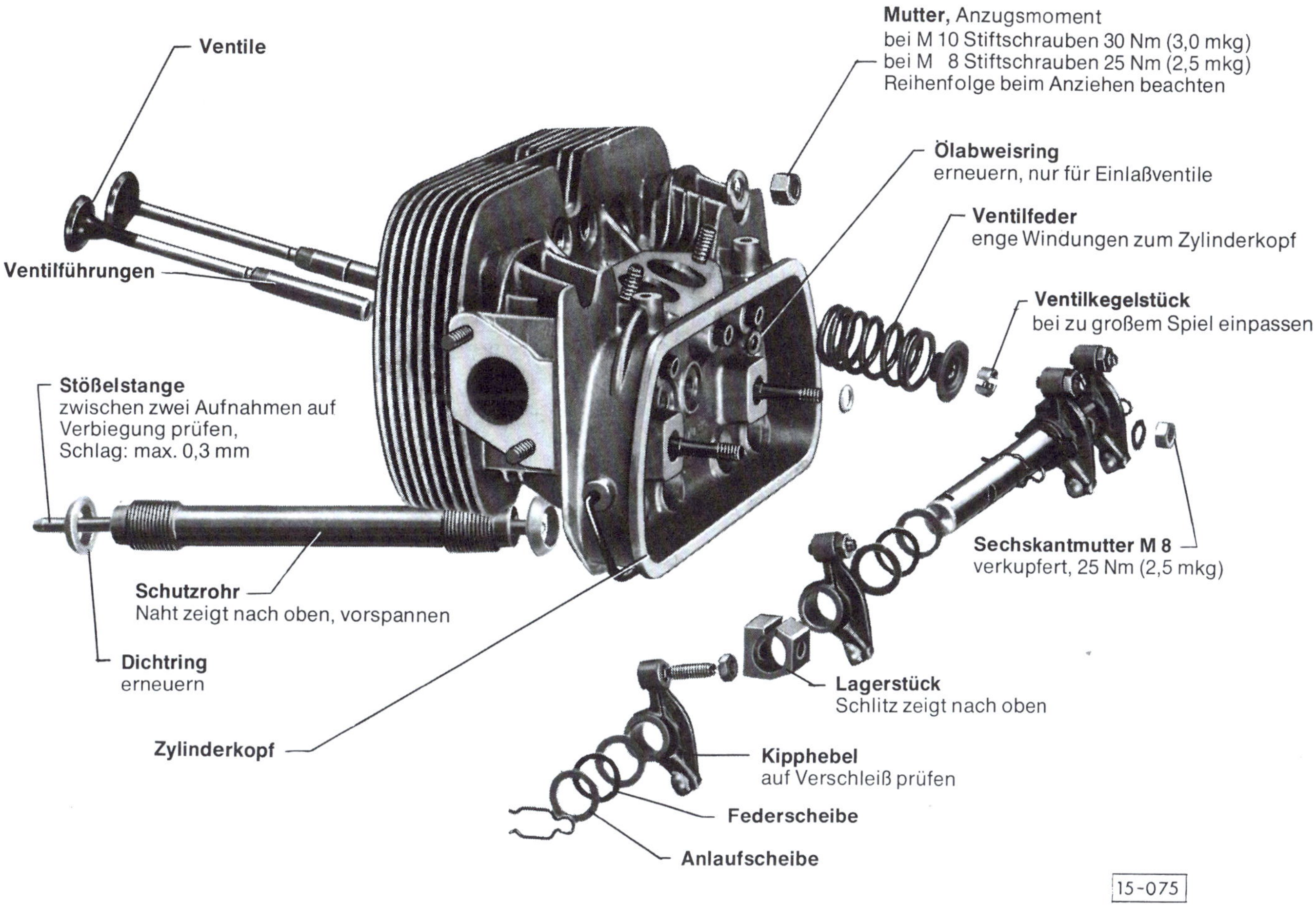

Zylinderkopf aus- und einbauen

Achtung: Falls nur die Stößelschutzrohre defekt oder die Dichtringe für Stößelschutzrohre erneuert werden müssen, ist ein Ausbau der Zylinderköpfe nicht erforderlich. In den VW/Audi-Werkstätten werden geteilte Stößelschutzrohre zum nachträglichen Einbau angeboten.

Ausbau

- Motor ausbauen, siehe Seite 12.
- Saugrohr mit Vergaser ausbauen, siehe Seite 57.
- Kühlgebläse ausbauen.
- Schalldämpfer ausbauen, siehe Seite 69.
- Motorverblechung abnehmen.
- Motor mit Benzin waschen, vor allem im Bereich der Zylinderköpfe.

Achtung: Brandgefahr, kein offenes Feuer.

- Deckelklemmbügel mit kräftigem Schraubenzieher nach unten abhebeln.
- Deckel abnehmen und vor dem Einbau auswaschen.
- 2 Sechskantmuttern (M 8) zur Befestigung der Kipphebelachse abschrauben.
- Achse mit Kipphebeln abnehmen. Auch die Dichtringe unter den beiden Lagerböcken müssen abgenommen und beim Einbau erneuert werden.
- Stößelstangen herausziehen.
- 8 Befestigungsmuttern, Lage siehe unter „Einbau", abschrauben und mit Unterlegscheiben abnehmen.

Achtung: Soll nur der Zylinderkopf abgenommen werden, ohne daß Zylinder und Kolben demontiert werden, so sind die Zylinder mit geeigneten Drahtschlingen oder Blechbügeln gegen Herausfallen zu sichern.

- Zum leichteren Abnehmen des Kopfes muß gegebenenfalls mit einem **Gummihammer** nachgeholfen werden.
- Zylinderkopf und Stößelschutzrohre abnehmen.

Einbau

Achtung: Bei Austauschköpfen mit nachgearbeiteten Zylinderaufnahmen werden Ausgleichringe von 1 mm Stärke zwischen Zylinder und Zylinderkopf eingelegt.

- Zylinderkopf vor dem Einbau auf Risse in den Brennräumen und in den Auslaßkanälen untersuchen. Auch die Dichtflächen der Zylinderauflagen und des Ansaugrohrflansches müssen geprüft werden. Beschädigte Köpfe erneuern.
- Zündkerzengewinde und Stiftschrauben auf Beschädigungen bzw. auf festen Sitz prüfen. Beschädigte oder überdrehte Zündkerzengewinde können mit Heli-Coil-Gewindeeinsätzen wieder gebrauchsfähig gemacht werden.
- Falls die Kipphebelachsen zerlegt waren, sämtliche Teile auf Verschleiß überprüfen. Schadhafte Teile auswechseln und nach Übersichtsfoto zusammenfügen.
- Stößelstangen auf Verbiegung prüfen. Der Schlag darf maximal 0,3 mm betragen. Hierzu Stößelstangen auf eine ebene Fläche legen und mit Fühlerblattlehre den Schlag überprüfen.
- Weisen die Anlaufflächen der Kipphebel und der Lagerböcke Riefen auf, so können sie mit feiner Schmirgelleinwand abgezogen werden. Hierzu Schmirgelleinen auf eine ebene Fläche legen.
- Alte Stößelschutzrohre vor dem Einbau auf richtiges Maß strecken.

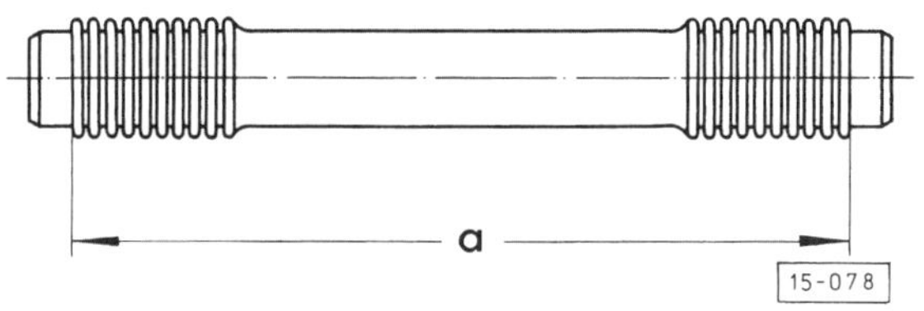

- Stößelschutzrohre vorspannen. Das Maß „a" beträgt beim 1200er-Motor ca. 180 mm, beim 1300er- und 1600er-Motor ca. 190 mm.
- Zylinderkopf vorsichtig ansetzen. Beim Einbau der Stößelschutzrohre ist auf einwandfreien Sitz der Dichtringe zwischen Kurbelgehäuse und Schutzrohr sowie Zylinderkopf und Schutzrohr zu achten.

Achtung: Neue Dichtringe für Stößelschutzrohre verwenden.

- Stößelschutzrohre so verdrehen, daß die Naht nach oben zeigt.
- Unterlegscheiben für Zylinderkopfmuttern auflegen, Muttern für Zylinderkopf von Hand aufschrauben.

Achtung: Muttern im Kipphebelraum (1, 2, 3, 4) mit Sicherungsmittel D3 ansetzen.

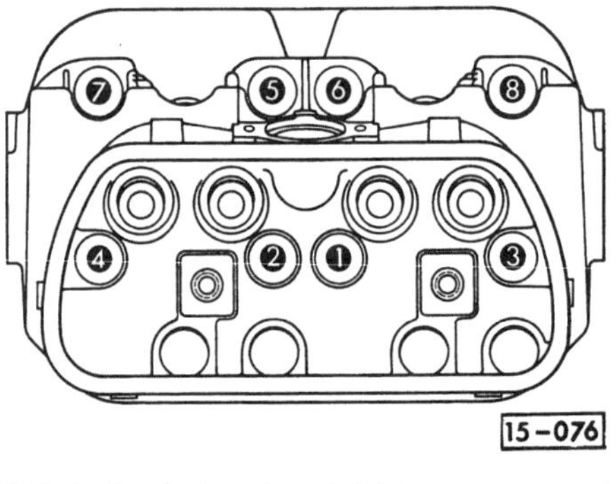

- Zylinderkopfschrauben leicht vorspannen. Hierzu ist ein exakt arbeitender Drehmomentschlüssel erforderlich. Zylinderkopfmuttern in der numerierten Reihenfolge mit 10 Nm (1,0 mkg) leicht vorspannen.

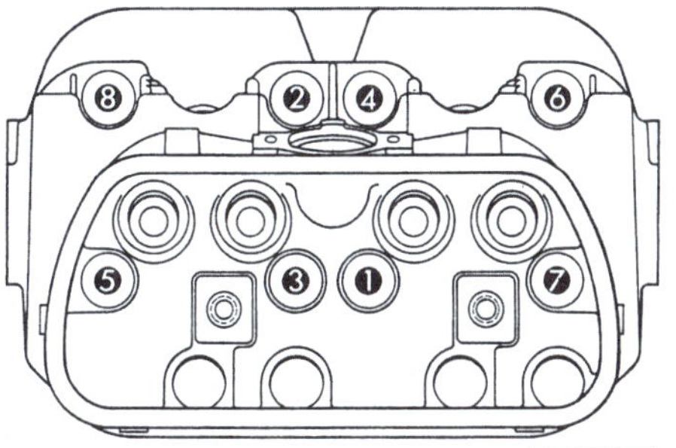

15-077

- Zylinderkopfmuttern in der neu numerierten Reihenfolge endgültig festziehen. Stiftschrauben mit 8 mm Durchmesser (M 8) mit 25 Nm (2,5 mkg), Stiftschrauben mit 10 mm Durchmesser (M 10) mit 30 Nm (3,0 mkg) festziehen.
- Stößelstangen einschieben, neue Dichtringe auf die beiden Stiftschrauben schieben und Kipphebelachse auf die Stiftschrauben schieben.

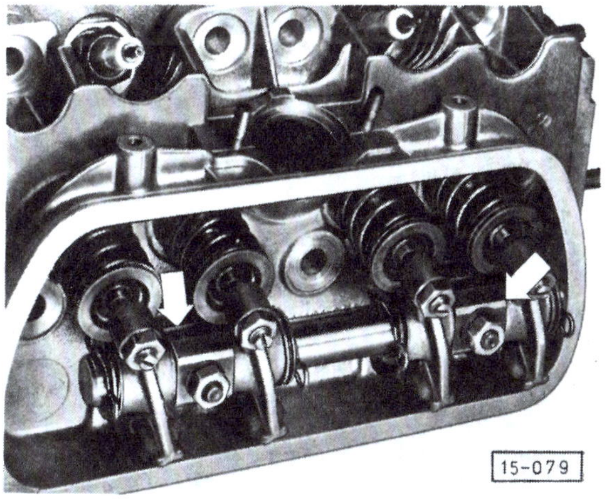

15-079

Achtung: Es ist darauf zu achten, daß die Schlitze in den Lagerböcken (Pfeile) nach oben und mit ihren abgeschrägten Kanten nach außen zeigen.

- Zum Festschrauben nur verkupferte Sechskantmuttern (M 8) verwenden. Muttern mit 25 Nm (2,5 mkg) festziehen.
- Ventilspiel einstellen, siehe Seite 22.
- Ventildeckel mit neuer Dichtung ansetzen und mit Spannbügel sichern.
- Motorverblechung und Kühlgebläse anbringen, siehe Seite 52.
- Schalldämpfer einbauen, siehe Seite 69.
- Saugrohr mit Vergaser einbauen, siehe Seite 57.
- Motor einbauen, siehe Seite 12.
- Nach Probefahrt kontrollieren, ob die Ventildeckel dicht abschließen.

Ventile aus- und einbauen

Ausbau

- Zylinderkopf ausbauen, siehe Seite 16.

Achtung: Die alten Ventile müssen wieder an gleicher Stelle eingebaut werden. Vor dem Ausbau Ventile entsprechend kennzeichnen. Nach längerer Laufzeit des Motors kann sich an der Anlagefläche der Kegelstücke am Ventilschaftende ein leichter Grat gebildet haben. Dieser Grat ist mit einer Schlichtfeile zu entfernen, damit der Grat beim Herausziehen des Ventils in der Ventilführung keine Riefen hinterläßt.

15-080

- Ventilfederteller niederdrücken und Kegelstücke herausnehmen. Die Werkstätten benutzen dazu eine Spannvorrichtung, siehe Abbildung, oder eine Ventilfederspannzange, wie sie in dem Kapitel „Werkzeug" abgebildet ist. Man kann den Ventilfederteller auch mit zwei stabilen Schraubenziehern niederdrücken. Dann muß allerdings der Brennraum im Zylinderkopf mit einem Lappen ausgefüllt sein, damit das Ventil beim Niederdrücken nicht herunterfällt. Von einem Helfer müssen die Kegelstücke herausgenommen werden.
- Federteller, Ventilfeder und Ölabweisring herausnehmen.

Einbau

- Vor dem Einbau sind gegebenenfalls folgende Arbeiten durchzuführen: Ventile prüfen, Ventilführungen im Zylinderkopf überprüfen, Ventilsitz im Zylinderkopf nacharbeiten, Ventile einschleifen, Ventile nacharbeiten, Ventilsitz auf Dichtigkeit überprüfen.
- Ventilschaft mit MoS_2-Paste bestreichen und das alte Ventil entsprechend der Kennzeichnung einsetzen.
- Neuen Ölabweisring auf den Ventilschaft aufschieben.
- Ventilfeder und Ventilteller einlegen.

Achtung: Ventilfeder so einbauen, daß die enge Windung zum Zylinderkopf zeigt.

- Feder mit geeigneter Vorrichtung niederdrücken und Kegelstücke einsetzen.

Hinweis: Eingearbeitete Kegelstücke können an den Trennflächen so weit abgeschliffen werden, daß sich der Ventilschaft bei angelegten und zusammengedrückten Kegelstücken noch drehen läßt.

Ventile prüfen

- Ausgebaute Ventile mit einer Drahtbürste reinigen.
- Ventile auf Abbrand am Ventilsitz, Schlag und Verschleißspuren des Ventilschaftes oder beschädigte Einpaßnuten für Kegelstücke prüfen.

Achtung: Der Ventilschaft darf weder nachgearbeitet noch nachgerichtet werden. Derart beschädigte Ventile in jedem Fall ersetzen.

- Falls nur die Stirnfläche des Schaftendes eingeschlagen ist, kann eine Ventilkappe aufgesetzt werden. Die Kappen werden unter der Ersatzteilnummer 113 109 621 von VW/Audi-Werkstätten angeboten.

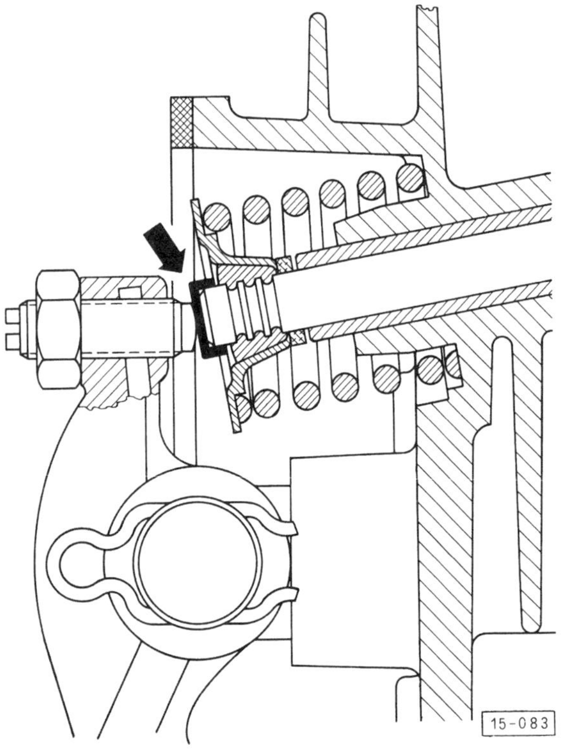

- Die Kappe wird vor dem Einbau der Kipphebel auf das Schaftende des Ventils aufgesetzt und braucht nicht weiter gesichert zu werden.

Ventile nacharbeiten

Einlaßventile, die wieder verwendet werden sollen, deren Sitzflächen aber leichte Verschleiß- oder Verbrennungsspuren aufweisen, können auf einer Ventilkegel-Drehbank oder einer Ventilkegel-Schleifmaschine nachgearbeitet werden.

Achtung: Auslaßventile dürfen nicht nachgedreht werden, nur das Einschleifen ist zulässig.

Einlaßventil

Maß	VW 1200	VW 1300 / 1600
a	31,5 mm	35,6 mm
b	7,94 – 7,95 mm	7,94 – 7,95 mm
c	112 mm	112 mm
α	44°	44°

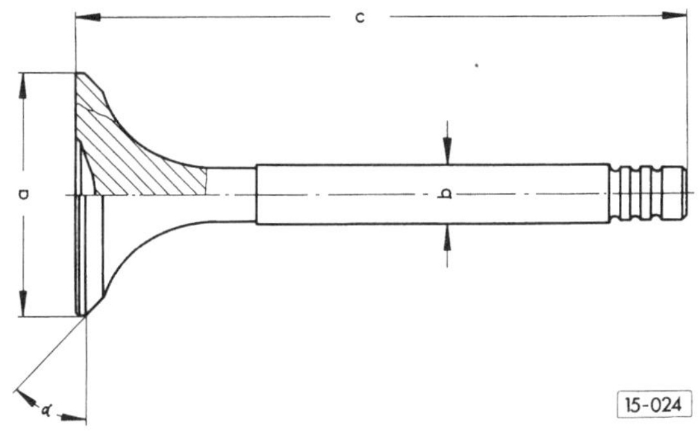

Auslaßventil

a	30,0 mm	30,1 mm
b	7,91 – 7,92 mm	8,91 – 8,92 mm
c	112 mm	112 mm
α	45°	45°

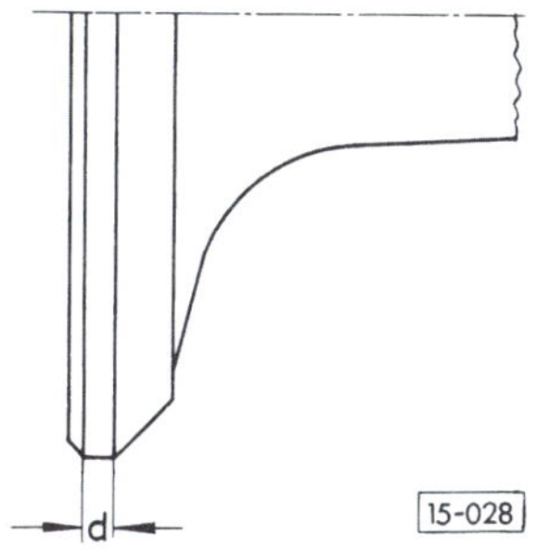

- Bei Nacharbeiten der Einlaßventile darf das Maß d = 0,5 mm nicht unterschritten werden.

Ventile einschleifen

Einwandfrei bearbeitete Ventilsitzringe und neue Ventile müssen gewöhnlich nicht eingeschliffen werden, wenn die Dichtigkeitsprobe positiv ausfiel.

- Ventilsitz im Zylinderkopf mit Ventil-Einschleifpaste bestreichen und das Ventil in die Führung stecken.
- Gummisauger anfeuchten und auf den Ventilteller drücken.

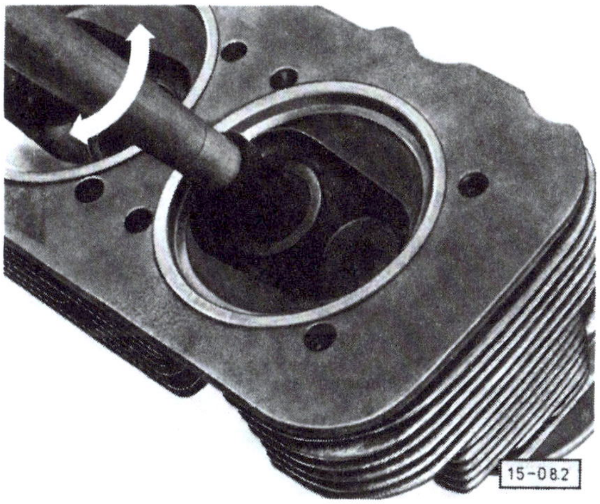

- Ventil durch Drehen des Ventilschleifers einschleifen.

Achtung: Damit keine Riefen auf der Sitzfläche entstehen, muß das Ventil häufig angehoben und gleichmäßig weitergedreht werden.

- Nach dem Schleifvorgang Schleifpaste sorgfältig entfernen.

Ventilsitz auf Dichtigkeit prüfen

- Sitzfläche des Ventils leicht mit Tuschierfarbe einstreichen.
- Ventilsitz im Zylinderkopf auswischen und Ventil in Führung stecken.
- Ventil unter leichtem Druck auf den Ventilteller etwa eine Vierteldrehung verdrehen und wieder herausheben.
- Das sichtbare, ringförmige Tragbild auf der Sitzfläche im Zylinderkopf gibt Aufschluß über die Dichtigkeit des Ventilsitzes.
- Ist die Sitzfläche gleichmäßig über die ganze Fläche mit Tuschierfarbe bedeckt, so ist der Ventilsitz dicht. Sind dagegen noch farblose Flecken vorhanden, so muß weiter eingeschliffen werden.

Probe bei eingebauten Ventilen

- Zylinderkopf so stellen, daß die beiden Öffnungen der Einlaßkanäle bzw. eine Auslaßöffnung nach oben zeigt.
- In die Kanäle etwas Benzin eingießen.
- In die Verbrennungsräume darf dann kein Kraftstoff eindringen.

Ventilführungen prüfen

Bei Instandsetzungen von Motoren mit undichten Ventilen genügt es nicht, nur die Ventile und Ventilsitze zu bearbeiten, beziehungsweise zu ersetzen. Es ist außerdem dringend erforderlich, die Ventilführungen auf Verschleiß zu überprüfen. Besonders wichtig ist die Prüfung an Motoren mit längerer Laufzeit. Ist der Verschleiß zu groß, sind die Ventilführungen zu erneuern (Werkstattarbeit).

- Rückstände an Ventilführungen mit Reinigungsahle entfernen.
- Neues Ventil einsetzen, Zylinderkopf mit der Brennraumseite nach oben festspannen. Das Schaftende des Ventils muß unten mit der Führung abschließen.

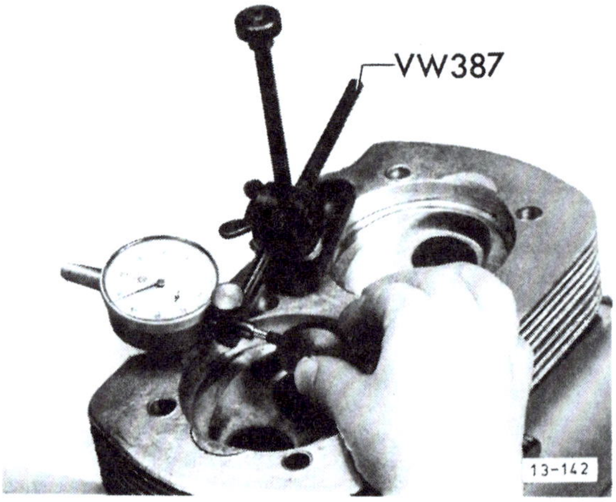

- Mit geeigneter Meßuhr Kippspiel durch Hin- und Herbewegen des Ventiltellers ermitteln.
- Die Ventilführung ist zu erneuern, wenn ein Kippspiel von mehr als 0,8 mm erreicht ist.

Ventilsitz nacharbeiten

Ventilsitze im Zylinderkopf mit kleinen Verschleiß- oder Verbrennungsspuren können grundsätzlich nachgearbeitet werden, solange bei Einhaltung der 15°-Anfräsung an ihrem äußeren Umfang der Außendurchmesser des Ventilsitzringes nicht überschritten wird. Andernfalls ist der Zylinderkopf auszutauschen. Zum Nacharbeiten ist ein geeigneter Hand- oder Maschinenfräser erforderlich.

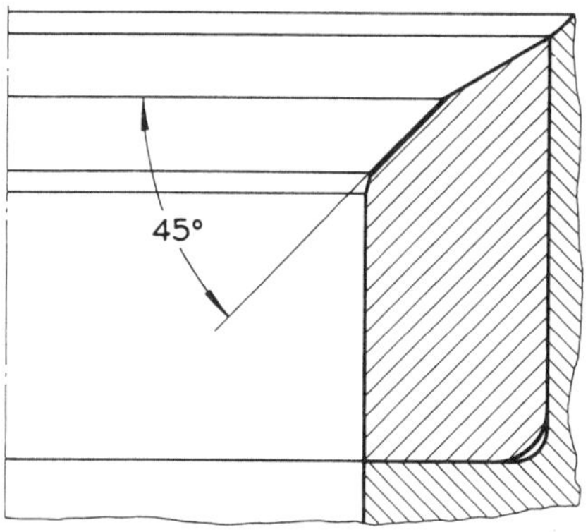

15-085

- Die 45°-Fläche muß besonders sorgfältig bearbeitet werden, um einen einwandfreien zentrischen Sitz zu erhalten. Damit der Zylinderkopf nicht vorzeitig unbrauchbar wird, nur solange Material abnehmen, bis die gesamte Sitzbreite erfaßt ist.

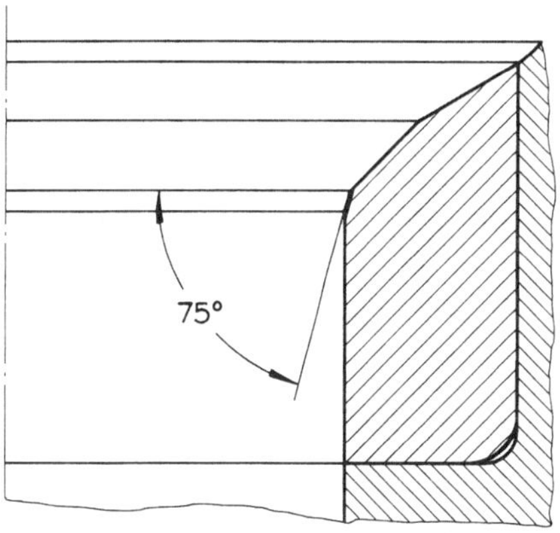

15-086

- Bei der 75°-Fläche ist die Unterkante des Auslaß-Sitzrings unter diesem Winkel leicht zu brechen.

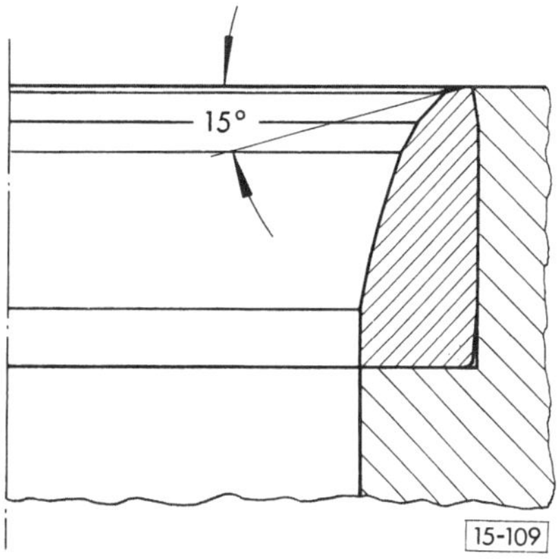

15-109

- Bei der 15°-Fläche ist die obere Kante der Sitzringe unter diesem Winkel so anzuschneiden, bis die folgende Sitzbreite „a" erreicht ist.

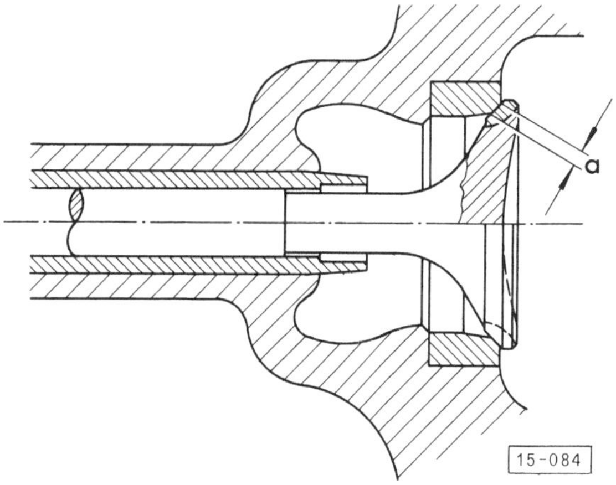

15-084

- Die Sitzbreite „a" soll zwischen 1,4 – 2,5 mm betragen.

Ventilspiel einstellen

Zwischen Ventilschaft und Kipphebel muß stets ein gewisses Spiel vorhanden sein. Ein zu geringes oder zu großes Ventilspiel kann sich negativ auswirken.

- Bei zu geringem Spiel verändern sich die Steuerzeiten, die Verdichtung ist schlecht, die Motorleistung nimmt ab, der Motorlauf ist unregelmäßig. In extremen Fällen können sich die Ventile verziehen oder die Ventile bzw. Ventilsitze verbrennen.
- Bei zu großem Spiel stellen sich starke mechanische Geräusche ein, die Steuerzeiten verändern sich, der Motor gibt wegen mangelhafter Zylinderfüllung weniger Leistung ab, der Motorlauf ist unregelmäßig.
- Durch unterschiedliche Wärmeausdehnung der einzelnen Motorteile ist das Ventilspiel abhängig von der Betriebstemperatur.
- Das Ventilspiel muß grundsätzlich bei **kaltem** Motor geprüft und gegebenenfalls eingestellt werden.
- Das Ventilspiel ist alle 10000 Kilometer zu prüfen und gegebenenfalls einzustellen.

Sollwerte für **alle** Käfer-Modelle:
Einlaßventile – 0,15 mm
Auslaßventile – 0,15 mm

- Fahrzeug hinten aufbocken.
- Befestigungsbügel am Ventildeckel mit kräftigem Schraubenzieher abhebeln, Deckel abnehmen.
- Die Einstellung des Ventilspiels erfolgt in der Reihenfolge 1. – 2. – 3. – 4. Zylinder. Der 1. Zylinder liegt in Fahrtrichtung gesehen vorn rechts. Eine entsprechende Markierung befindet sich auf dem Motor-Abdeckblech neben dem Loch für den Zündkerzenstecker.
- Eingestellt werden die Ventile, wenn sich der Kolben im Oberen Totpunkt (OT) befindet. In dieser Stellung sind beide Ventile geschlossen.

- Zylinder 1 auf Zündzeitpunkt stellen. Hierzu Zündverteilerkappe abnehmen und Motor am Keilriemen durchdrehen, bis sich die Markierung auf der Keilriemenscheibe mit den Trennfugen der Motorgehäusehälften deckt. Gleichzeitig muß sich die Mitte des Verteilerfingers mit der Markierung auf dem Verteilergehäuserand decken. In dieser Stellung kann das Ventilspiel des 1. Zylinders geprüft und eingestellt werden.

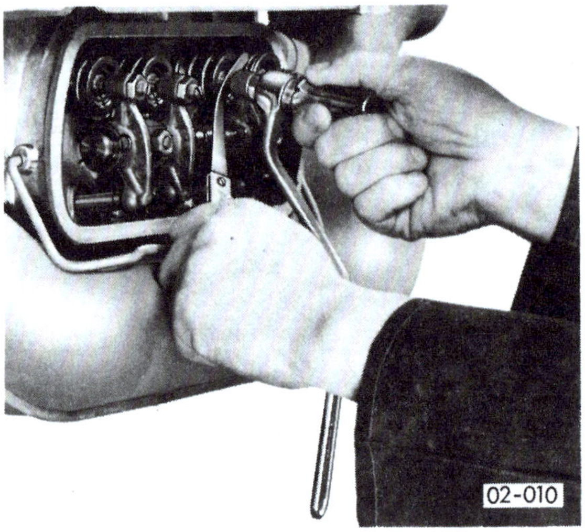

- Fühlerblattlehre (0,15 mm) zwischen Kipphebel und Ventilschaft schieben. Falls das Ventilspiel zu groß oder zu klein ist, Kontermutter (SW 13) der Einstellschraube lösen und Spiel mit Schraubenzieher korrigieren. Das Ventilspiel ist richtig eingestellt, wenn sich die Fühlerblattlehre saugend zwischen Kipphebel und Ventil hin- und herschieben läßt.
- Einstellschraube mit Schraubenzieher in der ermittelten Stellung festhalten und Kontermutter festziehen.
- Nach erfolgter Einstellung der Ventile und dem Festziehen der Kontermutter Ventilspiel nochmals mit Fühlerblattlehre überprüfen.
- Um die Ventile der anderen Zylinder einstellen zu können, muß der entsprechende Kolben des Zylinders durch Verdrehen der Kurbelwelle auf OT gestellt werden. Die Einstellarbeit wird wesentlich erleichtert, wenn man sich entsprechende Markierungen mit einer Reißnadel auf dem Gehäuserand des Zündverteilers anbringt.

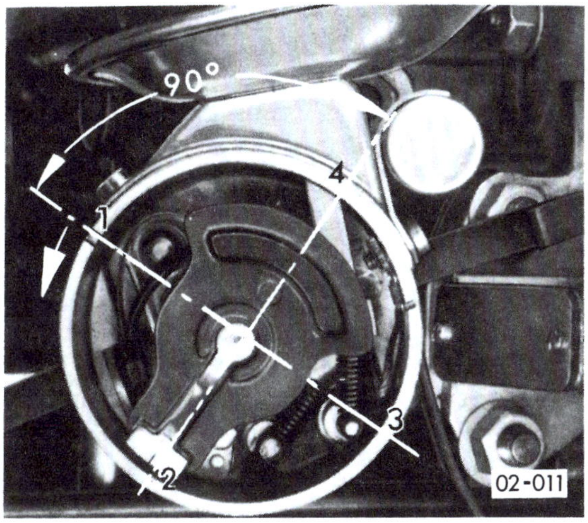

- Motor zum Einstellen linksherum weiterdrehen und im Winkel von 90° Markierungen nach der Abbildung anbringen, Ventile der anderen Zylinder einstellen.
- Ventildeckel in Benzin auswaschen, neue Dichtung einsetzen und Deckel mit Spannbügel sichern.
- Ölstand kontrollieren und nach einer Probefahrt prüfen, ob die Ventildeckeldichtungen kein Öl durchlassen.

Kompression prüfen

Die Kompressionsprüfung erlaubt Rückschlüsse über den Zustand des Motors. Und zwar läßt sich bei der Prüfung feststellen, ob die Ventile oder die Kolben (Kolbenringe) in Ordnung bzw. verschlissen sind. Außerdem zeigen die Prüfwerte an, ob der Motor austauschreif ist, bzw. komplett überholt werden muß. Für die Prüfung wird ein Kompressionsdruckprüfer benötigt, der recht preiswert (u. a. von Motometer, Leonberg) angeboten wird.

Mit zunehmender Laufleistung des Motors nimmt der Kompressionsdruck ab. Ist die Verschleißgrenze erreicht, muß der Motor ausgetauscht bzw. überholt werden. Der Druckunterschied zwischen den einzelnen Zylindern darf maximal 2,0 bar (2,0 atü) betragen. Bei zu hohem Druckunterschied ist dies ein Hinweis auf defekte Ventile, verschlissene Kolben oder Zylinder.

Der richtige Kompressionsdruck

Modell	bei neuem Motor	Verschleißgrenze
1200 / 34 PS	7,0 – 9,0 bar (atü)	6,0 bar (atü)
1300 / 44 PS	7,5 – 9,5 bar (atü)	6,5 bar (atü)
1600 / 50 PS	8,0 – 10,0 bar (atü)	7,0 bar (atü)

- Vor der Prüfung Ventile einstellen.
- Zur Prüfung des Kompressionsdruckes soll der Motor betriebswarm sein. Sämtliche Zündkerzen rausdrehen, Kompressionsdruckprüfer nach Bedienungsanleitung anschließen.
- Von zweitem Mann Gaspedal voll durchtreten lassen, Gaspedal während der ganzen Prüfung mit Fuß festhalten.
- Motor etwa 5 Sekunden starten. Prüfwert des Zylinders festhalten.
- Nacheinander sämtliche Zylinder prüfen, mit Sollwert vergleichen.

Zylinder / Kolben / Kolbenringe

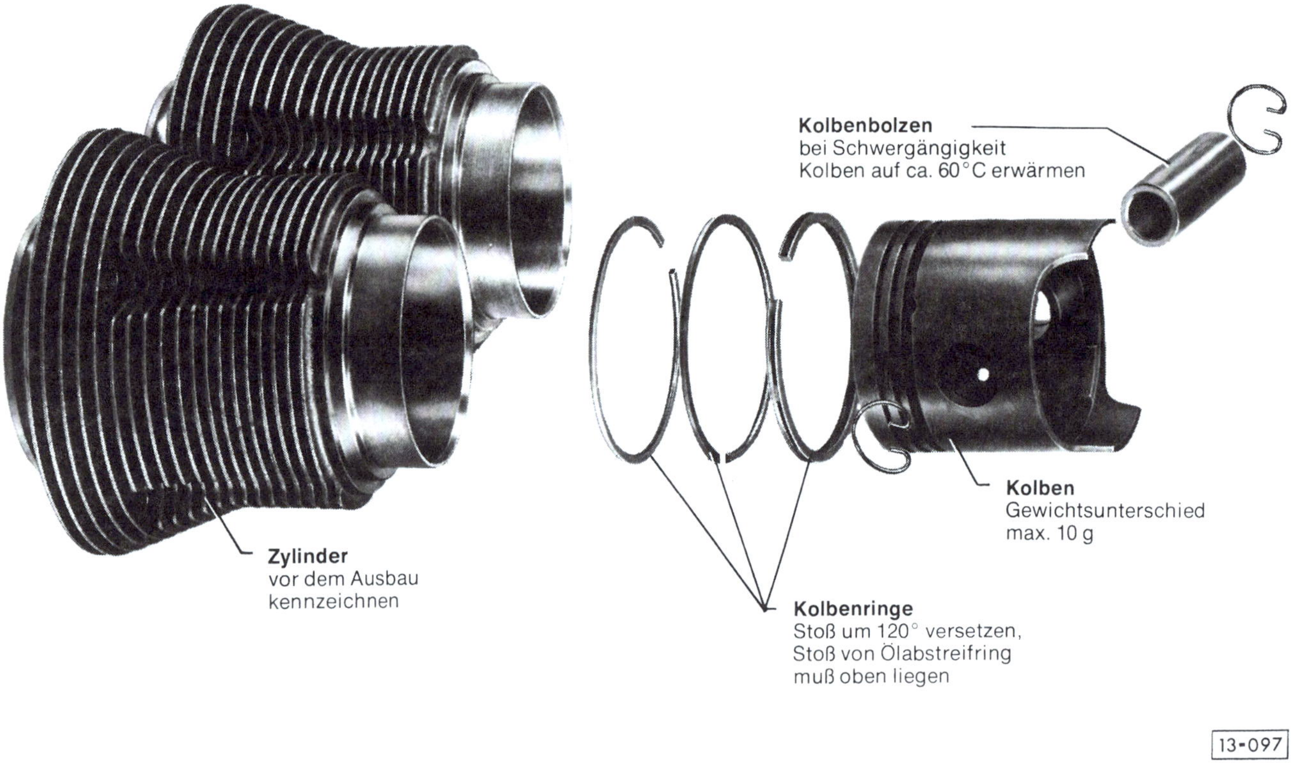

Zylinder / Kolben / Kolbenringe aus- und einbauen

Ausbau

- Motor ausbauen, siehe Seite 12.
- Abgasanlage ausbauen, siehe Seite 69.
- Kühlgebläse ausbauen, siehe Seite 53.
- Motorverblechung ausbauen, siehe Seite 30.
- Zylinderkopf ausbauen, siehe Seite 16.

- Zylinder an der Seite und Kolben auf dem Boden eindeutig mit Zylindernummer und Pfeil in Richtung zum Schwungrad kennzeichnen, damit sie wieder in der richtigen Lage und in den richtigen Zylinder eingebaut werden können.
- Leitbleche unter den Zylindern abnehmen und Zylinder abziehen. Kolben beim Herausziehen festhalten, damit er nicht nach unten schlägt und beschädigt wird.
- Kurbelwelle so verdrehen, bis der auszubauende Kolben am weitesten aus dem Kurbelgehäuse herausragt.
- Sicherungsringe der Kolbenbolzen mit einer handelsüblichen Sprengringzange herausnehmen.
- Kolbenbolzen mit einem passenden Dorn von Hand herausdrücken. Falls der Kolbenbolzen nur schwergängig herausgeht, kann der Kolben vorsichtig mit einem Schweißbrenner auf ca. +60°C erwärmt werden.

- Kolbenringe nur mit einer Kolbenringzange ausbauen.

Einbau

- Beim Einbau neuer Zylinder und Kolben sind folgende Hinweise zu beachten.
- Grundsätzlich gibt es als Ersatzteile drei verschiedene Kolben- und Zylinderpaarungen (Normalgröße, 1. Übergröße, 2. Übergröße). Sie unterscheiden sich durch verschiedene Nenndurchmesser.
- Jede Zylinder- und Kolbenpaarung mit einem bestimmten Durchmesser ist noch einmal in zwei verschiedene Größenklassen eingeteilt. Diese Größenklassenunterschiede sind durch Farbpunkte auf dem Kolbenboden und den Zylinderkühlrippen gekennzeichnet (blau und rosa).
- Der maximale Gewichtsunterschied bei einem neuen Satz Kolben (für die 4 Zylinder) soll nicht größer als 10 Gramm sein.
- Deshalb gibt es bei den Kolben auch noch zwei verschiedene Gewichtsklassen, die sich durch Kennzeichnung (Minus- oder Plus-Zeichen) auf dem Kolbenboden und zusätzlich durch den Farbpunkt braun = (−) und und grau = (+) unterscheiden.
- Vor dem Einbau alter Kolben, Kolbenringe und Zylinder ist zu beachten: Kolben prüfen, Höhenspiel der Kolbenringe messen, Zylinderbohrung prüfen.
- Kolbenringe nur mit einer Kolbenringzange einsetzen.
- Kolbenringausführungen beachten.

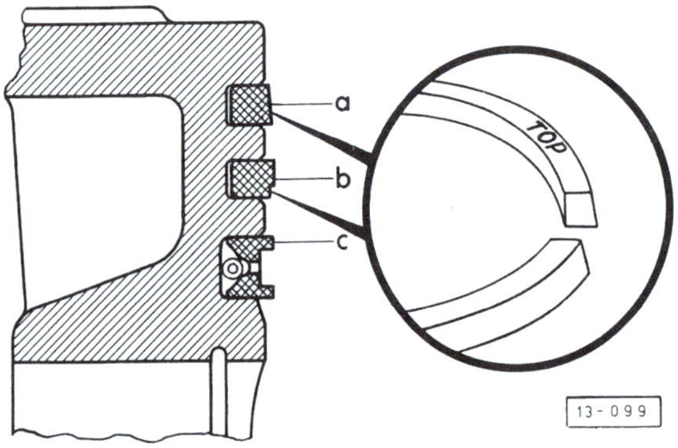

● Die Bezeichnung „Top" auf den Kolbenringen zeigt zum Kolbenboden. a- Kolbenring oben, b- Kolbenring mit Nut unten, c- Ölabstreifring.

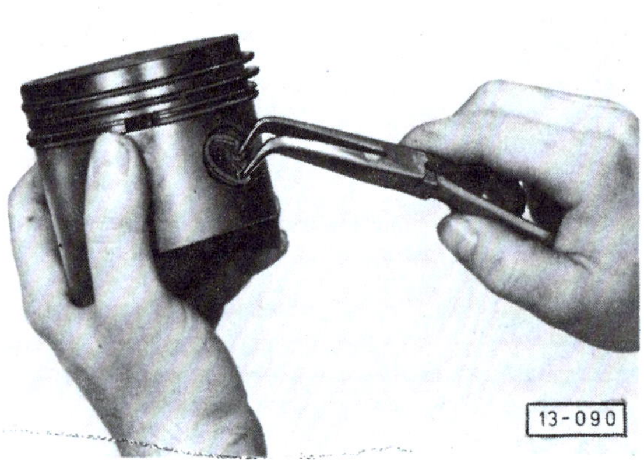

● Kolben einbauen. Sicherungsringe bei den Kolben von Zylinder 1 und 2 auf der dem Schwungrad zugewandten Seite, bei den Kolben 3 und 4 auf der abgewandten Seite mit Sprengringzange einsetzen. Die Kolbenbolzen können dann beim Einbau alle von der gleichen Seite eingeschoben werden.

● Kolben auf Pleuel aufsetzen (auf Pfeilrichtung und Zylinderzugehörigkeit achten) und Bolzen bis zum Sicherungsring einschieben. Falls sich der Bolzen nicht einschieben läßt, Kolben vorher auf etwa +60°C erwärmen.

● Zweiten Sicherungsring mit Sprengringzange einsetzen und prüfen, ob beide Sicherungsringe in ihre Nuten eingeschnappt sind.

● Kolben und Kolbenringe mit Motoröl einölen.

● Die drei Kolbenringe so verdrehen, daß ihre Trennstellen jeweils um 120° verdreht zueinander liegen. Die Trennstelle des Ölabweisringes soll dabei nach oben zeigen.

● Kolbenringe mit einem Spannband zusammenziehen, Zylinderlaufflächen einölen und Zylinder vorsichtig aufschieben.

● Zylinder auf Verschleiß prüfen. Bei Riefenbildung oder Verschleißspuren ist der Zylinder auszutauschen. Beim Tausch des Zylinders muß in jedem Fall der Kolben mit ausgewechselt werden, da Kolben und Zylinder in den Abmessungen zu einer Größenklasse gehören müssen.

● Sitzfläche am Zylinder sowie Zylindersitze im Kurbelgehäuse und im Zylinderkopf müssen peinlich sauber sein. Fremdkörper können zu Undichtigkeiten und zum Verziehen der Zylinder führen.

● Zylinder fest auf die Sitzflächen des Kurbelgehäuses drücken, nachdem er durch Verdrehen so ausgerichtet wurde, daß die vier Stiftschrauben des Kurbelgehäuses die Durchgangsbohrungen in den Zylinderkühlrippen nicht berühren.

● Leitblech an der Zylinderunterseite einsetzen. Wenn nötig, ist das Blech etwas nachzubiegen, um sicherzustellen, daß es fest auf den Schäften der Stiftschrauben sitzt.

● Zylinderkopf einbauen, siehe Seite 16.

● Motorverblechung einbauen, siehe Seite 30.

● Kühlgebläse einbauen, siehe Seite 53.

● Abgasanlage einbauen, siehe Seite 69.

● Motor einbauen, siehe Seite 12.

Kolben prüfen

- Der ausgebaute Kolben ist auf Beschädigungen und Verschleißspuren zu prüfen.

- Ölkohlereste am Kolbenboden vorsichtig entfernen. Die metallische Oberfläche des Kolbenbodens soll dabei jedoch nicht beschädigt werden. Ein schlechtes Tragbild an der Lauffläche des Kolbens kann durch schlecht ausgewinkelte Pleuelstangen verursacht worden sein.

- Beschädigte Kolben und Kolben mit festgebrannten Ringen sind zusammen mit dem Zylinder auszuwechseln.

Kolbendurchmesser prüfen

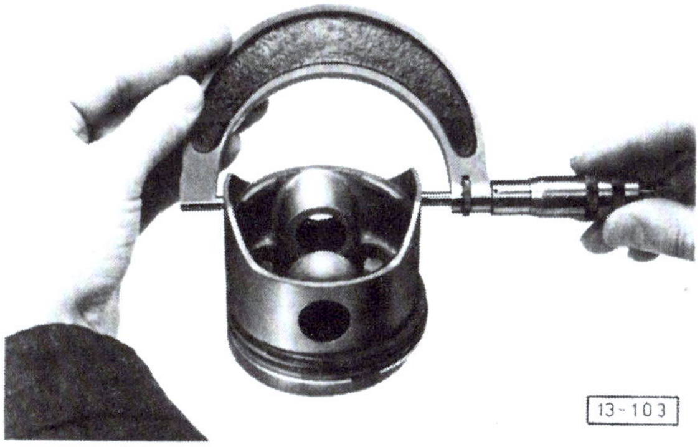

13-103

- Der Nenndurchmesser des Kolbens ist auf dem Kolbenboden eingeschlagen. Die Messung erfolgt mit einer geeigneten Mikrometerschraube am unteren Ende des Schaftes senkrecht zur Kolbenbolzenachse.

- Das Einbauspiel beträgt beim neuen Kolben 0,04 – 0,06 mm, die Verschleißgrenze ist bei 0,2 mm erreicht.

Die Kennzeichnung der Kolben

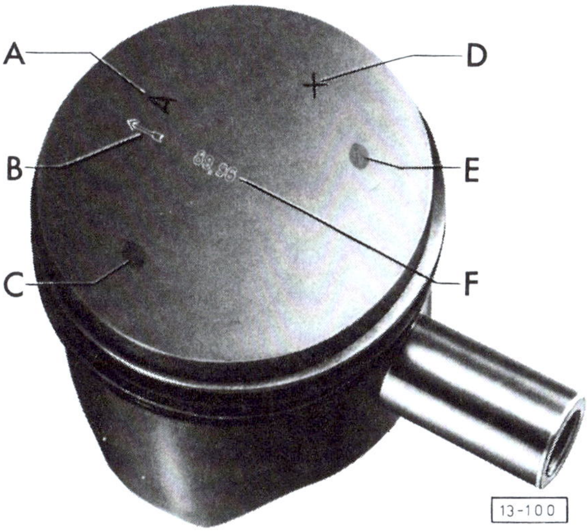

13-100

A = Der Kennbuchstabe neben dem Pfeil entspricht dem Index der Ersatzteilnummer des betreffenden Kolbens. Er dient als Unterscheidungsmerkmal.
B = Der Pfeil gibt die Einbaurichtung des Kolbens an. Kolben in Pfeilrichtung des Schwungrads einbauen.
C = Der Farbpunkt (blau, rosa, grün) gibt die Paarungsgröße zum Zylinder an.
D = Angabe der Gewichtsklasse (+ beziehungsweise –), eingeschlagen oder aufgestempelt.
E = Angabe der Gewichtsklasse durch Farbpunkt (braun = –Gewicht, grau = +Gewicht).
F = Kolbengröße in mm.

Kolbenring prüfen

- Der Kolbenring darf in eingebautem Zustand an seiner Trennstelle ein bestimmtes Spielmaß nicht überschreiten.

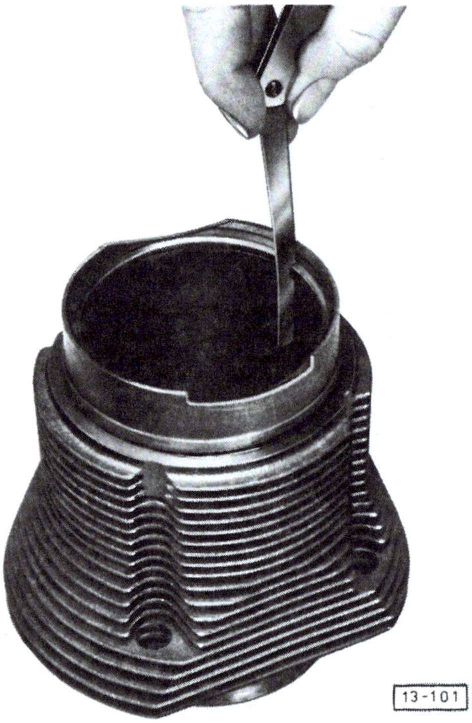

13-101

- Ring rechtwinklig in die untere Zylinderöffnung des dazugehörigen Zylinders ca. 4 – 5 mm vom Zylinderrand entfernt einschieben.

- Kolbenring-Stoßspiel mit Fühlerblattlehre prüfen. Kolbenringe mit zu großem Spiel auswechseln.

	Stoßweite in mm	Verschleißgrenze in mm
Kolbenring oben	0,30 – 0,45	0,90
Kolbenring unten	0,30 – 0,45	0,90
Ölabstreifring	0,25 – 0,40	0,95

Höhenspiel der Kolbenringe prüfen

- Kolbenringe mit Kolbenringzange einsetzen, Höhenspiel prüfen.

	Höhenspiel in mm	Verschleißgrenze in mm
Kolbenring oben	0,07 – 0,10	0,12
Kolbenring unten	0,05 – 0,07	0,10
Ölabstreifring	0,03 – 0,05	0,10

- Kolbenringe, die die Verschleißgrenze erreicht haben, auswechseln.

Zylinderbohrung prüfen

- Das Spiel zwischen Kolben und Zylinder muß durch getrenntes Vermessen von Kolben und Zylinder ermittelt werden. Es kann nicht mit einer Fühlerblattlehre geprüft werden.

- Für das Vermessen des Zylinders ist ein Innenmeßgerät erforderlich, das vorher auf das Sollmaß (siehe Tabelle) eingestellt wird.

13-102

- Innenmeßgerät etwa 10 – 15 mm bis unterhalb Innenkante einschieben.

- Wird beim Vermessen von Kolben und Zylinder festgestellt, daß sich das Laufspiel dem Wert von 0,2 mm nähert, so sind Kolben und Zylinder gemeinsam gegen einen Satz gleicher Größenklasse auszutauschen. Der Gewichtsunterschied der Kolben in einem Motor darf max. 10 Gramm betragen. Ein Kolben, dessen zugeordneter Zylinder Verschleißspuren aufweist, darf nicht einzeln ersetzt werden. Weist dagegen der zugehörige Zylinder eines beschädigten Kolbens keine Verschleißspuren auf, genügt oft der Einbau eines neuen Kolbens mit der entsprechenden Paarungsgröße.

Achtung: In einem Motor dürfen nur Zylinder und Kolben gleicher Größenklasse eingebaut werden. Maßgebend, ob neue Kolben und Zylinder eingebaut werden, ist neben den Verschleißspuren auch der Ölverbrauch. Übersteigt der Ölverbrauch 1l/1000 km, so ist im allgemeinen eine Motorüberholung erforderlich.

Die Unterteilung der Zylinder mit dem zugehörigen Kolben in drei verschiedenen Größenklassen erfolgt nach folgendem Schema:

Typ	Größenklasse	Farbe	Zylinder mm ∅	Zugehöriger Kolben mm ∅
	Normalgröße	Blau	76,992 – 77,008	76,95
	Nennmaß 77,0 mm ∅	Rosa	77,002 –77,018	76,96
1 / 1200,	1. Übergröße	Blau	77,492 – 77,508	77,45
1300	Nennmaß 77,5 mm ∅	Rosa	77,502 – 77,518	77,46
	2. Übergröße	Blau	77,992 – 78,008	77,95
	Nennmaß 78,0 mm ∅	Rosa	78,002 – 78,018	77,96
	Normalgröße	Blau	85,492 – 85,508	85,45
	Nennmaß 85,5 mm ∅	Rosa	85,502 – 85,518	85,46
1 / 1600	1. Übergröße	Blau	85,992 – 86,008	85,95
	Nennmaß 86,0 mm ∅	Rosa	86,002 – 86,018	85,96
	2. Übergröße	Blau	84,492 – 86,508	86,45
	Nennmaß 86,5 mm ∅	Rosa	86,502 – 86,518	86,46

Motor-Zylinderverblechung

Hinteres Motorabdeckblech aus- und einbauen

Ausbau

- Heizschläuche links und rechts zwischen Gebläsegehäuse und Wärmetauscher abnehmen.
- Warmluftschlauch für Vergaservorwärmung abnehmen.
- Abdeckblech für untere Keilriemenscheibe abschrauben.
- Blechhalbschalen der beiden Saugrohr-Vorwärmleitungen rechts und links abschrauben. Blechschalen vorsichtig abnehmen, da die Asbesthalbringe an den Vorwärmleitungen kleben können.
- Motorabdeckblech abschrauben und herausnehmen.

Einbau

- Abdeckblech für Keilriemenscheibe anschrauben.
- Motorabdeckblech einsetzen und anschrauben.
- Beim Einbau der Halbschalen darauf achten, daß die Asbestdichtungen nicht beschädigt werden und einwandfrei anliegen. Die Anschlußstutzen der Wärmetauscher dürfen das Motorabschlußblech nicht berühren, um Klappergeräusche zu vermeiden.
- Heizschläuche und Warmluftschlauch einsetzen.
- Motorraumdichtung einwandfrei verlegen.

Keilriemenscheibe aus- und einbauen

Die Keilriemenscheibe kann bei eingebautem Motor ausgebaut werden.

Ausbau

- Keilriemen abnehmen, siehe Seite 161.
- Hinteres Motorabdeckblech ausbauen.
- Befestigungsmutter für Keilriemenscheibe abschrauben, geeignete Abziehvorrichtung für Keilriemenscheibe ansetzen und Keilriemenscheibe abziehen.

Einbau

- Keilriemenscheibe vor dem Einbau auf einwandfreie Sitz- und Lauffläche prüfen.
- Ölrücklaufgewinde der Keilriemenscheibe reinigen und mit einem Schmiermittel aus Öl und Molybdän-Disulfidpuder einölen.
- Beim Aufstecken der Scheibe auf richtigen Sitz der Scheibenfeder (Keil) achten.
- Schlagfreien Lauf der Keilriemenscheibe prüfen.
- Motorabdeckblech anbringen.
- Keilriemen aufsetzen und spannen, siehe Seite 161.

Schwungrad aus- und einbauen

Ausbau

- Motor ausbauen, siehe Seite 12.
- Kupplung ausbauen, siehe Seite 73.

- Einbaulage des Schwungrades zur Kurbelwelle (Pfeil) mit Farbe markieren.
- Hohlschraube herausschrauben. Dabei Schwungrad mit Schraubenzieher am Verdrehen hindern (Helfer erforderlich).
- Schwungrad abhebeln.

Einbau

- Vor dem Einbau die Verzahnung prüfen, gegebenenfalls Schwungrad abdrehen lassen oder austauschen.
- Paßstifte und Bohrungen für Paßstifte im Schwungrad und in der Kurbelwelle prüfen, ob ausgeschlagen.
- Nadellager in der Hohlschraube prüfen. Wurde das Nadellager mit Benzin ausgewaschen, so ist es wieder mit Mehrzweckfett zu schmieren. Filzring einölen. Überflüssiges Fett und Öl abwischen, damit es nicht in die Kupplung gelangt.
- Axialspiel der Kurbelwelle prüfen, bzw. alte Abstandscheiben einlegen, siehe Seite 34.
- Paßstifte, eventuell erneuern, einsetzen und Schwungrad aufstecken. Dabei die beim Ausbau angebrachten Markierungen in Deckung bringen.
- Hohlschraube mit Sicherungsscheibe einsetzen und mit 350 Nm (35 mkg) festziehen.
- Gegebenenfalls Schwungrad auf Rundlauf prüfen. Der max. Seitenschlag beträgt 0,3 mm.

Achtung: Werden neue Teile eingebaut (Kurbelwelle, Schwungrad, Kupplung), so ist darauf zu achten, daß sie mit ihren Unwuchtmarkierungen jeweils um 120° versetzt zueinander eingebaut werden. Sind nur zwei Teile gekennzeichnet, so sollen die Markierungen um 180° zueinander versetzt liegen.

- Kupplung einbauen, siehe Seite 73.
- Motor einbauen, siehe Seite 12.

Motor-Schwungscheibe

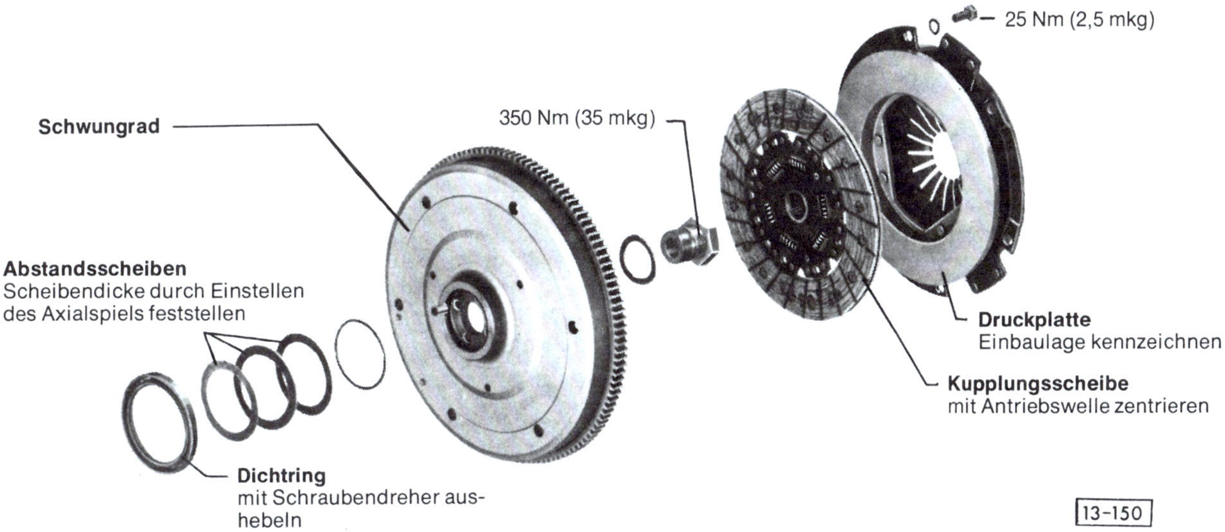

Dichtring für Kurbelwelle erneuern

Bei Ölverlust auf der Schwungradseite muß der Dichtring der Kurbelwelle geprüft und gegebenenfalls ausgewechselt werden.

Ausbau

- Schwungrad ausbauen siehe Seite 32.
- Dichtring mit Schraubenzieher heraushebeln.

Achtung: Darauf achten, daß der Sitz des Dichtrings im Kurbelgehäuse nicht beschädigt wird.

- Schwungradnabe prüfen, ob Lauffläche der Dichtlippe Verschleißspuren zeigt.

Einbau

- Sitz im Kurbelgehäuse säubern und Kante des Sitzes mit einem Dreikantschaber brechen.
- Sitzfläche ganz leicht mit Dichtungsmasse (Curil) bestreichen.

- Neuen Dichtring mit Eindrückvorrichtung (VW-Spezialwerkzeug Nr. VW 204 b) einbauen. Dabei Vorrichtung in die Kurbelwelle einschrauben und Dichtring auf das Führungsstück aufsetzen. Dichtring mit Hilfe der Vorrichtung einschrauben, bis der Dichtring auf dem Grund zur Anlage kommt. Vorrichtung abschrauben.
- Falls diese Vorrichtung nicht zur Verfügung steht, kann der Dichtring auch vorsichtig eingetrieben werden. Wichtig: Breite Auflage auf den Dichtring legen. Dichtring mit wechselseitigen, leichten Hammerschlägen eintreiben.
- Dichtlippe einölen.
- Schwungrad einbauen, siehe Seite 12.

Axialspiel der Kurbelwelle prüfen / einstellen

Das Axialspiel der Kurbelwelle soll beim Einbau 0,07 – 0,13 mm betragen. Wenn die Verschleißgrenze (0,15 mm) erreicht ist, muß das Spiel korrigiert werden.

Prüfen

- Axialspiel bei zusammengebautem Motor und angeschraubtem Schwungrad prüfen.
- Geeigneten Meßuhrhalter an einer der beiden unteren Stiftschrauben zur Motorbefestigung anschrauben und Meßuhr am Schwungrad ansetzen.
- Kurbelwelle in axialer Richtung hin- und herbewegen und Zeigerausschlag an der Meßuhr direkt ablesen.

Einstellen

- Schwungrad nur mit 2 Abstandscheiben einbauen. Dichtringe für Kurbelwelle und Schwungrad bleiben dabei ausgebaut.

- Meßuhr mit Halter am Kurbelgehäuse befestigen.
- Kurbelwelle in axialer Richtung hin- und herbewegen, Axialspiel auf der Meßuhr ablesen.
- Dicke der 3. Abstandscheibe berechnen. Axialspiel laut Meßuhr minus (–), mittleres Axialspiel z. B. 0,10 mm = Stärke der 3. Abstandscheibe.
- Schwungrad ausbauen.
- Dichtring für Kurbelwelle einbauen.
- Schwungrad mit allen 3 Abstandscheiben einbauen, Dichtring für Schwungrad nicht vergessen.
- Axialspiel nochmals kontrollieren.

Achtung: Es müssen immer 3 Abstandscheiben eingebaut werden.

Motor-Kurbeltrieb

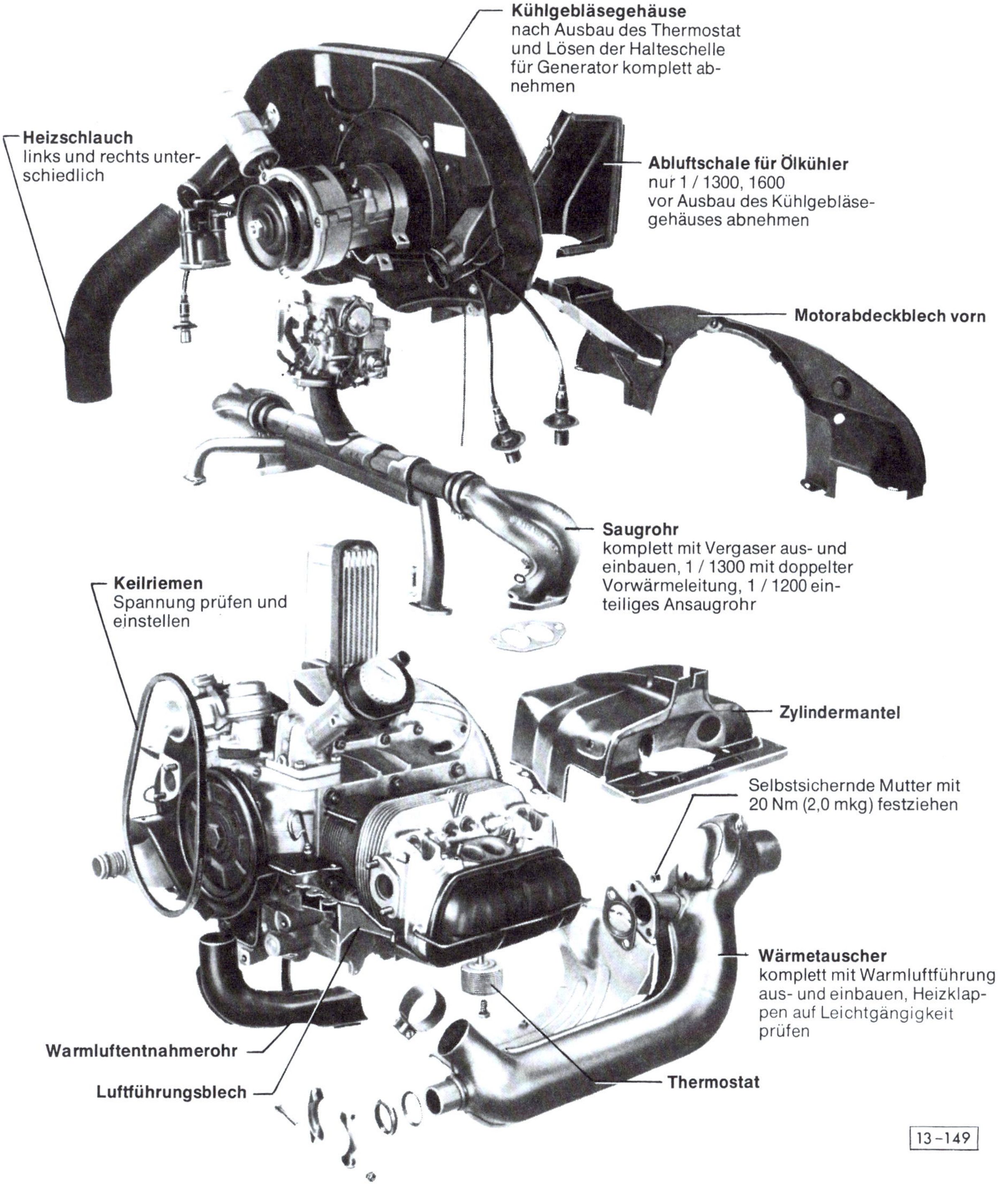

Saugrohr und Vorwärmleitungen aus- und einbauen

Ausbau

Achtung: Der VW 1200-Motor hat nur ein einteiliges Ansaugrohr, die Arbeitsgänge sind gleich.

- Massekabel von der Batterie abklemmen.
- Vergaserzug abklemmen, elektrische Leitungen am Vergaser abziehen.
- Luftfilter abbauen.
- Hinteres Motorabdeckblech abbauen.
- Je zwei Muttern rechts und links zur Befestigung der beiden geteilten Saugstutzen am Zylinderkopf abschrauben.

Achtung: Hierzu ist ein speziell zu diesem Zweck zurechtgebogener Ringschlüssel (SW 10) erforderlich.

- Je zwei Schrauben an den beiden Flanschen der Vorwärmleitungen herausschrauben.
- Vier Schraubschellen an den Gummimuffen zwischen Saugrohr und Saugstutzen lösen.
- Saugrohr komplett mit Vergaser abnehmen, Dichtungen von den Flanschen der Vorwärmleitungen und den Zylinderköpfen abnehmen.

Einbau

- Grundsätzlich neue Dichtungen verwenden.
- Saugrohr komplett mit Vergaser einsetzen und festschrauben.
- Bei 1,3- und 1,6-Litermotor Saugrohr an den Gummimuffen sorgfältig ausrichten und Schrauben an den Klemmschellen festziehen. Darauf achten, daß die Gummimuffen sauber anliegen und sicher schließen.
- Hinteres Motorabdeckblech anschrauben.
- Elektrische Leitungen für Vergaser aufschieben, Vergaserzug einstellen, siehe Seite 57.
- Luftfilter anschrauben, Massekabel für Batterie anklemmen.

Das Motorgehäuse

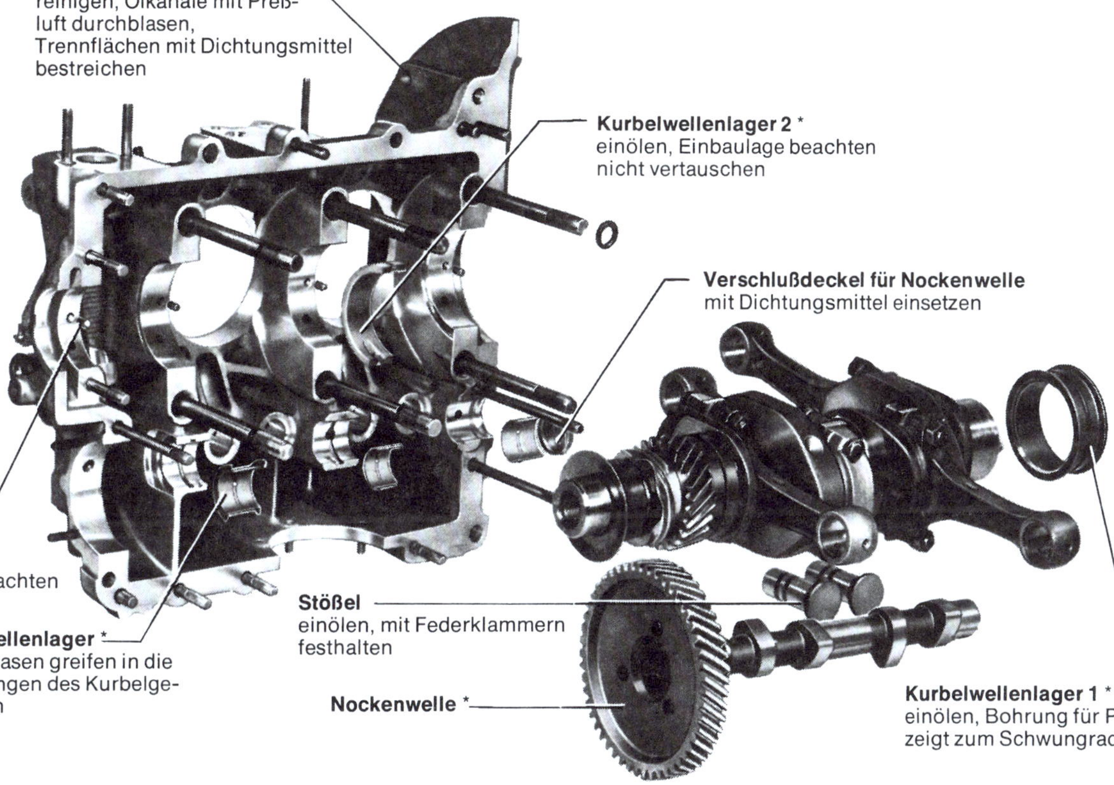

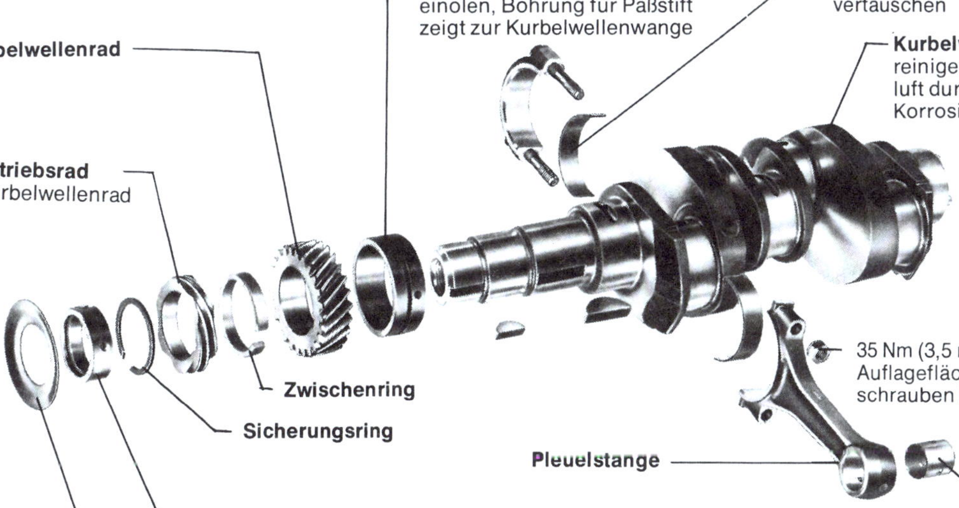

*) Bei Austauschmotoren besondere Montagehinweise beachten

Motorgehäuse zerlegen und zusammenbauen

Zerlegen

- Motor ausbauen, siehe Seite 12.
- Abgasanlage ausbauen, siehe Seite 69.
- Saugrohr mit Vergaser ausbauen, siehe Seite 36.
- Kühlgebläse ausbauen, siehe Seite 52.
- Ölkühler ausbauen, siehe Seite 50.
- Zündverteiler und Zündverteilerantriebswelle ausbauen, siehe Seite 167.
- Kraftstoffpumpe ausbauen, siehe Seite 66.
- Keilriemenscheibe ausbauen, siehe Seite 31.
- Kupplung ausbauen, siehe Seite 72.
- Schwungrad ausbauen, siehe Seite 32.
- Ölentlüftung mit Lichtmaschinenträger, Öldruckschalter und Ölsieb ausbauen, siehe Seite 194.
- Ölpumpe ausbauen, siehe Seite 49.
- Zylinderköpfe ausbauen, siehe Seite 15.
- Zylinder ausbauen, siehe Seite 24.
- Kolben ausbauen, siehe Seite 25.
- Gehäusemuttern mit Steckschlüssel abschrauben.
- Gehäuse so drehen, daß die linke Gehäusehälfte unten liegt.

- Stößel in der rechten Gehäusehälfte mit Federklemmen oder Draht festhalten.
- Rechte Gehäusehälfte **mit einem Gummihammer durch leichte Schläge** lockern und abheben. Zum Lockern keinesfalls einen Schraubenzieher oder ähnliche Hilfsmittel zwischen die Trennfugen des Gehäuses treiben. Dadurch werden die Dichtflächen beschädigt, das Gehäuse unbrauchbar.
- Beim Abheben der rechten Gehäusehälfte darauf achten, daß die Pleuelstangen nicht zur Seite wegkippen und die Dichtfläche der linken Gehäusehälfte beschädigen.
- Kurbelwelle und Nockenwelle herausnehmen.

Achtung: Einbaulage der geteilten Lagerschalen kennzeichnen. Beim Herausnehmen von Kurbel- und Nockenwelle darauf achten, daß alle Nockenwellenlager und das Lager 2 der Kurbelwelle geteilt sind. Die Lagerschalen können sonst an der Wellenlauffläche kleben bleiben und beim plötzlichen Herabfallen beschädigt werden.

- Alle Lagerschalen der Nockenwelle und die des 2. Kurbelwellenlagers nach der Kennzeichnung herausnehmen.
- 6 Dichtringe von den Stiftschrauben der 3 Lagerstühle abnehmen.
- Stößel herausziehen.
- Öldruckregelventil ausbauen, siehe Seite 48.

Prüfen

- Dichtungsflächen der beiden Gehäusehälften mit Benzin oder Aceton von allen Dichtungsresten säubern, ohne die metallische Oberfläche zu beschädigen.
- Gehäusehälften sorgfältig auf Beschädigungen und Rißbildungen prüfen. Der einwandfreie Zustand der Dichtungsflächen ist wichtig.
- Stiftschrauben auf festen Sitz prüfen. Bei ausgearbeiteten Gewindebohrungen können Heli-Coil-Gewindeeinsätze eingebaut werden.
- Kurbelgehäuse – ohne Dichtungsmasse – zusammenschrauben. Vorgeschriebene Anzugsdrehmomente beachten: Schlüsselweite SW 17 – 35 Nm (3,5 mkg), Schlüsselweite SW 13 – 20 Nm (2,0 mkg).
- Mit Innenmeßgerät und Schraublehre Gehäusebohrungen für Kurbelgehäusebohrung kontrollieren.

Kurbelgehäuse-	Lager 1, 2 und 3 = 65,00 mm
bohrung / Serie	Lager 4 = 50,00 mm

Achtung: Durch Nacharbeit verschiedener Teile kann ein Austauschmotor vom Serienmotor abweichen. Durch das Nacharbeiten kommen vielfach Über- bzw. Untergrößen zum Einbau. Kurbelgehäuse mit nachgearbeiteten, geplanten Trennflächen oder auf Übergröße gebohrte Kurbelwellenlager sind an der Stirnseite der rechten Gehäusehälfte neben den Trennflächen mit einem P bzw. O gekennzeichnet. Motoren, die mit „O" gekennzeichnet sind, haben Keilriemenscheiben mit Übergröße. Diese Riemenscheiben sind durch zwei umlaufende Rillen an der Vorderseite gekennzeichnet. Bei nachgearbeiteten Zylindersitzflächen am Kurbelgehäuse (0,8 mm) werden Ausgleichringe zwischen Kurbelgehäuse und Dichtung für Zylinder eingebaut. Auf den Einbau der Ausgleichringe darf **nicht** verzichtet werden, da sonst die Verdichtung verändert wird.

Bearbeitete Lagermaße

Kurbelwelle	1. Untermaß	2. Untermaß	3. Untermaß	4. Untermaß
Lager 1, 2 und 3 und Pleuellager	54,75 ∅	54,50 ∅	54,25 ∅	54,00 ∅
Lager 4	39,75 ∅	39,50 ∅	39,25∅	39,00 ∅

Kurbelgehäusebohrung Übergröße	Lager 1, 2 und 3 = 65,50 mm ∅ Lager 4 = 50,50 mm ∅		
Kurbelwelle		1. Untermaß	2. Untermaß
Lager 1, 2 und 3 und Pleuellager	55,00 mm ∅	54,75 mm ∅	54,50mm ∅
Lager 4	40,00 mm ∅	39,75 mm ∅	39,50 mm ∅

Bearbeitete Kurbelwelle

● Kurbelwellen mit beschädigten Lagerzapfen werden auf folgende Untermaße nachgeschliffen.

	Lager 1, 2, 3 und Pleuellager ∅ in mm	Lager 4 ∅ in mm
1. Untermaß	54,75	39,75
2. Untermaß	54,50	39,50
3. Untermaß	54,25	39,25
4. Untermaß	54,00	39,00

Zusammenbau

Achtung: Beide Kurbelgehäusehälften sind bei der Herstellung zusammengeschraubt bearbeitet worden. Sie dürfen daher nur zusammen ausgewechselt werden.

- Gehäusehälften sorgfältig in Benzin reinigen und Ölkanäle mit Preßluft ausblasen.
- Linke Gehäusehälfte nach oben einspannen.
- Kurbelwelle und Nockenwelle sind richtig eingelegt, wenn die Markierung auf der Nockenwelle zwischen den Markierungen (Pfeil) des Kurbelwellenrades liegen.
- Lagerschalen von Kurbelwelle und Nockenwelle einölen und nach Kennzeichnung einlegen.
- Kurbelwelle und Nockenwelle einlegen. Dabei Markierungen beachten.

13-107

- 6 neue Dichtringe auf die Stiftschrauben der drei Lagerstühle aufschieben.
- Trennflächen der Gehäusehälften gleichmäßig dünn mit Dichtungsmittel (Curil) bestreichen. Auf keinen Fall darf Dichtungsmittel in die Ölkanäle der Kurbel- und Nockenwellenlager gelangen.
- Eingeölte Stößel in die rechte Gehäusehälfte einschieben und mit Federklemmen oder Draht festhalten.
- Verschlußdeckel für Nockenwelle mit Deckelboden nach außen und mit Dichtungsmittel einsetzen.
- Gehäusehälften zusammenfügen.

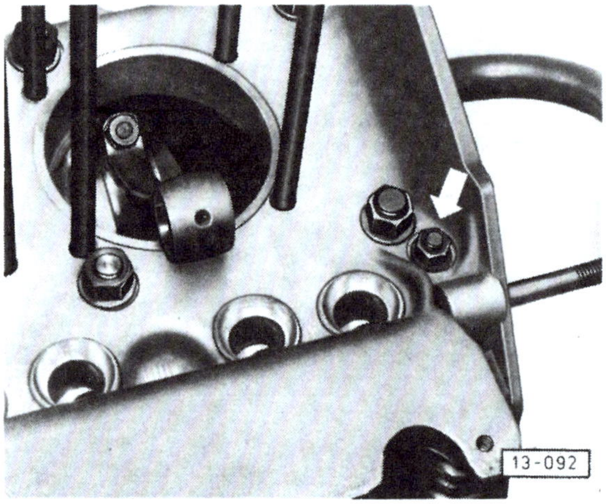

13-092

- Zuerst muß die Mutter (M 8, SW 13) (Pfeil), die neben der Stiftschraube (M 12, SW 17) des Kurbelwellenlagers 1 liegt, mit 20 Nm (2,0 mkg) festgezogen werden. Erst dann dürfen die übrigen Muttern M12 mit 35 Nm (3,5 mkg) festgezogen werden. Danach werden alle weiteren M 8-Muttern mit 20 Nm (2,0 mkg) festgezogen.

Achtung: Die Reihenfolge des Festschraubens ist unbedingt einzuhalten.

- Kurbelwelle durch Drehen auf leichten Lauf prüfen.
- Motor komplettieren.

Nockenwelle aus- und einbauen

Ausbau

- Kurbelgehäuse zerlegen, siehe Seite 37.
- Nockenwelle herausheben. Darauf achten, daß dabei die Lagerschalen festkleben und durch Herunterfallen beschädigt werden können.
- Lagerschalen herausnehmen und kennzeichnen.

Prüfen

- Vernietung der Nockenwelle mit dem Nockenwellenrad auf festen Sitz prüfen.
- Nockenwelle auf Verschleiß an den Lagerstellen und Nocken prüfen. Nockenbahn schräg abgenutzt, Anlaufflächen uneben?
- Nockenwellenrad auf Verschleiß der Zahnflanken prüfen.
- Zahnflankenspiel zwischen Nockenwellenrad und Kurbelwellenrad prüfen. Das Zahnflankenspiel soll zwischen 0,00 – 0,05 mm betragen. Korrigiert werden kann das Flankenspiel durch Einbau einer anderen Nockenwelle.
- Das Nockenwellenrad hat die richtige Abmessung, wenn beim vorsichtigen Hin- und Herdrehen des Nockenwellenrades während des Richtungswechsels ein kaum spürbares Spiel zwischen den beiden Steuerrädern auftritt. Das Flankenspiel ist zu klein, wenn sich die Nockenwelle beim Zurückdrehen der Kurbelwelle aus den Lagerschalen hebt.
- Bei zu großem Spiel kann eine Nockenwelle mit anderer Abmessung eingebaut werden. Zur Unterscheidung der verschiedenen Radgrößen sind die Nockenwellenräder an der den Nocken zugewandten Stirnseite mit Schlagzahlen gekennzeichnet. Zum Beispiel – 1,0, +1, +2 usw. Die Zahl gibt an, um wieviel 1/100 mm der Teilkreisradius sich von der Zeichnungsgröße 0 unterscheidet.

Achtung: Die Zahl 0 nicht verwechseln mit dem Zeichen O, das zur Einstellung der Steuerräder dient. Für die Kurbelwellenräder ist keine Unterscheidung und keine Kennzeichnung vorgesehen.

Einbau

- Kanten der Lagersitze, wenn nötig, leicht brechen.
- Lagerschalen 1 – 3 (von der Schwungradseite gezählt) so einlegen, daß die Nasen in den Aussparungen des Gehäuses sitzen. Lager 3 nimmt als Führungslager die axialen Kräfte auf und hat daher an beiden Seiten einen Anlaufbund für die Nockenwelle.
- Lagerstellen und Nocken mit Motoröl einölen und Nockenwelle so einlegen, daß der mit dem Zeichen „O" versehene Zahn des Steuerrades zwischen die beiden mit Körnerpunkt gezeichneten Zähne der Kurbelwelle zu liegen kommt.

Kurbelwelle aus- und einbauen

Ausbau

- Kurbelgehäuse zerlegen, siehe Seite 37.
- Nockenwelle herausnehmen.
- Kurbelwelle und Lagerschalen herausheben und Lager 1 an der Schwungradseite abziehen. Darauf achten, daß beim Herausheben der Wellen keine festhaftende Lagerschale herunterfällt und beschädigt wird. Lagerschalen kennzeichnen.

Zerlegen

- Kurbelwelle in einen Haltebock einspannen.
- Scheibenfeder (Keil) für Keilriemenscheibe entfernen und Lager 4 zusammen mit Ölablenkscheibe abziehen.

- Sicherungsring für Antriebsrad des Zündverteilers mit Sprengringzange abnehmen.

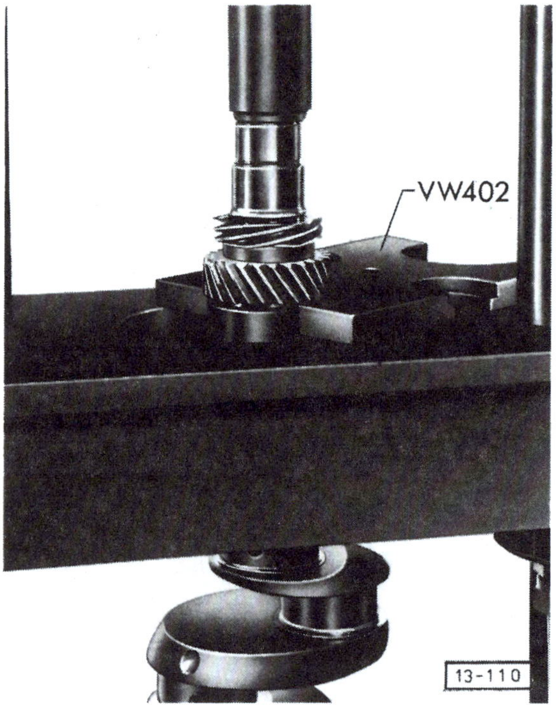

- Antriebsrad des Zündverteilers, Zwischenring und Steuerrad der Kurbelwelle zusammen auf einer Presse abdrücken und Scheibenfeder entfernen.
- Lager 3 abziehen.
- Pleuelstangen ausbauen, siehe Seite 43.
- Kurbelwelle reinigen und Ölkanäle mit Preßluft durchblasen. Anschließend alle Lagerstellen sofort wieder einölen, damit sich keine Korrosion auf den Lagerstellen bildet.
- Kurbelwelle auf Risse prüfen. Dazu ist eine Klangprobe zu machen, indem die Welle senkrecht an einem Draht aufgehängt und mit einem Metallhammer leicht an einer Kurbelwellenwange angeschlagen wird. Es muß dabei ein metallisch reiner Klang entstehen.
- Kurbelwelle auf Verschleißspuren prüfen. Leichte Freßspuren an den Sitzflächen können vorsichtig entfernt werden (Ölstein), jedoch darf der Preßsitz nicht beeinträchtigt werden. Falls erforderlich, Kurbelwelle nachschleifen lassen – oder auswechseln.
- Bohrungen des Antriebsrades für Zündverteiler und des Steuerrades für Nockenwelle auf Freßspuren untersuchen und Tragbild der Zahnflanken prüfen.
- Festen Sitz der Paßstifte prüfen.

Zusammenbau

- Kurbelwelle in Benzin reinigen und Ölkanäle mit Preßluft ausblasen.
- Lager 3 einölen und aufschieben.
- Scheibenfeder für die beiden Antriebsräder einsetzen.
- Beide Antriebsräder auf etwa +80° C im Ölbad erwärmen.
- Erwärmtes Antriebsrad für Nockenwelle mit seiner Fase zum Lager 3 hin aufdrücken.

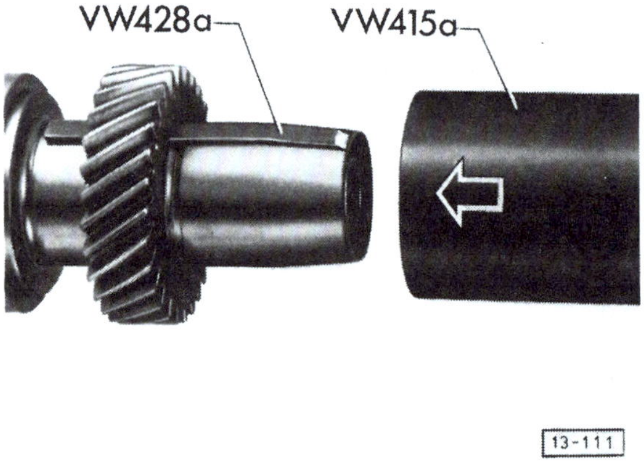

- Zum Aufschieben von Kurbelwellenrad und Zündverteilerantriebsrad werden eine Hülse und ein Führungskeil benutzt. Der Führungskeil dient dazu, der Nut im Antriebsrad beim Aufdrücken die richtige Richtung zur Scheibenfeder zu geben.
- Zwischenring aufschieben.
- Erwärmtes Antriebsrad für Zündverteiler ebenfalls mit Hülse und Führungskeil aufdrücken. Nach Erkalten auf festen Sitz prüfen.

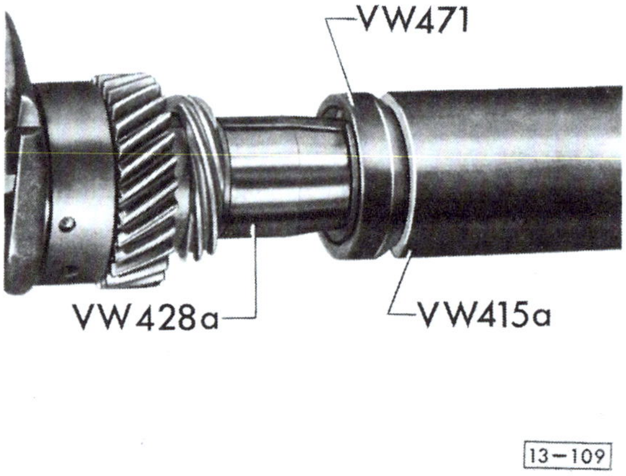

- Sicherungsring aufschieben. Hierzu wird eine konische Führungshülse über die Lagerstelle 4 gestülpt, damit die Lageroberfläche nicht beschädigt wird.
- Lager 4 einölen und aufschieben. Die ringförmige Nut im Lager muß zur Ölablenkscheibe zeigen.
- Ölablenkscheibe mit Hohlseite nach außen aufstecken.
- Scheibenfeder für Keilriemenscheibe einsetzen.
- Pleuelstangen montieren, siehe Seite 43.

Einbauen

- Die Ölaustrittsbohrungen der Wellenzapfen und der Lager dürfen keine scharfen Kanten aufweisen.
- Haben sich metallische Fremdkörper in die Laufflächen der Lagerschalen eingebettet, können diese mit einem Schaber vorsichtig entfernt werden. Dabei darf die Lagerschale selbst nicht beschädigt werden.
- Neue Lagerschalen dürfen nicht nachgearbeitet werden.
- Paßstifte in den Lagersitzen des Gehäuses auf festen Sitz prüfen.
- Lagerschalenhälfte für Lager 2 in den Lagersitz einlegen.
- Lager 1 einölen und so auf die Welle aufstecken, daß seine Paßstiftbohrungen zum Schwungrad zeigen.
- Kurbelwelle einlegen und darauf achten, daß alle Paßstifte richtig in den Bohrungen der einzelnen Lagerschalen stecken.
- Beim Einbau der Kurbelwelle Kennzeichnungen der Einbaulage zur Nockenwelle beachten, siehe Seite 40.
- Kurbelgehäuse montieren, siehe Seite 37.

Pleuelstangen aus- und einbauen

Ausbau

- Kurbelwelle ausbauen, siehe Seite 41.
- Pleuelmuttern herausschrauben und Pleueldeckel, Pleuelstange und Lagerschalen abnehmen. Lagerschalen kennzeichnen.

Prüfen

- Pleuelstangen auf äußere Beschädigungen untersuchen.
- Pleuelschrauben dürfen nicht ausgeschlagen oder verdrückt sein. Bei beschädigten Pleuelschrauben ist das ganze Pleuel zu ersetzen.
- Beim Ersetzen einer oder mehrerer Pleuelstangen muß das Gewicht der alten und neuen Teile geprüft werden, da der Gewichtsunterschied zwischen den einzubauenden Pleuelstangen max. 10 g betragen darf. Pleuelstangen ohne Lagerschalen wiegen.

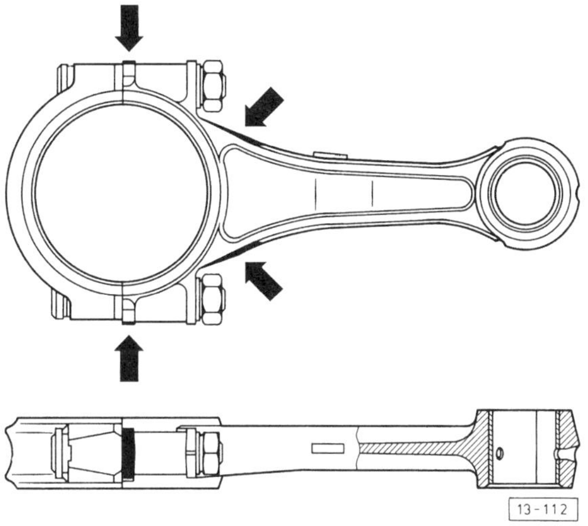

- Gegebenenfalls sind die neuen Pleuelstangen mit Übergewicht an den in der Zeichnung festgelegten Stellen nachzuarbeiten. Hierdurch läßt sich eine Gewichtsersparnis von 8 Gramm erreichen.
- Buchse im Pleuelauge prüfen. Bei neuer Buchse muß sich der nicht angewärmte Kolbenbolzen mit leichtem Fingerdruck einschieben lassen.
- Pleuelstange, wenn nötig, auswinkeln (Werkstattarbeit).

Einbau

- Alle Teile in Benzin reinigen und einölen.
- Lagerschalen entsprechend der Kennzeichnung einsetzen.
- Pleuel einsetzen.

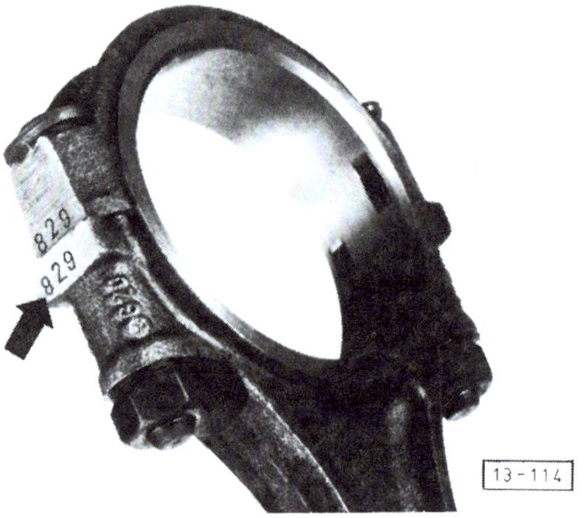

13-114

- Die Kennziffern an der Trennfuge von Pleueloberteil und -unterteil müssen auf einer Seite liegen.

13-113

- Die angeschmiedete Markierung am Pleuelschaft muß beim Einbau oben liegen (Pfeile).
- Pleuelstange mit **neuen** Muttern zusammenschrauben. Die Muttern sind vorher zu entwachsen.

Achtung: Beim VW 1200 neue Pleuelschrauben verwenden. Auflagefläche der Muttern einölen , Muttern mit 35 Nm (3,5 mkg) festziehen.

- Nach dem Zusammenschrauben müssen die Pleuelstangen durch ihr Eigengewicht von allein wieder gleitend nach unten fallen.

13-116

- Geringe Verspannungen, die beim Festziehen der Schrauben zwischen den Lagerhälften auftreten können, werden durch leichte Hammerschläge auf beiden Seiten der Pleuelstange beseitigt.

13-115

- Axialspiel der Pleuelstange mit Fühlerblattlehre prüfen. Die Verschleißgrenze ist bei maximal 0,7 mm erreicht.

Störungstabelle Motor

Wenn der Motor nicht anspringt, Fehler systematisch einkreisen. Damit der Motor überhaupt anspringen kann, müssen immer zwei Grundvoraussetzungen erfüllt sein: Das Kraftstoff-Luftgemisch muß bis in die Zylinder gelangen, der Zündfunke muß an den Zündkerzen vorhanden sein. Als erstes ist deshalb immer zu prüfen, ob überhaupt Kraftstoff gefördert wird. Wie man dabei vorgeht, steht auf Seite 55 und in der Störungstabelle „Vergaser".

Um festzustellen, ob ein Zündfunke vorhanden ist, Hochspannungskabel aus der Mitte der Zündverteilerkappe herausziehen und im Abstand von etwa 10 mm gegen Masse (Motor) halten. Von Hilfsperson Motor starten lassen. Wenn ein Zündfunke überspringt, Zündkerzen herausschrauben, in Zündkerzenstecker stecken und einzeln gegen Masse halten. Von Hilfsperson Motor starten lassen. Wenn kein Zündfunke überspringt, Fehler nach Tabelle aufspüren.

Achtung: Beim Aufstecken der Zündkabel Zündfolge beachten: 1 – 4 – 3 – 2. Verteilerkappe abnehmen, auf dem Zündverteilergehäuse ist eine Kerbe eingeschlagen. Wenn die Verteilerkappe aufgesetzt wird, befindet sich über der Kerbe in der Verteilerkappe das Zündkabel für Zylinder 1. Es folgen – im Uhrzeigersinn – die Zündkabel für Zylinder 4 – 3 – 2.

Beim Messen der Spannung an Klemme 15 der Zündspule mit einem Voltmeter ist zur Vermeidung von Hochspannungsüberschlägen folgendermaßen vorzugehen:

- Voltmeter an Klemme 15 der Zündspule und an Masse anschließen.
- Zusätzliche Leitung von Klemme 1 der Zündspule an Masse legen.
- Anlasser betätigen und Eingangsspannung während des Startvorgangs mit Voltmeter messen.
- Die Spannung muß mindestens 9 Volt betragen.

Zur Überprüfung des Verteilerläufers mit Entstörteil für Radioempfang wird ein Ohmmeter benötigt.

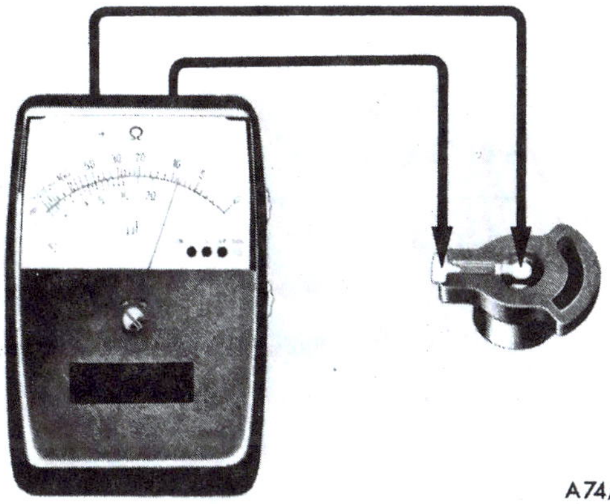

A74/18

- Ohmmeter nach Abbildung anschließen. Der Widerstand darf maximal 10 KOhm betragen.

Auf die gleiche Art wird der Widerstand des Zündkabels einschließlich des Zündkerzensteckers geprüft. Der Widerstand je Zündleitung einschließlich des Zündkerzensteckers darf maximal 10 KOhm betragen.

Störung: Der Motor springt schlecht oder gar nicht an

Ursache	**Abhilfe**
Bedienungsfehler beim Starten	**Bei Temperaturen unter + 0°C:** Gaspedal einmal langsam durchtreten und wieder loslassen. Zündung einschalten und sofort starten, kein Gas geben. **Bei Temperaturen über +0°C:** Gaspedal während des Anlassens langsam durchtreten. **Bei heißem Motor:** Gaspedal ganz niedertreten, Anlasser betätigen. Pedal nach dem Anspringen des Motors sofort loslassen.
Kein Zündfunke vorhanden. Verteilerkappe feucht, verschmutzt	Verteilerkappe reinigen und trocknen, mit Zündspray einsprühen

Ursache	Abhilfe
Risse in der Verteilerkappe, Brandkanäle	Verteilerkappe ersetzen
Schleifkohle in der Zündverteilerkappe abgenutzt	Schleifkohle erneuern
Unterbrecherkontaktabstand zu groß bzw. zu klein	Unterbrecherkontaktabstand berichtigen
Unterbrecherkontakt abgebrannt	Unterbrecherkontakt erneuern
Verteilerläufer defekt	Verteilerläufer erneuern
Widerstand des Verteilerläufers zu hoch	Verteilerläufer auswechseln
Widerstand in Zündkerzenleitung/Zündkerzenstecker zu hoch	Zündleitung/Zündkerzenstecker erneuern
Zündkerzenstecker in falscher Reihenfolge aufgesteckt	Zündkerzenstecker nach Zündfolge 1–4–3–2 aufstecken
Zündkerzen wegen zu vieler Startversuche naß	Zündkerzen trocknen
Zündkerzen außen feucht und verschmutzt	Zündkerzen reinigen, trocknen, Silikonschutzkappe auf Zündkerze und Stecker schieben
Leistung der Zündspule zu gering	Elektrische Leitungen an der Zündspule auf festen Sitz und guten Kontakt prüfen
Zu geringe Spannung an Klemme 15 der Zündspule (mindestens 9 Volt)	Batterie laden, gute Masseverbindung zwischen Batterie und Aufbau bzw. Getriebe und Aufbau herstellen. Spannungsverlust zwischen Batterie, Lichtschalter, Zündanlaßschloß bzw. Klemme 15 beseitigen
Zündspule gerissen, Brandkanäle	Zündspule erneuern
Spannungsverlust durch Berührung elektrischer Anschlüsse bzw. Leitungen mit Schläuchen des Motors	Elektrische Leitungen richtig führen
Kondensator am Zündverteiler lose oder defekt	Kondensator festziehen bzw. erneuern
Zündzeitpunkt grob verstellt	Zündzeitpunkt korrigieren
Anlasser dreht zu langsam	Batterie laden, in der kalten Jahreszeit Winteröl einfüllen. Anlasser überprüfen
Ventilspiel falsch	Ventilspiel korrigieren
Kompression schlecht	Ventilspiel einstellen, Motor überholen

Motor-Schmierung

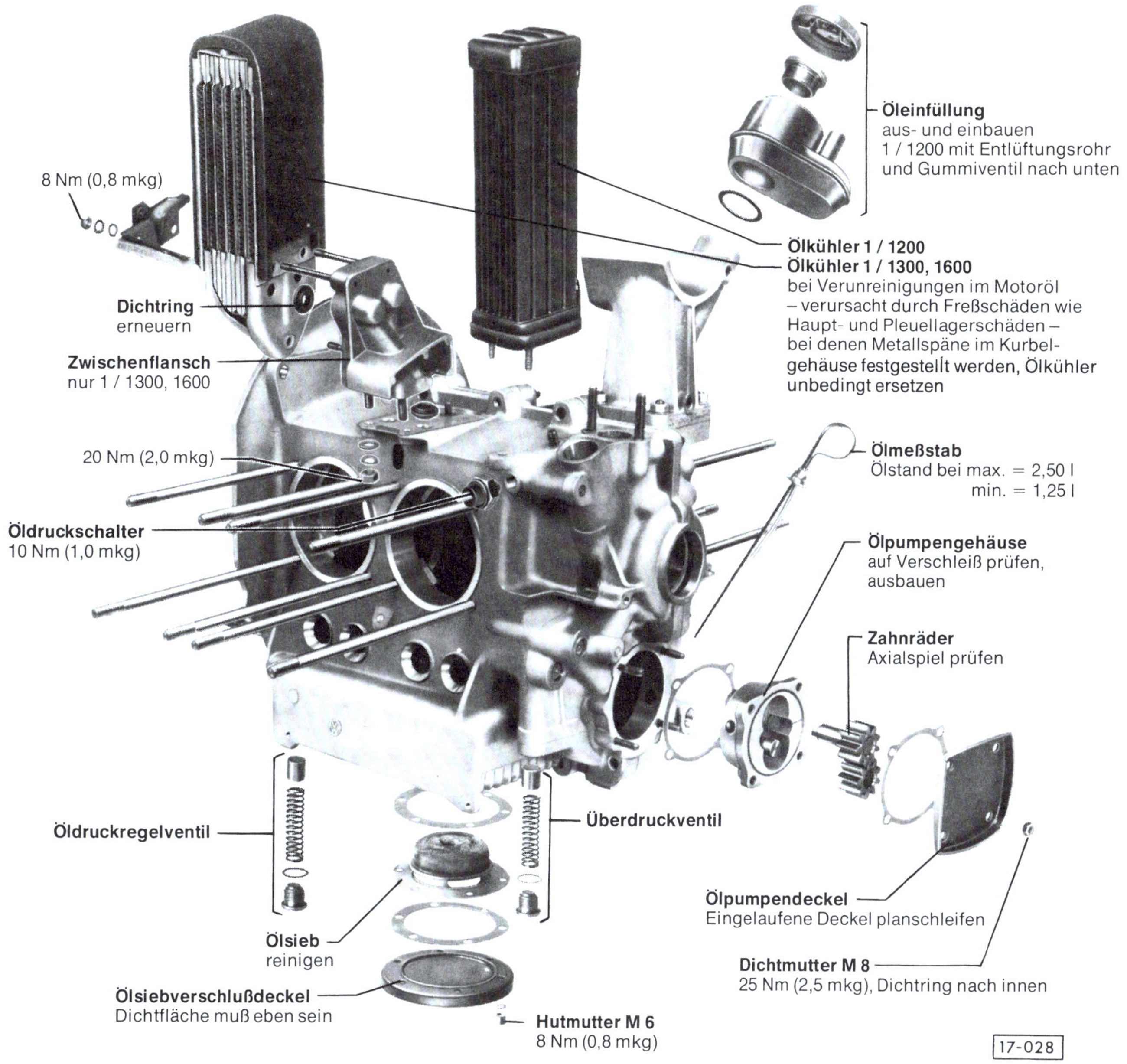

Der Käfer-Motor hat eine Druckumlaufschmierung mit Zahnradpumpe, Ölsieb und Ölkühler. Die Zahnradpumpe ist direkt mit der Nockenwelle verbunden und wird von ihr angetrieben. Die Ölpumpe saugt das Öl durch das Sieb aus dem Kurbelgehäuse und drückt es über den Ölkühler in die verschiedensten Ölkanäle.

Das vor dem Ölkühler angeordnete Ölüberdruckventil regelt den Durchlauf des Motoröls durch den Ölkühler in Abhängigkeit von der Öltemperatur. Bei kaltem, dickflüssigem Öl wird der Kolben des Ventils in die tiefste Stellung gedrückt. Das Öl fließt direkt zu den Schmierstellen, ein Teil geht sofort ins Kurbelgehäuse zurück. Mit zunehmender Erwärmung sinkt der Öldruck, der Kolben des Öldruckventils schließt allmählich den direkten Weg zu den Schmierstellen. Das Öl fließt nun teilweise durch den Ölkühler und direkt zu den Schmierstellen. Bei betriebswarmem Motor wird der Kolben des Ventils in die höchste Stellung gedrückt. Das Öl kann nur über den Ölkühler zu den Schmierstellen fließen.

Am Ende der Kurbelwelle sitzt das Öldruckregelventil. Das Öldruckregelventil hat die Aufgabe, den Öldruck zu stabilisieren. Es öffnet bei 2,8 bar (atü).

Ölüberdruckventil aus- und einbauen

Bei Störungen im Ölkreislauf, in jedem Fall aber bei undichtem Ölkühler, muß das Ölüberdruckventil geprüft werden, denn der Ventilkolben kann im oberen oder unteren Totpunkt klemmen.

Klemmt der Kolben im oberen Totpunkt, wird das dickflüssige Öl bei kaltem Motor mit hohem Druck direkt in den Ölkühler gedrückt. Die Folge: Der Ölkühler wird undicht.

Klemmt der Kolben dagegen im unteren Totpunkt, nimmt das dünnflüssige Öl bei warmem Motor den Weg des geringsten Widerstandes und fließt nicht durch den Ölkühler, sondern zum größten Teil direkt in das Kurbelgehäuse zurück. Die Folge: Das Öl wird nicht ausreichend gekühlt, die Lagerstellen werden unzureichend geschmiert.

Ausbau

- Verschlußschraube mit breitem Schraubenzieher herausdrehen.
- Druckfeder und Kolben herausziehen. Ein festgeklemmter Kolben kann mit einem Gewindebohrer M 10, der vorher etwas in den Kolben hineingedreht wurde, herausgezogen werden.

Einbau

- Vor dem Einbau Kolben und Bohrung auf Freßspuren untersuchen. Wenn nötig, Freßspuren in der Bohrung vorsichtig entfernen und Kolben austauschen.

Achtung: Die Kolben haben unterschiedliche Durchmesser. Serien-Kolben = 16,0 mm, Kolben mit Übergröße (Austauschmotor) = 16,5 mm.

- Kolben und Feder einsetzen, neuen Dichtring für Verschlußschraube verwenden, Verschlußschraube nicht zu fest (mit 25 Nm, 2,5 mkg) anziehen.

Öldruckschalter prüfen / aus- und einbauen

Der Öldruckschalter sitzt im Motorgehäuse und dient in Verbindung mit der Kontrollampe im Armaturenbrett zur Überwachung des Öldrucks. Der Membranschalter schließt oder unterbricht die Masseverbindung zur Kontrollampe.

Bei stillstehendem Motor – kein Öldruck – ist die Masseverbindung zur Kontrollampe geschlossen. Deshalb leuchtet bei eingeschalteter Zündung die Kontrollampe auf, da sich noch kein Öldruck aufgebaut hat.

Nach dem Starten baut sich normalerweise sofort ein Öldruck auf. Die Membrane im Schalter verschiebt die Kontaktplatte im Innern des Schalters, die Masseverbindung wird aufgehoben, die Kontrollampe erlischt und zeigt damit an, daß genügend Öldruck vorhanden ist. Wenn bei scharfer Kurvenfahrt die Kontrollampe kurzzeitig aufleuchtet, ist dies in der Regel ein Hinweis auf einen zu geringen Ölstand.

Ausbau

- Elektrische Leitung von Öldruckschalter abziehen, Öldruckschalter herausschrauben.
- Beim Einbau Öldruckschalter gefühlvoll anziehen. Anziehdrehmoment: 10 Nm (1,0 mkg).

Prüfen

- Öldruckschalter ausbauen und Schalter in geeignetes Prüfgerät einschrauben.

- Prüfgerät anstelle des Öldruckschalters in das Kurbelgehäuse einschrauben, Prüflampe an Öldruckschalter und Klemme 15 der Zündspule anklemmen.
- Zündung einschalten, Prüflampe muß aufleuchten, sonst Schalter auswechseln.
- Motor starten, Drehzahl und damit Öldruck langsam erhöhen. Bei einem Überdruck von 0,15 – 0,45 bar (atü) soll die Lampe erlöschen.

- Motordrehzahl weiter erhöhen. Bei 2000 U/min. und +80° C Öltemperatur soll der Öldruck mindestens 2,0 bar (atü) betragen.
- Falls der Druck bei dieser Drehzahl nicht erreicht wird, ist dies ein Hinweis auf verschlissene Kurbelwellenlager.

Ölpumpe aus- und einbauen

Ausbau

- Der Ausbau der Ölpumpe ist auch bei eingebautem Motor möglich.
- Hinteres Motorabdeckblech ausbauen, siehe Seite 31.
- Keilriemenscheibe ausbauen, siehe Seite 31.
- Abdeckblech unter der Keilriemenscheibe abnehmen.
- 4 Muttern am Pumpendeckel abschrauben.
- Deckel der Pumpe mit Dichtung abnehmen und Zahnräder herausnehmen.
- Ölpumpengehäuse durch leichte Schläge mit einem Gummihammer heraustreiben.

Prüfen

Vor dem Einbau Ölpumpengehäuse und Lagerstellen der Zahnräder auf Verschleiß prüfen. Eingelaufene Flächen im Gehäuse führen zu Öldruckverlust.

- Festen Sitz der eingesteckten kurzen Zahnradachse im Gehäuse prüfen und, wenn nötig, Gehäuse erneuern.

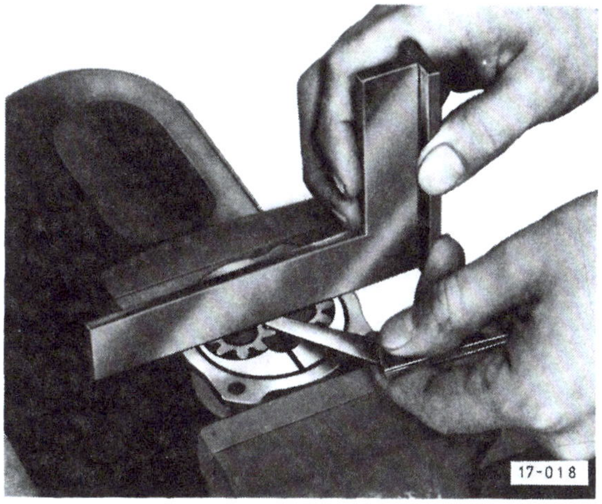

- Axialspiel der Ölpumpe prüfen. Hierzu Stahllineal auf Ölpumpengehäuse legen und Spiel mit einer Fühlerblattlehre prüfen. Das Spiel darf maximal 0,1 mm betragen.
- Pumpendeckel auf Einlaufspuren prüfen, eingelaufenen Deckel planschleifen oder erneuern.
- Ablageflächen für das Ölpumpengehäuse am Kurbelgehäuse auf Sauberkeit und Beschädigungen prüfen.

Einbau

- Ölpumpengehäuse mit neuer Dichtung einsetzen und Zahnräder aufstecken.
- Kurbelwelle zweimal drehen, damit sich die Nockenwelle einmal dreht und dabei die Zahnräder antreibt. Die Zahnräder werden dadurch im Pumpengehäuse zentriert.
- Deckel mit neuer Dichtung ansetzen und Dichtmuttern (M 8) mit 25 Nm (2,5 mkg) festziehen, ohne dabei die Lage des Pumpengehäuses zu verändern.
- Abdeckblech unter der Keilriemenscheibe einsetzen.
- Keilriemenscheibe einbauen, siehe Seite 31.
- Hinteres Motorabdeckblech einbauen, siehe Seite 31.

Öleinfüllstutzen aus- und einbauen

Ausbau

- Ölstutzendeckel abschrauben

- Innenmutter im Öleinfüllstutzen mit Spezialschlüssel (VW 170) oder breitem Schraubenzieher und leichten Hammerschlägen ausbauen.

Achtung: Beim Käfer 1200 führt vom Einfüllstutzen das Entlüftungsrohr mit Gummiventil nach unten.

Einbau

- Öleinfüllstutzen mit neuem Dichtring ansetzen, Innenmutter einschrauben. Beim VW 1200 Entlüftungsrohr nach unten führen und Gummiventil aufschieben.

Ölkühler aus- und einbauen

Beim 1200er Käfer befindet sich der Ölkühler innerhalb des Kühlgebläsekastens. Zum Ausbau des Ölkühlers muß der Kühlgebläsekasten ausgebaut werden. Beim 1300- und 1600er-Motor ist zum Ausbau des Ölkühlers nur die Abluftschale auszubauen.

Bei Verunreinigungen im Motoröl, verursacht durch Freßschäden wie Haupt- und Pleuellagerschäden, bei denen Metallspäne im Kurbelgehäuse festgestellt werden, ist der Ölkühler unbedingt zu ersetzen.

Ausbau

- Der Ölkühler kann auch bei eingebautem Motor ausgebaut werden. In diesem Fall muß die Motorklappe ausgebaut werden.
- Motor ausbauen, siehe Seite 12.
- VW 1200: Kühlgebläsekasten ausbauen, siehe Seite 52.
- 3 Muttern mit gekröpftem Ringschlüssel SW 10 abschrauben, Ölkühler mit Federscheiben und beiden Dichtungen abnehmen.
- VW 1300 / 1600: Abluftschale für Ölkühler abnehmen, 3 Muttern mit gekröpftem Ringschlüssel abschrauben, Ölkühler mit Winkelflansch und Dichtungen abnehmen.

Einbau

- Eventuell Ölkühler auf Dichtigkeit abdrücken lassen (Werkstattarbeit!).

Achtung: Bei undichtem Ölkühler auf jeden Fall das Ölüberdruckventil auf Funktion prüfen.

- VW 1300/1600: Falls der Zwischenflansch abgeschraubt war, neue Dichtringe für Zwischenflansch verwenden.
- Neue Dichtringe einlegen. Ölkühler ansetzen und mit Muttern und Federscheiben festschrauben.
- VW 1300 / 1600: Abluftschale für Ölkühler anbringen.
- VW 1200: Kühlgebläse einbauen, siehe Seite 52.

Störungstabelle Ölkreislauf

Störung	Ursache	Abhilfe
Kontrollicht leuchtet nicht nach Einschalten der Zündung auf	● Strom zum Schalter unterbrochen	Anschlüsse prüfen
	● Kontakte korrodiert	Anschlüsse prüfen
	● Öldruckschalter defekt	Schalter auswechseln
Kontrollicht verlischt nicht nach Anspringen des Motors	● Öl sehr warm	Unbedenklich, wenn Kontrollicht beim Gasgeben verlischt, andernfalls:
	● Öldruckschalter schadhaft	Schalter auswechseln
	● Öldruck zu gering	Druck nach Vorschrift prüfen
Kontrollicht leuchtet während der Fahrt	● Öldruck zu gering	Druck nach Vorschrift prüfen
Zu niedriger Öldruck	● Zu wenig Öl im Motor	Ölstand prüfen
	● Ölpumpe defekt	Ölpumpe prüfen
	● Lagerschaden	Motor demontieren

Motor-Kühlung

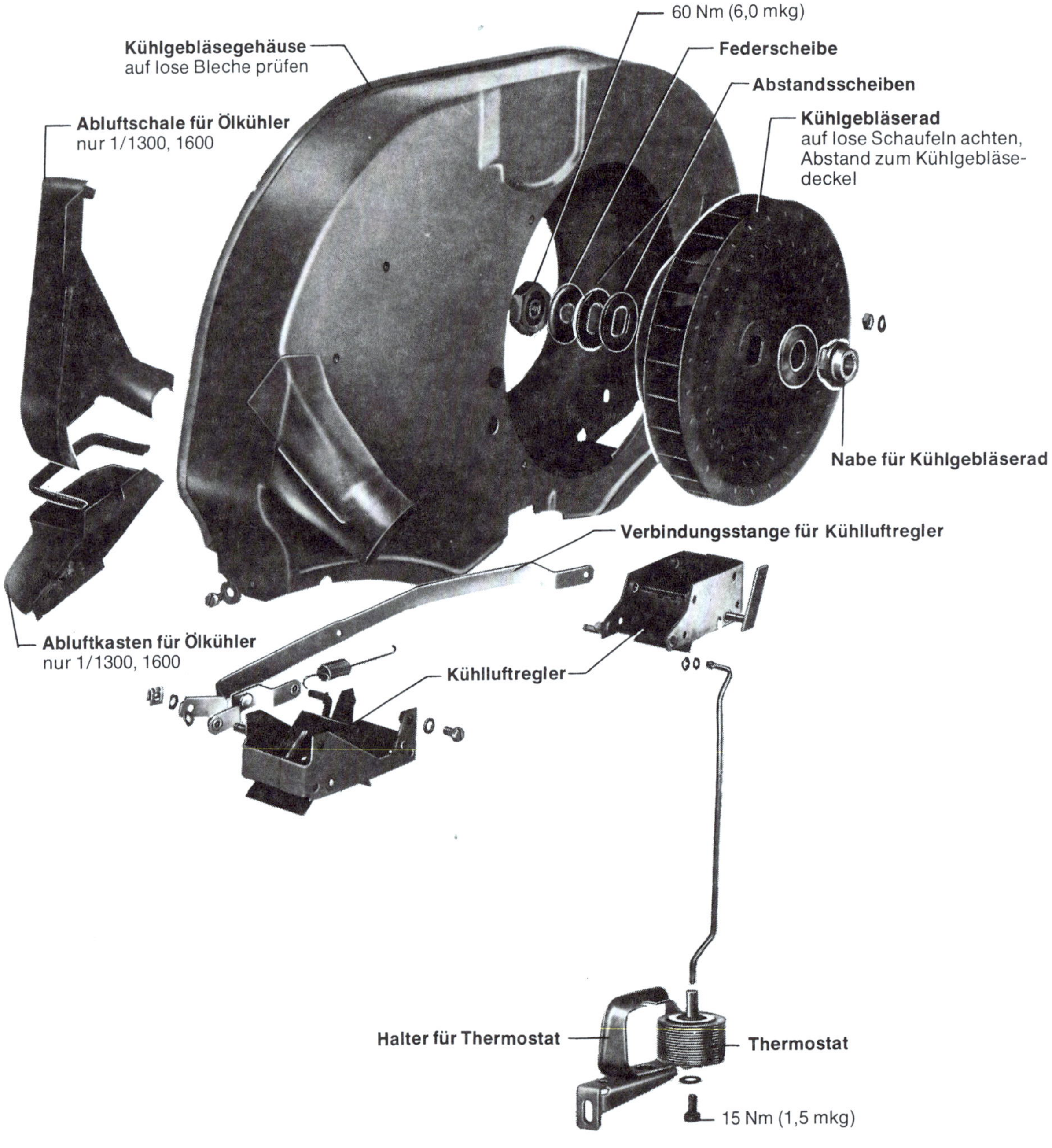

Kühlgebläsegehäuse aus- und einbauen

Ausbau

- Der Kühlgebläsekasten kann auch bei eingebautem Motor ausgebaut werden. Um den Kasten abheben zu können, muß dann der Motordeckel abgeschraubt werden. Besser ist es, wenn der Motor ausgebaut wird.
- Massekabel von Batterie abklemmen.
- Luftfilter ausbauen, Heizschläuche abnehmen.
- Vergaserzug lösen und Führungsrohr herausziehen.
- Vergaser ausbauen, siehe Seite 57.
- Keilriemen ausbauen, siehe Seite 161.
- Elektrische Leitungen von Generator und Zündspule abziehen.
- Spannband für Lichtmaschine abnehmen.
- Bei Drosselringregelung: Rückholfeder ausbauen und 2 Schrauben SW 10 am Drosselring lösen.

- Schlitzschrauben an beiden Seiten des Gebläsekastens herausschrauben.
- Käfer 1300/1600: Abluftschale für Ölkühler ausbauen.
- Thermostat ausbauen und Verbindungsstange für Kühlluftregler abnehmen.
- Kühlgebläsegehäuse mit Regelung und Lichtmaschine nach oben herausnehmen, dabei nicht den Ölkühler beschädigen.

Einbau

- Beim Absenken des Gehäuses Verbindungsstange für den Thermostat in den Durchbruch im Zylinderkopf einführen. Darauf achten, daß die Zylindermäntel seitlich satt über das Gehäuse greifen. Wenn nötig, Blechvermantelung vorsichtig nachrichten.
- Bei Drosselring-Regelung: Drosselring einsetzen, zum Ansaugstutzen zentrieren, am Halteblech festschrauben und Rückholfeder einhängen.
- Thermostat einbauen, siehe Seite 54.
- Führungsrohr und Vergaserzug einschieben, Vergaser einbauen, Vergaserzug einstellen, siehe Seite 57.
- Lichtmaschine mit Spannband festschrauben, Keilriemen einbauen und spannen, siehe Seite 161.
- Elektrische Leitungen an Lichtmaschine und Zündspule aufstecken.
- Heizschläuche aufstecken, Luftfilter anbauen.
- Massekabel an Batterie anschließen.

Thermostat aus- und einbauen

Ausbau

- Rechts hinteres Warmluftführungsblech ausbauen.
- Thermostat vom Halter lösen und von der Verbindungsstange abschrauben.

Einbau

- Thermostat auf Verbindungsstange aufschrauben, einsetzen und am Halter befestigen.
- Thermostat einstellen.
- Unteres Führungsblech einbauen.

Thermostat einstellen

- Thermostat auf die Verbindungsstange aufschrauben.

19–023

- Mutter zur Befestigung des Thermostathalters lösen.
- Thermostat nach oben drücken, so daß die Klappen in Auf-Stellung stehen.
- Thermostathalter versetzen, bis der Thermostat den Halter am oberen Anschlag berührt.
- Funktion der Regelung durch Hin- und Herbewegen des Thermostats prüfen.
- Thermostat am Halter festschrauben.

Thermostat prüfen

- Thermostat ausbauen.
- Thermostat in Wasserbad legen, Wasserbad auf +65°C bis +70°C erwärmen.

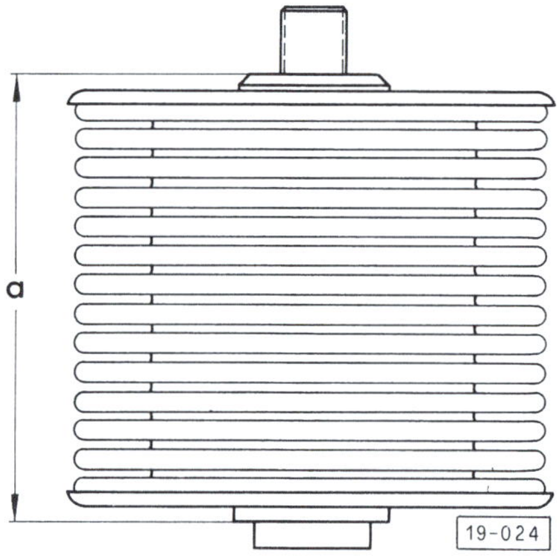

19-024

- Bei dieser Temperatur soll die Druckdosenlänge a = mindestens 46 mm betragen.

Die Kraftstoff-Anlage

Zur Kraftstoffanlage zählen der Kraftstoffbehälter, die Kraftstoffleitungen, die Kraftstoffpumpe und der Vergaser.

Der Kraftstoffbehälter liegt vor bzw. zwischen der Vorderachse. Der jeweilige Kraftstoffvorrat wird dem Fahrer durch eine Kraftstoffuhr angezeigt. Durch ein Entlüftungssystem wird der Tank belüftet.

Sicherheitshinweise

- **Kein offenes Feuer, nicht rauchen, keine glühenden oder sehr heißen Teile in die Nähe des Arbeitsplatzes bringen. Unfallgefahr! Feuerlöscher bereitstellen.**
- **Unbedingt für gute Belüftung des Arbeitsplatzes sorgen. Kraftstoffdämpfe sind giftig.**
- Beim Öffnen der Kraftstoff-Anlage austretenden Kraftstoff mit einem Lappen auffangen. Hautkontakt mit Kraftstoff vermeiden. **Schutzbrille tragen.**

Wartung

Beim Tanken aus Kanistern empfiehlt es sich, den Kraftstoff durch einen sauberen Lappen zu filtern.

Die Kraftstoffpumpe ist wartungsfrei, nur das in ihrem Oberteil befindliche Sieb soll etwa alle 15000 km herausgenommen und in Benzin gereinigt werden.

Am Vergaser ist lediglich die Leerlaufeinstellung von Zeit zu Zeit zu überprüfen und eventuell zu berichtigen, um Leerlauf und Übergang des Motors der wechselnden Witterung oder den örtlichen Verhältnissen (Höhenlage) anzupassen. Gleichzeitig sollte man sich vom Funktionieren der Startautomatik überzeugen.

Änderungen an der vom Herstellerwerk vorgesehenen Grundeinstellung des Vergasers durch Auswechseln von Düsen usw. bringen fast immer nur Nachteile und sollten auch im Hinblick auf die Abgasgesetzgebung unterbleiben.

Achtung: Der Gesetzgeber verlangt, daß Vergaser-Einstellschrauben, mit denen die Abgaszusammensetzung verändert werden kann, eingriffsicher gemacht werden. Die Schrauben sind mit Kappen versehen, die beim Entfernen zerstört werden. Die Sicherungs-Kappen können mit einem Schraubenzieher oder einer Zange entfernt werden. Nach dem Einstellen müssen die Einstellschrauben wieder mit blauen Kappen gesichert werden. Die Kappen haben die VW/Audi-Werkstätten vorrätig.

Gesichert sind in der Regel: Schraube für CO-Einstellung, Begrenzungsschraube für Grundleerlauf, Begrenzungsschraube für Drosselklappenspaltmaß.

Vergasereinstellung

Alle Käfer-Modelle haben den gleichen Grundvergaser, der nur – je nach Motorleistung – im Lufttrichterdurchmesser und in der Düsenbestückung variiert.

Jeder Vergaser wird vor dem Einbau geprüft und auf Markenbenzin eingestellt. An dieser Einstellung sollte nichts verändert werden. Sehr hoher Kraftstoffverbrauch und schlechte Motorleistung haben nämlich fast immer andere Ursachen, wobei Fahrweise und Verkehrsbedingungen eine besonders große Rolle spielen. Man kann sich für gewöhnlich auf ein sorgfältiges Einstellen des Leerlaufs beschränken. Eine korrekte Leerlaufeinstellung ist überhaupt wichtiger als man gemeinhin glaubt, denn sie beeinflußt noch bis zu mittleren Drehzahlen hinauf den Übergang des Motors. Nachlaufen des Motors nach Abschalten der Zündung und Stehenbleiben bei scharfem Bremsen sind z. B. meist die Folge eines zu fetten Leerlaufgemischs; Knallen im Auspuff bei schiebendem Wagen deutet dagegen für gewöhnlich auf ein zu armes Gemisch hin.

Übergangsstörungen beim Gasgeben sind oft auf eine zu geringe oder auch zu große Einspritzmenge der Beschleunigungspumpe zurückzuführen.

Störungen in der Kraftstoffzufuhr

Bei Störungen in der Kraftstoffzufuhr ist die Anlage in folgender Reihenfolge zu prüfen:

- Prüfen, ob Kraftstoff im Behälter ist.
- Kraftstoffschlauch von Benzinpumpe am Vergaser lösen, Motor mit dem Anlasser kurz durchdrehen und beobachten, ob aus dem Schlauch stoßweise Kraftstoff austritt (Vorsicht, Brandgefahr!).

Wird Kraftstoff gefördert:

- Hauptdüse herausschrauben (siehe unter Vergaser).

Läuft dabei Kraftstoff aus der Schwimmerkammer, Düse auf freien Durchgang prüfen.

- Erweist sich das Schwimmergehäuse als leer: Schwimmernadelventil auf freien Durchgang sowie Druck der Kraftstoffpumpe prüfen.

Wird kein Kraftstoff gefördert:

- Zuleitung zur Kraftstoffpumpe lösen.

Läuft dort Kraftstoff heraus, Kraftstoffpumpe auf Dichtigkeit prüfen, eventuell ausbauen und untersuchen.

- Läuft kein Kraftstoff heraus, Kraftstoffleitung durchblasen, Kraftstoffbehälter ausbauen und reinigen.

Der Vergaser

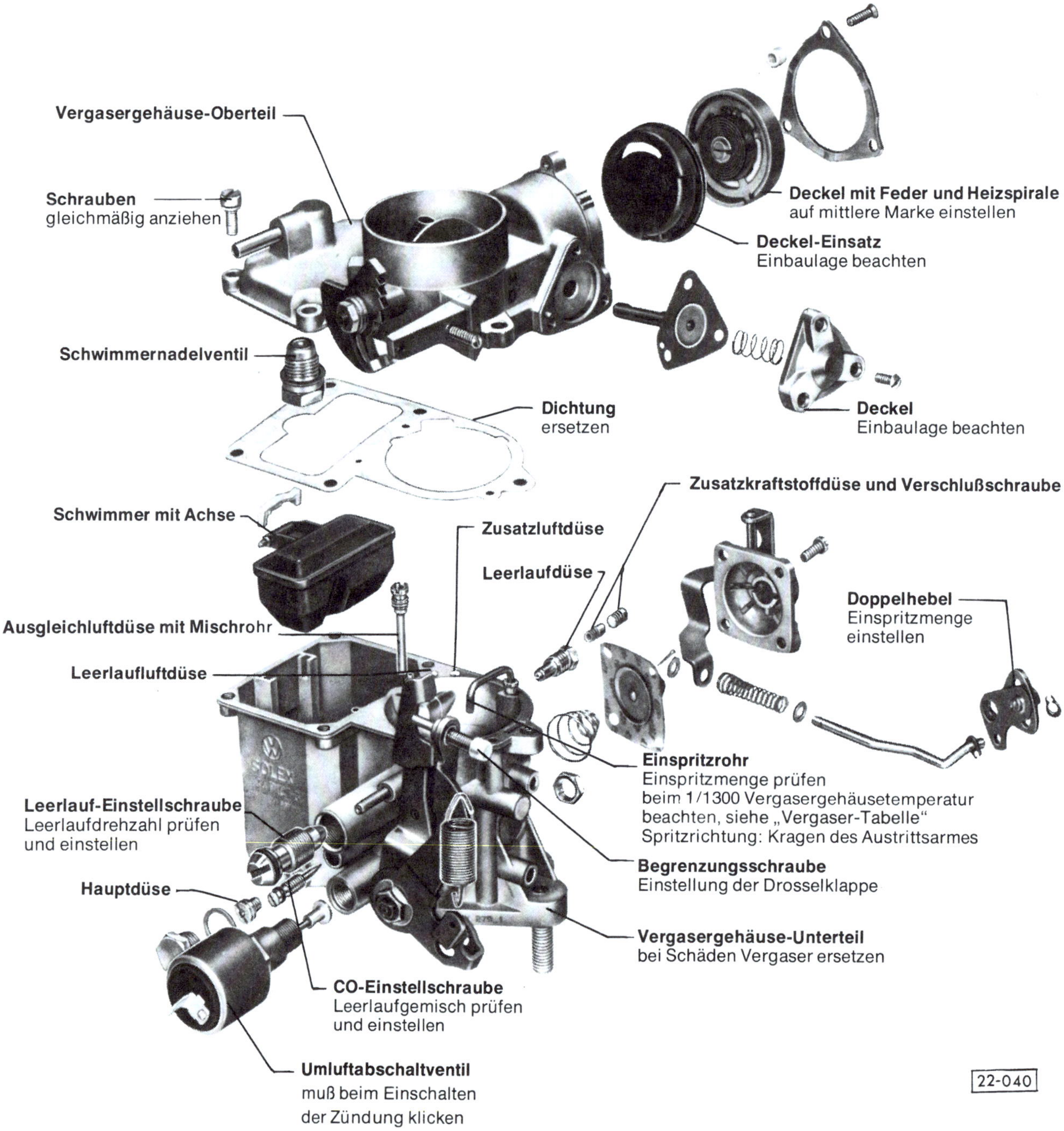

Vergaser aus- und einbauen

Ausbau

- Luftfilter ausbauen.
- Elektrische Leitungen am Vergaser von Startautomatik und Umluftabschaltventil abziehen.
- Kraftstoffschlauch und Unterdruckschlauch am Vergaser abziehen.
- Gaszug abklemmen, Klemmschraube herausnehmen.
- 2 Sechskantschrauben mit einem gekröpften Ringschlüssel SW 13 von unten am Flansch des Ansaugrohres abschrauben.
- Vergaser und Dichtung abnehmen.
- Ansaugöffnung des Saugrohres mit sauberem Lappen verschließen.

Einbau

- Grundsätzlich neue Flanschdichtung für Saugrohr verwenden.
- Dichtung auflegen, Vergaser aufsetzen und – nicht zu stramm – anziehen.
- Gaszug in Klemmschraube einfügen, Vergaserzug einstellen.
- Elektrische Leitungen für Startautomatik und Umluftabschaltventil aufstecken.
- Unterdruckschlauch und Kraftstoffschlauch aufschieben, Kraftstoffschlauch mit Klemmschelle sichern.

Achtung: Grundsätzlich **neue** Klemmschelle (Et.-Nr. N 023 558.1) verwenden.

- Luftfilter anbauen.
- Leerlauf einstellen, siehe Seite 58.

Umluftabschaltventil prüfen

Bei defektem Umluftabschaltventil springt der Motor nicht an oder hat ein schlechtes Leerlaufverhalten.

- Zündung einschalten.
- Elektrische Leitung vom Umluftabschaltventil abwechselnd abziehen und aufstecken. Dabei muß das Ventil hörbar klicken.
- Wenn das Ventil nicht klickt, elektrische Zuleitung unterbrochen, schlechte Masseverbindung zwischen Vergaser bzw. Saugrohr und Motor oder Ventil defekt.

Vergaserzug einstellen

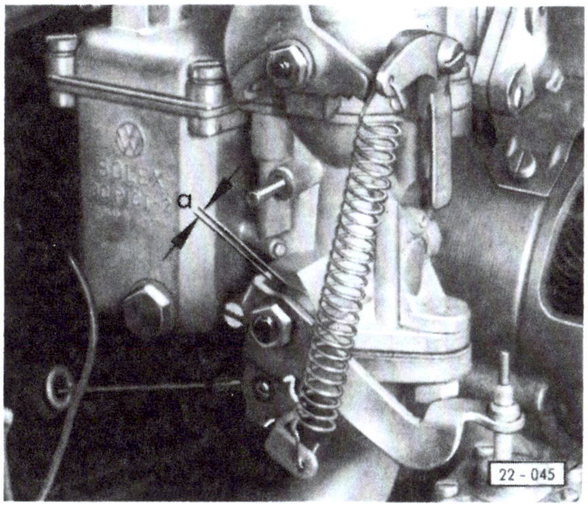

- Vergaserzug an Klemmschraube so einstellen, daß bei Vollgasstellung (von Hilfsperson am Gaspedal Vollgas geben lassen) zwischen dem Drosselklappenhebel und seinem Anschlag am Vergasergehäuse ein Spiel (a) von 1–1,5 mm vorhanden ist.

Vergaser zerlegen

In der Regel muß der Vergaser nur dann vollständig zerlegt werden, wenn eine Generalüberholung notwendig ist. Diese Arbeit sollte man einer Fachwerkstatt überlassen. Auch wenn sich Schmutz im Vergaser angesammelt hat, genügt es meistens, wenn nur das Oberteil abgenommen und die Verschlußschraube aus dem Schwimmergehäuse herausgeschraubt wird. Alsdann läßt sich das Schwimmergehäuse mit Benzin und Preßluft reinigen.

Schwimmernadelventil aus- und einbauen

Das Schwimmernadelventil reguliert den Kraftstoffzufluß zum Vergaser. Bei einem klemmenden Schwimmernadelventil kann kein Kraftstoff in den Vergaser fließen.

Ausbau

- Luftfilter abnehmen.
- Masseband von Batterie abklemmen.
- Rückzugfeder für Drosselklappe aushängen, elektrische Leitung für Startautomatik abziehen.
- Falls das Vergaseroberteil ganz abgenommen werden soll, Kraftstoffschlauch abziehen.
- 5 Schrauben aus Vergaseroberteil herausdrehen, Oberteil abnehmen.
- Schwimmernadelventil aus Oberteil herausdrehen und mit Dichtung abnehmen.

Schwimmernadelventil prüfen

- Das Schwimmernadelventil darf beim Hineinblasen mit dem Mund von oben keine Luft durchlassen, wenn der kleine Betätigungsstift im Ventil von unten leicht mit dem Finger hineingedrückt wird. Der Stift muß leicht beweglich sein.

Einbau

- Schwimmernadelventil mit richtiger Dichtung (siehe Vergaserdaten-Tabelle) einschrauben, nicht zu stramm anziehen. Die Dichtung muß zentrisch unter dem Schwimmernadelventil anliegen.
- Neue Vergaserdeckeldichtung verwenden, Vergaseroberteil aufsetzen und mit 5 Schrauben festziehen.
- Rückzugfeder für Drosselklappe einhängen, elektrische Leitung für Startautomatik aufstecken.
- Gegebenenfalls Kraftstoffschlauch aufschieben und mit Schelle sichern.
- Luftfilter aufsetzen, Batterie-Masseband anklemmen.

Leerlaufdrehzahl prüfen/einstellen

- Motor warm laufen lassen, Motoröltemperatur soll ca. +60°C betragen.
- Luftfilter abnehmen, Luftklappe (obere Klappe im Vergaser) muß vollständig geöffnet sein.

- Drehzahl mit der Leerlauf-Einstellschraube (3) einstellen. Bei Schaltgetriebe auf 750–900/min, bei Automatik auf 850–1000/min.

Achtung: Drehzahl **nicht** an der Begrenzungsschraube (1) einstellen.

CO-Gehalt prüfen/einstellen

- Motor warm laufen lassen, Öltemperatur soll ca. +60°C betragen.
- Luftklappe im Vergaser muß vollständig geöffnet sein.

- Leerlaufdrehzahl mit der Einstellschraube (3) einstellen.
- CO-Gerät nach Vorschrift anschließen, CO-Gehalt im Abgas prüfen. Sollwert: 2–4 Vol.%.
- CO-Gehalt an der Einstellschraube (2) vornehmen.
- Leerlaufdrehzahl noch einmal überprüfen, gegebenenfalls mit der Leerlauf-Einstellschraube (3) nachstellen.

Schließdämpfer einstellen

Seit August 1975 haben Fahrzeuge mit Schaltgetriebe einen Schließdämpfer am Vergaser. Der Schließdämpfer sorgt dafür, daß die Drosselklappe beim plötzlichen Gaswegnehmen nicht zu schnell schließt.

- Schließdämpfer so einstellen, daß zwischen dem Mitnehmerhebel und dem vollständig hineingedrückten Stößel ein Spalt von a = 1 mm gewährleistet ist.

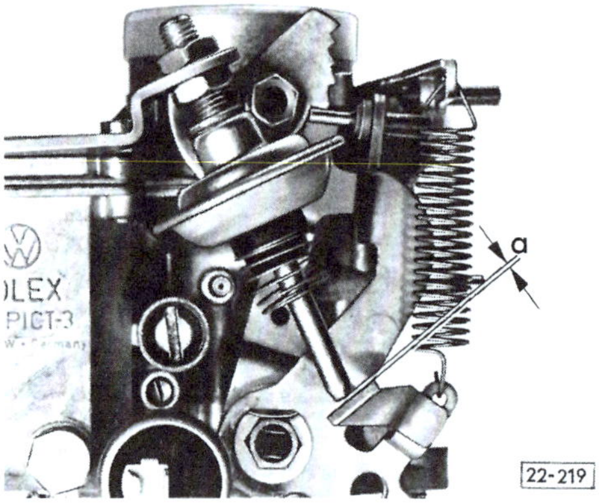

Drosselklappe einstellen

Achtung: Die Begrenzungsschraube (1) ist im Werk eingestellt worden und darf nicht verändert werden. Sollte die Schraube aus Versehen verdreht worden sein, Schraube neu einstellen.

- Begrenzungsschraube (1) herausdrehen, bis ein Spalt zwischen Stufenscheibe und Begrenzungsschraube vorhanden ist.
- Begrenzungsschraube (1) vorsichtig hineindrehen, bis sie die Stufenscheibe berührt.
- Von diesem Punkt aus Schraube $^1/_4$ Umdrehung weiter hineindrehen.
- Leerlaufdrehzahl einstellen, CO-Gehalt prüfen lassen.

Luftklappenspaltmaß prüfen/einstellen

Seit März 1978 kann beim 1200er-Vergaser das Luftklappenspaltmaß eingestellt werden. Das Luftklappenspaltmaß ist immer dann zu prüfen bzw. einzustellen, wenn während der Warmlaufphase der Motor schlecht Gas annimmt beziehungsweise Übergangsstörungen vorhanden sind. Auch nach einer kompletten Vergaserüberholung ist das Luftklappenspaltmaß einzustellen. Der Deckel – ET-Nr.: 113 129 227 A – mit Einstellmöglichkeit kann auch nachträglich eingebaut werden.

Prüfen

- Deckel für Startautomatik ausbauen.
- Zugstange für Unterdruckmembrane bis zum Anschlag drücken – Pfeil A –. Luftklappe (obere Klappe im Vergaser) schließen und Spaltmaß mit geeignetem Spiralbohrer (siehe Foto) prüfen. Der Spiralbohrer sollte einen Durchmesser von 2 mm haben.
- Luftklappenspalt ggf. an der Einstellschraube – Pfeil B – einstellen. Sollwert: 2,0 ± 0,2 mm.
- Deckel für Startautomatik anschrauben, siehe Seite 61.

Temperaturschalter prüfen

Seit August 1975 wird die Einspritzmenge (siehe Tabelle) der Beschleunigungspumpe in Abhängigkeit der Ansauglufttemperatur gesteuert. Zur Steuerung dienen ein Temperaturschalter (1) im Luftfilter und ein Regelventil (2) im Vergaser.

Prüfen

- Regelventil (2) am Vergaser ausbauen und mit dem Mund durchblasen.
- Über +29°C (1600er Motor) bzw. über +20°C (1300er-Motor) muß das Ventil geschlossen sein.
- Ventil im Kühlschrank abkühlen. Unter +21°C (1600er-Motor) bzw. unter +15°C (1300er-Motor) muß es geöffnet sein.

Einspritzmenge der Beschleunigungspumpe prüfen/einstellen

Die Einspritzmenge der Beschleunigungspumpe ist immer dann zu überprüfen, wenn der Benzinverbrauch zu hoch ist, der Übergang beim Gasgeben zu schlecht ist, der Motor nur schlecht Gas annimmt oder verzögert beschleunigt.

- Motor kurz warm laufen lassen, damit sich die Schwimmerkammer füllt.
- Luftfilter abbauen.
- Luftklappe (obere Klappe im Vergaser) öffnen und mit Draht festklemmen.
- Absprltzröhrchen nach Zeichnung anfertigen.

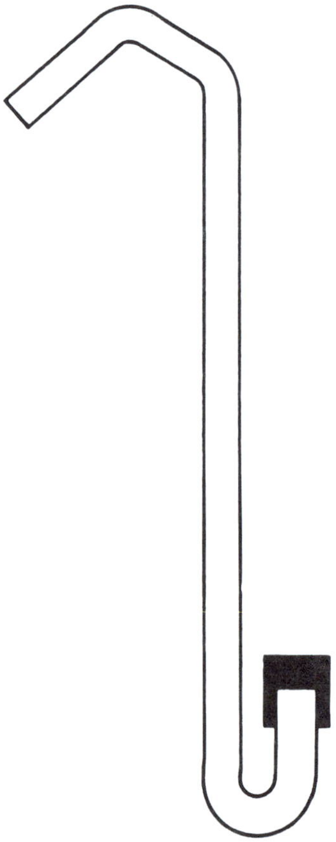

- Das Röhrchen aus 3 mm starkem Rohr biegen. Innendurchmesser 1,5 mm. Am Ende des Röhrchens geeigneten Gummistopfen aufschieben, mit dem die Verbindung zum Vergaser-Einspritzrohr hergestellt wird.
- Röhrchen über Pumpenrohr der Beschleunigungspumpe schieben.

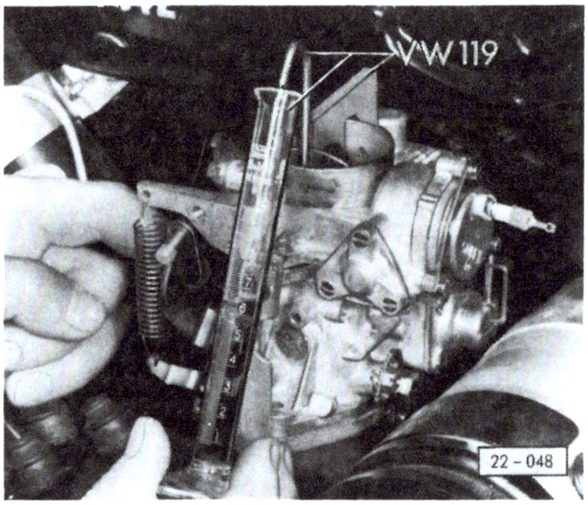

- Drosselklappe betätigen, bis Kraftstoff aus dem Abspritzröhrchen tritt.
- Meßzylinder unter Abspritzröhrchen halten, Drosselklappe zügig 5 mal voll öffnen.
- Eingespritzte Benzinmenge durch 5 dividieren. Errechneten Wert mit Sollwert (siehe Tabelle) vergleichen. Beim Käfer 1300 unter Berücksichtigung der Vergasergehäusetemperatur.

- Wird der Sollwert nicht erreicht, Betätigungsstange verstellen. Menge zu groß: Verstellung in Richtung 2; Menge zu gering: Verstellung in Richtung 1.
- Einspritzmenge nochmals überprüfen, ob Sollwert erreicht wird.
- Spritzrichtung prüfen. Der eingespritzte Kraftstoffstrahl muß auf den Kragen des Austrittsarmes gerichtet sein. Gegebenenfalls Einspritzröhrchen ausrichten.

Achtung: Bei Fahrzeugen (1300/1600 seit August 1975) mit gesteuerter Einspritzmenge folgendermaßen vorgehen:

- Menge zu groß: nach rechts drehen;
  Menge zu klein: nach links drehen.
- Da bei stillstehendem Motor kein Unterdruck vorhanden ist, muß die Einspritzmenge beim 1600er-Motor 0,75–1,05 cm^3/Hub, beim 1300er-Motor 1,15–1,45 cm^3/Hub betragen. Menge durch Drehen der Einstellschraube (Pfeil) einstellen.
- Anschließend am Regelventil mit Mund Unterdruck erzeugen und Einspritzmenge nochmals prüfen. Wird der Sollwert von 1,25–1,55 cm^3/Hub (1600er-Motor) bzw. 1,8–2,2 cm^3/Hub (1300er-Motor) nicht erreicht, Regelventil ersetzen.

Die Startautomatik

Durch das Niedertreten des Gaspedals vor dem Kaltstart wird der Drosselklappenhebel über den Gaszug nach unten gezogen und dabei die Drosselklappe geöffnet. Gleichzeitig wird die Luftklappenwelle entlastet. Durch die Kraft der Bimetallfeder wird die Luftklappe im Vergaser geschlossen. Dadurch wird während der Warmlaufphase dem Motor ein fetteres Kraftstoffluftgemisch zugeführt.

Mit zunehmender Erwärmung der elektrischbeheizten Bimetallfeder im Keramikgehäuse der Startautomatik öffnet sich die Luftklappe innerhalb von 2–3 Minuten, wobei gleichzeitig die Stufenscheibe über den Schlepphebel der Bimetallfeder so weit zurückgedreht wird, daß die Anschlagschraube des Drosselklappenhebels auf der unteren Raste der Stufenscheibe beim Gaswegnehmen anliegt. In diesem Moment läuft der Motor mit seiner normalen Leerlaufdrehzahl.

Heizspirale ausbauen/prüfen

Ausbau

- Massekabel von Batterie abklemmen.
- Elektrische Leitung für Startautomatik abziehen.
- 3 Schrauben am Starterdeckel herausnehmen, Deckel mit Einsatz herausnehmen.

Einbau

- Einsatz einsetzen. Darauf achten, daß der Schlitz nach oben zeigt und der Einsatz richtig einrastet.
- Deckel mit Feder und Heizspirale einsetzen. Darauf achten, daß die Feder in den Mitnehmerhebel greift.
- Starterdeckel ansetzen, 3 Schrauben reindrehen. Deckel mit Feder so einsetzen, daß die Marke mit der mittleren Marke auf dem Vergasergehäuse fluchtet. Starterdeckel festziehen.
- Leitung für Startautomatik aufstecken, Batterie-Massekabel anschließen.

Startautomatik verstellen

Durch Verdrehen des Starterdeckels kann die Schließzeit der Startautomatik verändert werden. Grundsätzlich sollte man möglichst **nicht** von der Grundeinstellung abweichen.

- Luftfilter abbauen, 3 Schrauben am Starterdeckel lösen, Starterdeckel verdrehen. Dabei Starterklappe im Vergaseroberteil beobachten. Soll die Starterklappe länger geschlossen bleiben, Starterdeckel so verdrehen, daß die Starterklappe sich in Richtung „zu" bewegt (höchstens 5 mm von der Markierung).
- Anschließend Startautomatik prüfen. Die Starterklappe muß nach der Warmlaufperiode offen sein (senkrecht stehen).
- Falls die Startautomatik eher abschalten soll, Starterdeckel entgegengesetzt verdrehen (max. 5 mm).

Startautomatik prüfen

- Luftfilter von Vergaser abbauen.
- Gaspedal einmal langsam durchtreten, Luftklappe (obere Klappe im Vergaser) muß geschlossen sein.
- Zündung einschalten.
- Etwas Gas geben, damit die Begrenzungsschraube nicht gegen die Stufenscheibe drückt.
- Je nach Außentemperatur muß sich die Luftklappe nach etwa 5 Minuten geöffnet haben. Sonst Bimetallfeder auf Bruch untersuchen, bzw. Stromanschluß zur Startautomatik überprüfen.

Vergaser-Daten

Modell		1 / 1200	1 / 1300 Schaltgetriebe	1 / 1300 Automatik	1 / 1600 Schaltgetriebe	1 / 1600 Automatik
Motor	Kennbuchstabe	D	AR	AR	AS	AS
	Einsatz	1. 6. 1974	1. 8. 1973	1. 8. 1973	1. 8. 1971	1. 8. 1971
	Motor-Nr.	D 1268063	AR 000001	AR 000002	AD 360023	AD 360024
	PS	34	44	44	50	50
Vergaser	Solex	30 PICT-3	31 PICT-4	31 PIC T-4	34 PICT-3	34 PICT-3
	Serie	111129029 C	113129021 K	113129021 L	113129031 Q	113129031 R
	Änderungszustand	VW 472-1	VW 449-1	VW 450-1	VW 355-3	VW 356-4
	Ersatz	111129029 C	113129021 K	113129021 L	113129031 Q	113129031 R
Vergaser-bestückung	Lufttrichter mm ∅	24	25,5	25,5	26	26
	Hauptdüse	112,5	x 130	x 130	x 130	x 130
	Ausgleichluftdüse	170 w	110 z	110 z	60 z	60 z
	Leerlaufdüse	50	52,5	52,5	55	55
	Leerlaufluftdüse	150	100	100	120	120
	Zusatzkraftstoffdüse	40	45	45	47,5	47,5
	Zusatzluftdüse	130	150	150	90	90
	Anreicherung mit / ohne Kugel	2 x 85 ohne	2 x 100 ohne	2 x 100 ohne	2 x 85 ohne	2 x 85 ohne
	Einspritzmenge cm³ / Hub	1,05 – 1,35	*)	*)	1,3 – 1,6	1,15 – 1,45
	Schwimmernadelventil mm ∅	1,5	1,5	1,5	1,5	1,5
	Dichtring unter Schwimmer-nadelventil	1,5	1,0	1,0	0,5	0,5
Oktanzahlbedarf/Benzin	ROZ	87 / N	91 / N	91 / N	91 / N	91 / N
Leerlauf	Drehzahl 1/min	825 ± 75	825 ± 75	925 ± 75	825 ± 75	925 ± 75
	CO-Wert Vol. %	3 ± 1	3 ± 1	3 ± 1	3 ± 1	3 ± 1

*) über +20° C: 1,15 – 1,45
unter +15° C: 1,8 – 2,2

Modell		1/1600 Schaltgetriebe	1/1600 Automatik	1/1200 Schaltgetriebe
Motor	Kennbuchstabe	AS	AS	D
	Einsatz	1. 8. 75	1. 8. 75	1. 8. 75
	PS	50	50	34
Vergaser	Solex	34 PICT-4	34 PICT-4	30 PICT-3
	VW	113 129 033 J	113 129 033 K	111 129 029 E
	Änderungszustand	VW 523-1	VW 524-1	VW 525-1
Vergaser-bestückung	Lufttrichter mm ∅	26		24
	Hauptdüse	x 127,5		112,5
	Ausgleichluftdüse	60 z		170 W
	Leerlaufdüse	55		47,5
	Leerlaufluftdüse	120		150
	Zusatzkraftstoffdüse	47,5		40
	Zusatzluftdüse	90		130
	Anreicherung ohne Kugel	2 x 100		2 x 85
	Einspritzmenge cm³/Hub			1,05 – 1,35
	über + 29° C	0,75 – 1,05		
	unter + 21° C	1,25 – 1,55		
	Schwimmernadelventil mm ∅	1,5		1,5
	Dichtring unter Schwimmernadelventil	0,5		1,5
Oktanzahl-bedarf/Benzin	ROZ	91 / N		87/N
Leerlauf	Drehzahl 1/min	875 ± 75	925 ± 75	875 ± 75
	CO-Wert Vol. %	2 ± 1		2 ± 1

Störungstabelle Vergaser

Störung	Ursache	Abhilfe
Der kalte Motor springt nicht an	● Startautomatik	
	a) Unterdruckmembrane hängt	Hemmungen beseitigen, eventuell Vergaser-Oberteil auswechseln
	b) Bimetallfeder ausgehängt oder gebrochen	Feder einhängen bzw. auswechseln
	c) Luftklappe klemmt	Mit Lösungsmittel wieder beweglich machen
	● Schwimmernadelventil klemmt: Vergaser läuft über	Ventil reinigen, eventuell austauschen. Ist der Motor durch Überlaufen des Vergasers überschwemmt: Mit Vollgas starten
Ständig erhöhte Leerlaufdrehzahl	● Startautomatik schaltet nicht ab, weil Bimetallfeder defekt	Bimetallfeder auswechseln
Leerlauf unregelmäßig – Motor bleibt stehen	● Leerlaufdrehzahl zu niedrig	Leerlaufdrehzahl nach Vorschrift einstellen
	● Leerlaufgemisch falsch eingestellt	Einstellung berichtigen
	● Leerlaufkraftstoffdüse verstopft	Düse ausbauen und reinigen
	● Elektromagnetisches Umluftabschaltventil defekt	Ventil prüfen, eventuell auswechseln
	● Motor noch nicht genügend warm	Eventuell Startautomatik so verdrehen, daß die Bimetallfeder etwas stärker gespannt wird.
Leerlauf unregelmäßig – Auspuff rußt	● Startautomatik defekt	Startautomatik überprüfen, eventuell auswechseln
	● Schwimmernadelventil schließt nicht	Ventil und Druck der Kraftstoffpumpe prüfen
	● Schwimmer undicht	Schwimmer auswechseln
Motor läuft nach Abschalten der Zündung weiter	● Leerlaufgemisch zu fett	Gemisch berichtigen
	● Leerlaufdrehzahl zu hoch	Drehzahl berichtigen
	● Umluftabschaltventil schließt nicht	Ventil prüfen, eventuell austauschen

Knallen im Auspuff bei schiebendem Wagen	● Leerlaufgemisch etwas zu mager	Gemisch regulieren
	● Undichtigkeiten	Gesamtes Ansaug- und Auspuffsystem auf gasdichten Anschluß überprüfen; schadhafte Dichtungen und durchgerostete Teile auswechseln
Übergang schlecht	● Beschleunigungssystem verschmutzt	Beschleunigungssystem reinigen
	● Membran der Einspritzpumpe defekt	Membran auswechseln
	● Einspritzmenge zu klein oder zu groß	Einspritzmenge berichtigen
	● falsche Leerlaufeinstellung	Leerlaufeinstellung prüfen
Motor patscht bei Vollgas – Leistung läßt nach	● Kraftstoffmangel	Hauptdüse und Anreicherungssystem reinigen
	a) Schwimmernadelventil klemmt	Schwimmernadelventil reinigen
	b) Kraftstoffzulauf unterbrochen	Sieb in Kraftstofftank reinigen
	c) Entlüftung des Kraftstoffbehälters nicht frei	Entlüftungsschlauch auf freien Durchgang prüfen
	● Zündkerzen verbleit	Neue Zündkerzen einbauen
Kraftstoffverbrauch zu hoch	● Schwimmernadelventil schließt nicht	Ventil reinigen oder auswechseln
	● Schwimmer undicht	Schwimmer auswechseln
	● Startautomatik arbeitet nicht einwandfrei	Startautomatik überprüfen

Gaszug aus- und einbauen

Der Gaszug verbindet das Gaspedal mit dem Drosselklappenhebel am Vergaser. Vorn ist er in den Übertragungshebel des Gaspedals eingehängt und wird dann vom Rahmentunnel durch einen Kunststoffschlauch bis zum Gebläsegehäuse geführt. Im Gebläsegehäuse verläuft er in einem Führungsrohr. Am Drosselklappenhebel ist er mit seinem bolzenförmigen Ende in einer Klemmhülse eingeklemmt.

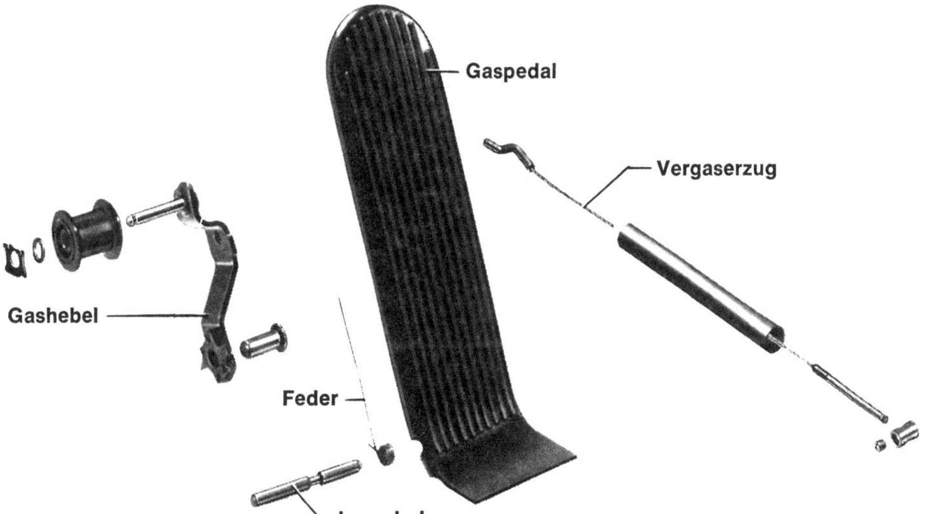

22-083

Ausbau

Madenschraube in der Klemmhülse am Drosselklappenhebel lösen, Gaszugende herausziehen. Trittplatte des Gaspedals zurückklappen und Gaszug aushängen.

Einbau

- Gaszug einfetten, der Drahtzug darf keine Knickstellen aufweisen.
- Gaszug von vorn in das Führungsrohr des Rahmentunnels einführen.
- Wagen hinten aufbocken und prüfen, ob der Kunststoffschlauch an beiden Seiten aufgeschoben ist.
- Gaszug ganz hindurchschieben, bis er aus dem Kühlgebläse heraustritt.
- Gaszug vorn in den Übertragungshebel des Gaspedals einhängen.
- Gaszug in die Klemmhülse des Drosselklappenhebels einführen, Gaszug einstellen, siehe Seite 57.

Kraftstoffpumpe aus- und einbauen

Die Kraftstoffpumpe läßt sich nur komplett austauschen.

Ausbau

- Kraftstoffschläuche bzw. Leitungen an der Pumpe lösen, Leitungen abklemmen oder mit Stopfen verschließen.
- Befestigungsmuttern SW 13 am Pumpenflansch abschrauben, Pumpe abnehmen.
- Pumpenstößel mit Dichtungen und Zwischenflansch herausziehen.

Einbau

- Pumpenunterteil mit Universalfett füllen.
- Länge des Pumpenstößels prüfen, die Länge soll 100 mm betragen.
- Neue Dichtung mit großem Durchmesser unter den Zwischenflansch einlegen.
- Zwischenflansch mit Dichtung und Stößel einsetzen.

Achtung: Zuerst Zwischenflansch einsetzen. Sonst besteht die Gefahr, daß der Stößel in das Kurbelgehäuse fällt.

- Stößel so einsetzen, daß das konische Stößelende zur Verteilerantriebswelle (nach unten) zeigt.
- Neue, zweite Dichtung mit kleinem Innendurchmesser einlegen.
- Kraftstoffpumpe einsetzen und Befestigungsmuttern nicht zu fest (15 Nm, 1,5 mkg) anziehen.
- Kraftstoffleitungen bzw. Schläuche aufstecken und mit Schellen sichern.

Sieb der Kraftstoffpumpe reinigen

Um das Kraftstoffilter zu reinigen, muß die Pumpe nicht ausgebaut werden. Das Filter sollte alle 15000 km gereinigt werden.
Achtung: Brandgefahr; kein offenes Feuer!

Ausbau

- Masseband von Batterie abklemmen.
- Kraftstoffpumpe äußerlich mit Benzin reinigen.
- Schlitzschraube des Deckels herausschrauben, Deckel abnehmen, Siebfilter und Dichtung aus dem Deckel herausnehmen.
- Sieb in Benzin reinigen und mit Preßluft ausblasen.

Einbau

- Siebfilter und neue Dichtung (Farbe: grau) einlegen.

Achtung: Bei Verwendung eines kompletten Reparatursatzes (E.-Nr. 111 198 555 B) Distanzbuchse **nicht** einbauen.

- Deckel so auf das Pumpengehäuse aufsetzen, daß die Nase am Deckelrand in die Aussparung des Pumpengehäuses greift. Durch leichtes Hin- und Herdrehen spürt man das Einrasten.
- Deckelschraube festziehen, Batterie anklemmen. Bei laufendem Motor prüfen, ob die Pumpe dicht ist.

Luftfilter aus- und einbauen

Je nach Käfer-Modell ist der Motor mit einem Ölbad- oder Trockenluftfilter ausgerüstet.

Trockenluftfilter

Ausbau

- Grauen Unterdruckschlauch abziehen, Vorwärmschlauch abnehmen.

- Schraube (Pfeil) herausdrehen, Klemmschraube (Pfeil) lösen. Luftfilter abnehmen.
- Klemmen am Luftfilter mit Schraubenzieher abhebeln, Papierfiltereinsatz herausnehmen. Luftfilter auswischen.
- Papierfiltereinsatz alle 30000 km erneuern.

Einbau

- Papierfiltereinsatz einlegen, Oberteil aufsetzen und mit Klemmen verschließen.
- Luftfilter aufsetzen, Schraube in Halter hineindrehen, Klemmschraube am Luftfilter nicht zu stramm anziehen.
- Unterdruckschlauch aufstecken.
- Vorwärmschlauch aufschieben.

Ölbadluftfilter

Ausbau

- Vorwärmschlauch abziehen, Klemmschraube lösen.
- Luftfilter abnehmen. **Achtung:** Luftfilter waagerecht halten, damit kein Öl ausläuft.
- Klemmen am Luftfilter lösen und Oberteil abnehmen. **Achtung:** Öl läuft aus.
- Ölfüllung alle 30000 km erneuern. Unterteil mit Benzin auswaschen, Motoröl bis zur Markierung einfüllen. **Achtung:** Nicht zuviel Öl einfüllen.

Einbau

- Oberteil einsetzen und mit Klemmen sichern.
- Luftfilter aufsetzen, der Luftfilterstutzen zeigt nach rechts.
- Klemmschraube nicht zu stramm anziehen, sonst klemmt die Luftklappe.
- Vorwärmschlauch am Luftfilter aufschieben.

Kraftstofftank aus- und einbauen

Ausbau

Achtung: Brandgefahr, kein offenes Feuer!

- Abdeckung im vorderen Kofferraum herausnehmen.
- Schlauchschellen am Tankeinfüllstutzen und am Belüftungsrohr für Tank abnehmen.
- Zuleitung zum Kraftstoffgeber abziehen.
- 4 Befestigungsschrauben für Tank herausschrauben.
- Von unten am Rahmenkopf (Räder einschlagen) Benzinschlauch abziehen und verschließen.
- Bei Fahrzeugen mit Kraftstoffhahn: Kraftstoffhahn schließen, Splint am Hahn herausziehen und Hebel von Hahn abziehen.
- Tank herausnehmen.

Einbau

- Unterlage für Tank muß richtig anliegen.
- Tank einsetzen und Befestigungsschrauben festziehen.
- Benzinschlauch unten am Rahmenkopf aufschieben und mit Schelle sichern.
- Bei Fahrzeugen mit Hahn: Hebel in 45°-Stellung bringen, aufschieben und mit Splint sichern.
- Leitung für Kraftstoffgeber aufstecken.
- Schläuche für Tank und Belüftung aufschieben und mit Schellen sichern.
- Abdeckung in Kofferraum einlegen.

Geber für Kraftstoffuhr aus- und einbauen

Ausbau

- Batterie-Masseband abklemmen.

Achtung: Brandgefahr, kein offenes Feuer!

- Abdeckung für vorderen Kofferraum herausnehmen.
- Leitung für Geber abziehen, Kreuzschlitzschrauben für Geber herausdrehen, Geber herausziehen.

Einbau

- Neue Dichtung für Geber verwenden, Geber so einsetzen, daß die Anschlüsse für die Leitungen parallel zu den Längssicken des Kraftstoffbehälters liegen.
- Geber festschrauben, Leitung aufstecken, Abdeckung für Kofferraum einlegen.

VW 1303:

- Batterie-Masseband abklemmen, Kraftstoff ablassen.

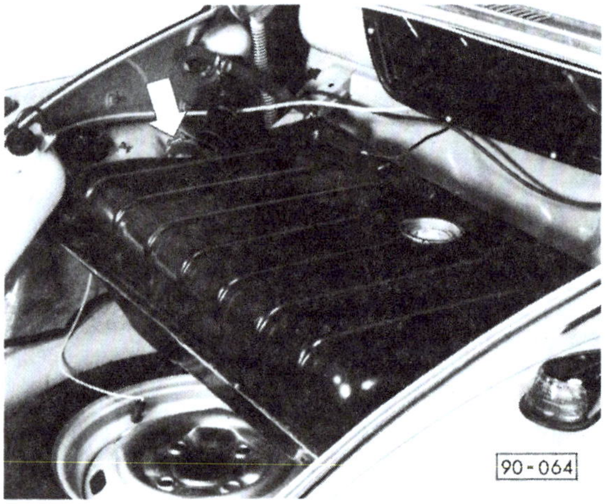
90-064

- Schlauchbinder (Pfeil) lösen.
- Kraftstoffbehälter, soweit wie im Bild gezeigt, herausnehmen.
- Leitungen am Geber abziehen.
- Bajonett-Verschluß des Gebers unter gleichzeitigem Druck von oben (Pfeil A) mit einer Universalzange bis zum Ausrasten nach links drehen (Pfeil B).

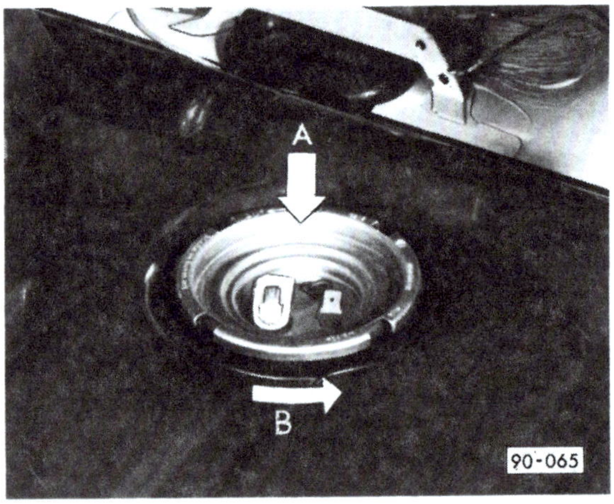

90-065

- Geber leicht anheben und wieder so weit zurückdrehen, daß die Anschlüsse für die Leitungen parallel – wie im eingebauten Zustand – zu den Längssicken des Kraftstoffbehälters liegen.

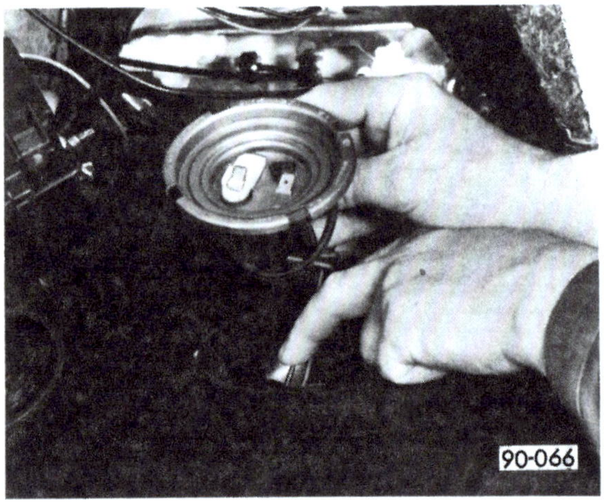
90-066

- Geber anheben und nach hinten aus der Öffnung herausziehen. Dabei ist der Hebel des langen Schwimmerarmes nach unten zu drücken, um zu verhindern, daß sich die Schwimmerkugel am Ausschnitt des Schlingerbleches verhakt.

Einbau

- Geber senkrecht halten und so in die Öffnung des Kraftstoffbehälters einführen, daß die Schwimmerarme parallel zu den Längssicken des Behälters liegen. Dabei den langen Schwimmerarm so weit nach unten drücken, daß die Schwimmerkugel auf dem Boden des Kraftstoffbehälters nach vorn gleiten kann. Vorher ist die Dichtung für den Geber mit Graphitpulver einzureiben.
- Geber bis zum Eingriff des Bajonettverschlusses nach links drehen und anschließend den Geber unter leichtem Druck von oben bis zum Einrasten wieder nach rechts drehen.
- Leitungen anschließen. Batterie-Masseband anklemmen.

Die Abgasanlage

Die Abgasanlage besteht aus dem Schalldämpfer, den Dämpfer-Austrittsrohren und den Wärmetauschern. Die Abgase werden durch die Wärmetauscher geleitet, die ihrerseits Frischluft aufheizen, mit der das Fahrzeug erwärmt wird. Der Auspufftopf läßt sich auch bei eingebautem Motor ausbauen. Zum Ausbau der Wärmetauscher ist vorher der Motor auszubauen.

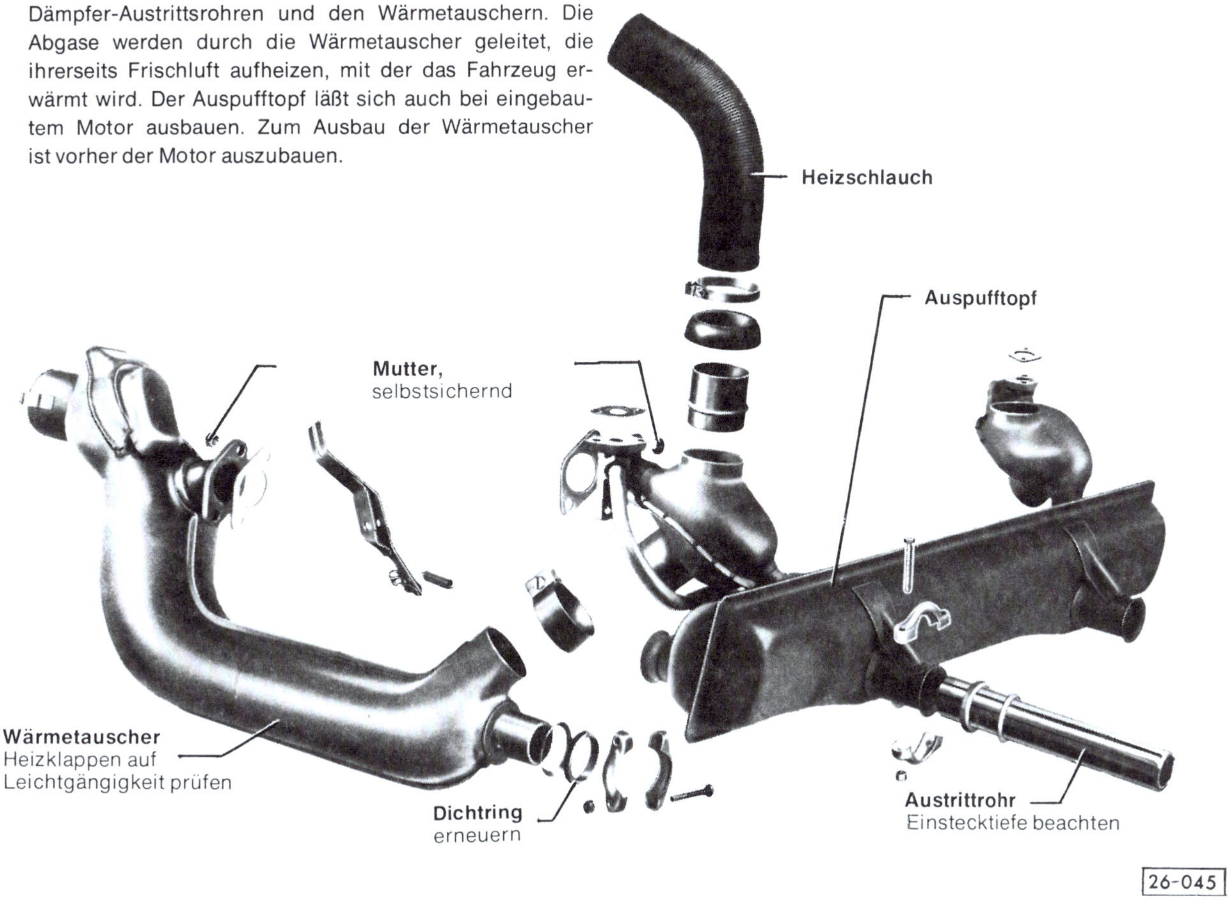

Auspuff aus- und einbauen

Ausbau

- Vor dem Ausbau sollten alle Schraubverbindungen am Auspufftopf mit einem rostlösenden Mittel eingesprüht werden.
- Fahrzeug hinten aufbocken, dies erleichtert die Arbeit unter dem Wagen.
- Hinteres Motorabdeckblech ausbauen, siehe Seite 31.
- Je 2 Sechskantschrauben SW 10 an den beiden Flanschen der Vorwärmleitungen für die Saugrohrvorwärmung herausschrauben.
- 2 Klemmschellen (Schlitzschrauben) zur Verbindung der Wärmetauscher und Heizbirnen lösen.
- Die beiden Klemmstücke rechts und links zur Befestigung des Topfes an den Auspuffrohren der Wärmetauscher abschrauben.
- Je 2 Sechskantmuttern SW 13 rechts und links an den Auspuff-Flanschen der Zylinderköpfe abschrauben.
- Warmluftentnahmestutzen für Vergaservorwärmung abnehmen.
- Den gelösten Auspufftopf zuerst nach hinten ziehen und dann nach unten herausnehmen.

Einbau

- Zum Einbau grundsätzlich neuen Reparatursatz mit neuen Dichtungen, Klemmstücken und Schrauben verwenden. Der Reparatursatz ist unter der E.-Nr. 111 298 009 A in jeder VW/Audi-Werkstatt erhältlich.
- Rost und Dichtungsreste von den Auspuffrohren der Wärmetauscher entfernen. Die beiden umgebördelten Rohrstutzen am Auspufftopf, die zur Aufnahme der Klemmstücke dienen, dürfen nicht verbeult sein.
- Alten Auspufftopf nur dann wieder einbauen, wenn die Blechummantelung noch nicht durchgerostet ist.
- Neue Dichtungen auf die Flansche am Zylinderkopf schieben, Auspufftopf von hinten auf die Rohranschlüsse schieben.
- Warmluftentnahmestutzen für Vergaservorwärmung einsetzen.

- Neue selbstsichernde Muttern für Befestigung Auspufftopf/Zylinderkopf verwenden. Die Schrauben gleichmäßig und nicht zu stramm anziehen. Anzugsdrehmoment: 20 Nm (2,0 mkg).
- Links und rechts neuen Dichtring zwischen Wärmetauscher und Auspufftopf legen, Klemmschelle umlegen und Schrauben festziehen.
- Links und rechts Klemmschelle zwischen Heizungsbirne und Wärmetauscher anbringen.
- Links und rechts neue Dichtung zwischen die Flansche der Saugrohr-Vorwärmleitung legen, Schrauben gefühlvoll anziehen.
- Hinteres Motorabdeckblech einbauen, siehe Seite 31.

Heizklappenzug aus- und einbauen

Ausbau

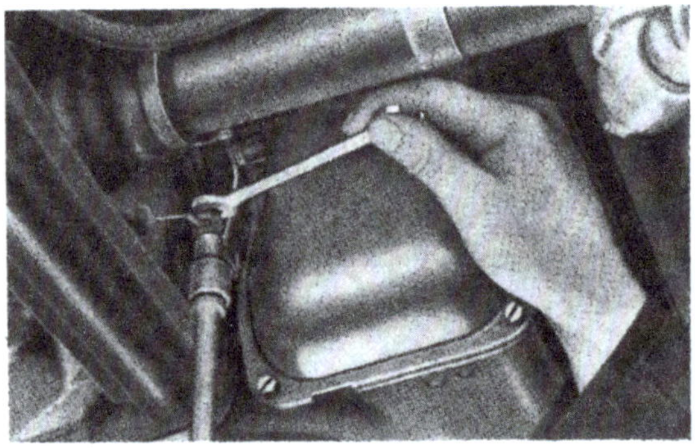

- Wagen hinten aufbocken und Klemmvorrichtung für Drahtzüge mit 2 Schlüsseln SW 9 und 10 lösen. Gummidichtungspfropfen über die Drähte abstreifen.

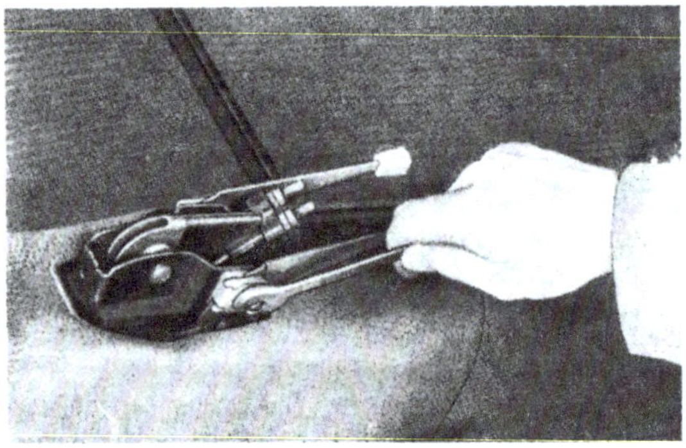

- Abdeckstulpe von Handbremshebel abnehmen und Sechskantmutter vom rechten Regulierhebel abschrauben.

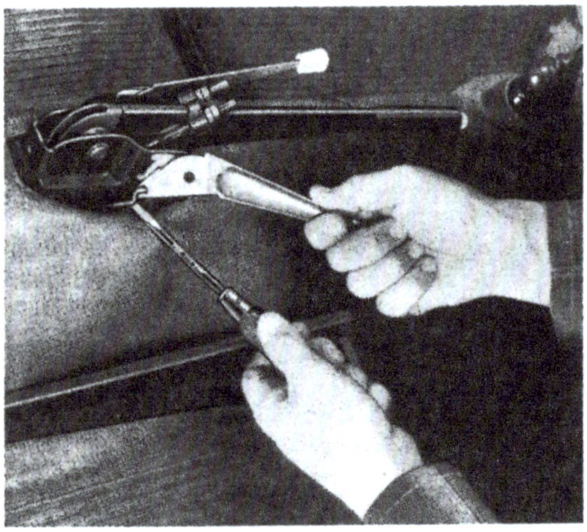

- Hebel mit Bremsscheiben vom Lagerbock abnehmen, Drahtzüge aushängen und nach oben herausziehen.

Einbau

- Drahtzüge leicht schmieren und in die übereinander liegenden Führungsrohre einschieben.
- Regulierhebel in das Ende der Züge einhängen und mit Bremsscheiben am Lagerbock anschrauben. Durch mehr oder weniger starkes Anziehen der Sechskantmutter kann man die Betätigungskraft für den Regulierhebel verändern.

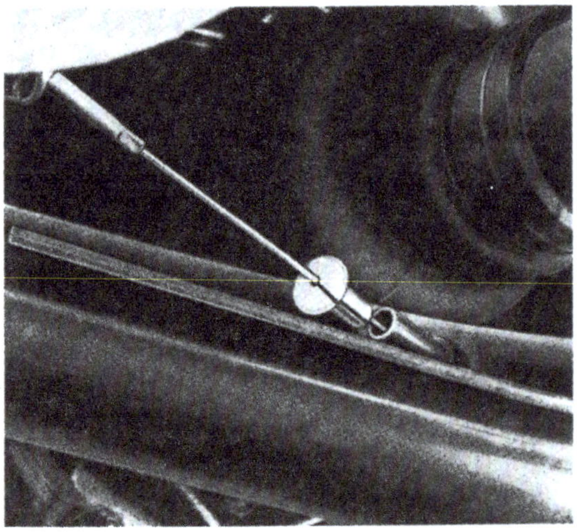

- Rohrenden hinten mit Gummidichtungspfropfen gut verschließen.
- Drahtzüge an Heizklappen festklemmen und prüfen, ob diese sich vollständig öffnen und schließen lassen.
- Die Züge für die Fußraumheizung hinten (linker Regulierhebel) sind mit Schlitzschrauben an Klemmstücken befestigt, die nach Ausbau der Fersenbretter zugänglich werden. Im übrigen erfolgt ihr Aus- und Einbau in gleicher Weise wie beim rechten Hebel.

Auspuffendrohre erneuern

Beschädigte oder ausgebrannte Auspuffendrohre müssen ausgewechselt werden. Die passenden Reparatursätze gibt es in jeder VW-/Audi-Werkstatt.

Für den einwandfreien Betrieb des Motors ist die richtige Einstecktiefe der Austrittsrohre in den Auspufftopf von besonderer Bedeutung.

Achtung: Werden die Austrittsrohre zu tief in den Auspufftopf hineingesteckt, besteht die Gefahr, daß infolge zu hohen Staudrucks im Auspufftopf Überhitzungsschäden am Motor entstehen.

Ausbau

- Klemmschellen am Auspuffendrohr lösen, Endrohr herausziehen. Mitunter sitzt das Endrohr so fest, daß es sich erst nach Erwärmen mit einem Schweißbrenner (am Auspuffstutzen) herausziehen läßt.

Einbau

Austrittsrohre einbauen: Käfer 1200

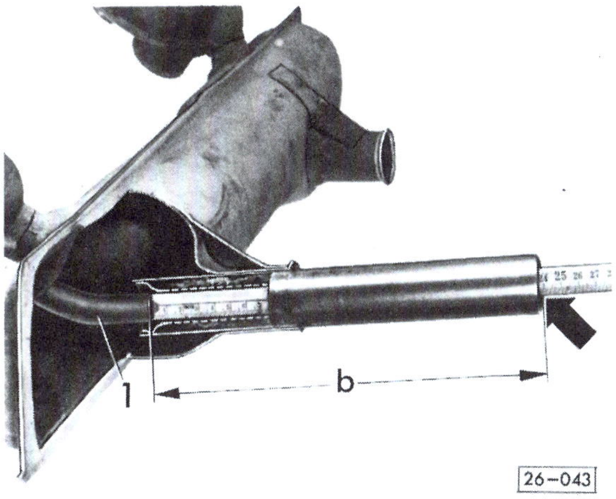

- Auspufftopf mit Vorwärmleitung (1) im Austrittsstutzen: Linkes Auspuffendrohr (Gesamtlänge 226 mm) so einschieben, daß sich das Maß b = 220 mm einstellt. Zum richtigen Einstellen Zollstock in das Auspuffendrohr einschieben, bis dieser an der Vorwärmleitung anliegt.
- Rechtes Auspuffendrohr nach linkem Rohr ausrichten.
- Neue Klemmschellen verwenden und festziehen.

Austrittsrohre einbauen: Käfer 1300/1600

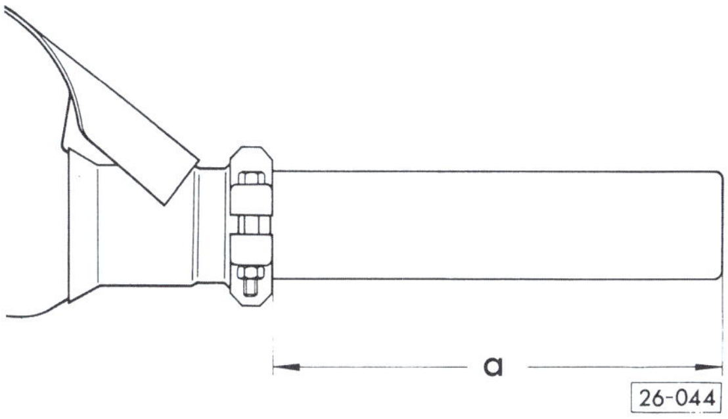

- Der Auspufftopf hat kein Vorwärmrohr im Austrittsstutzen, die Gesamtlänge des Endrohres beträgt 226 mm.
- Auspuffendrohr einschieben und so ausrichten, daß sich das Maß a = 155 mm (siehe Zeichnung) einstellt.
- Neue Klemmschellen nehmen und festziehen.

Wärmetauscher aus- und einbauen

Ausbau

- Fahrzeug aufbocken.
- Auspufftopf ausbauen, siehe Seite 70.
- 2 Muttern hinten am Zylinderkopf abschrauben und Wärmetauscher komplett mit Warmluftführungsblechen ausbauen.

Einbau

- Vor dem Einbau die Heizklappen auf Leichtgängigkeit prüfen, gegebenenfalls mit rostlösendem Mittel einsprühen.
- Zum Einbau am Zylinderkopf neue Dichtungen und neue selbstsichernde Muttern verwenden.
- Muttern nicht zu stramm (Anzugsdrehmoment 20 Nm, 2,0 mkg) ziehen.
- Auspufftopf einbauen, siehe Seite 70.
- Fahrzeug abbocken.

Die Kupplung

Die Kupplung befindet sich in der Schwungscheibe des Motors. Sie besteht aus der Kupplungsdruckplatte und der Kupplungs-Mitnehmerscheibe.

Im Getriebegehäuse ist die drehbare Ausrückwelle angeordnet. Sie trägt für die Kupplung das wartungsfreie Ausrücklager. Am Kupplungshebel außen auf der Ausrückwelle ist das Kupplungsseil befestigt.

Funktionsweise

In eingekuppeltem Zustand wird durch die Kupplungsmembranfeder die Kupplungsscheibe von der Druckplatte gegen das Schwungrad gepreßt und so der Kraftschluß zwischen der Kurbelwelle und der Getriebeantriebswelle hergestellt. Ausrücklager und Ausrückring berühren sich nicht.

Beim Niedertreten des Kupplungspedals wird über Kupplungsseil und Ausrückwelle das Ausrücklager gegen die Kraft der Membranfeder bewegt und die Druckplatte ein wenig angehoben. Die Kupplungsscheibe zwischen Druckplatte und Schwungrad wird dadurch frei, der Kraftschluß zwischen Motor und Getriebe somit aufgehoben.

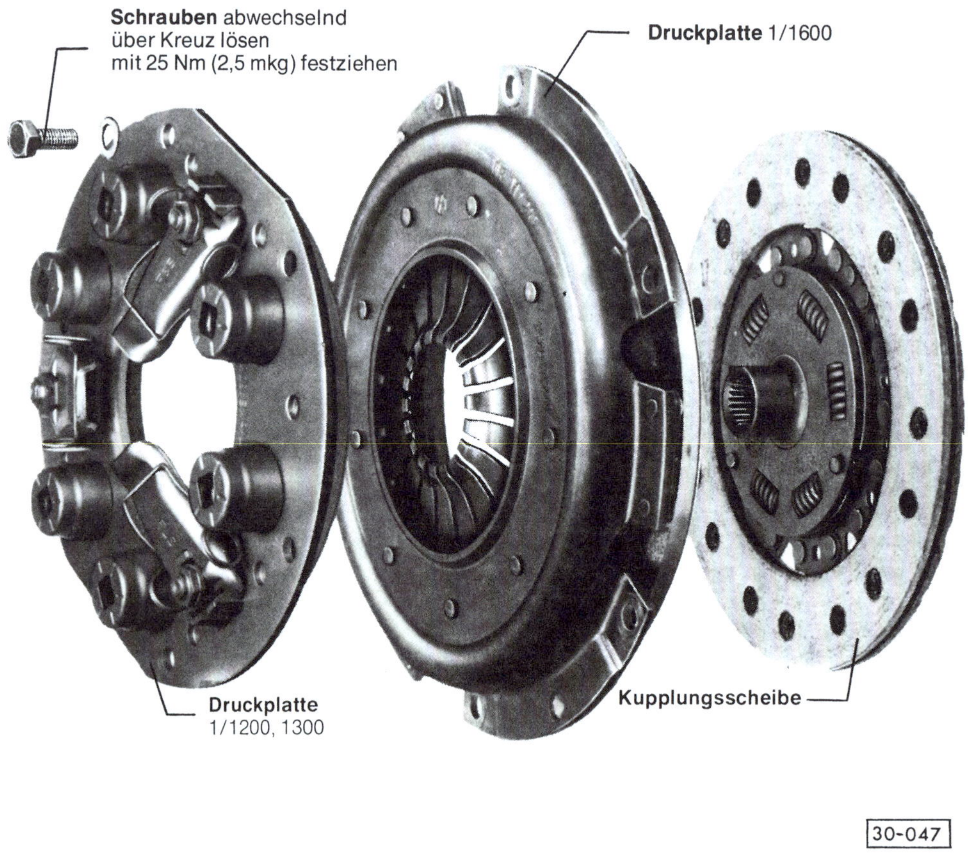

Kupplung aus- und einbauen

Ausbau

- Motor ausbauen, siehe Seite 12.
- Soll die Kupplung wieder eingebaut werden, vor dem Ausbau der Druckplatte, Druckplatte und Schwungscheibe markieren. Hierzu nimmt man eine Reißnadel oder einen Meißel und zieht einen Strich (Pfeil) über Druckplatte und Schwungscheibe.

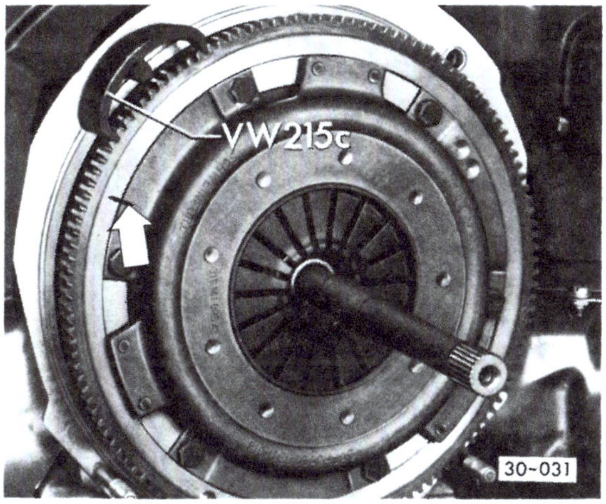

30-031

- Sechskantschrauben an der Druckplatte abwechselnd über Kreuz um ein bis zwei Gewindegänge lösen, anschließend ganz herausschrauben.
- Damit das Schwungrad beim Lösen der Schrauben nicht mitdreht, Schwungrad am Bolzen mit breitem Schraubenzieher arretieren.
- Druckplatte und Mitnehmerscheibe herausnehmen.
- Schwungscheibe innen ausblasen oder mit benzingetränktem Lappen auswischen.

Kupplung prüfen

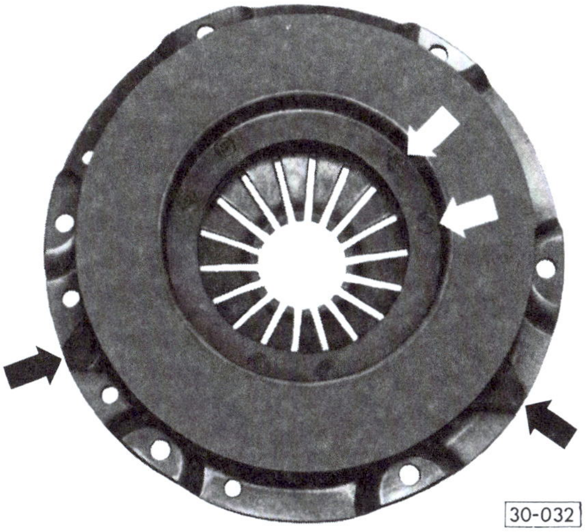
30-032

- Vor dem Einbau Federverbindungen zwischen Druckplatte und Deckel auf Risse, Nietbefestigungen auf festen Sitz prüfen. Kupplungen mit beschädigten oder losen Nietverbindungen sind zu erneuern.

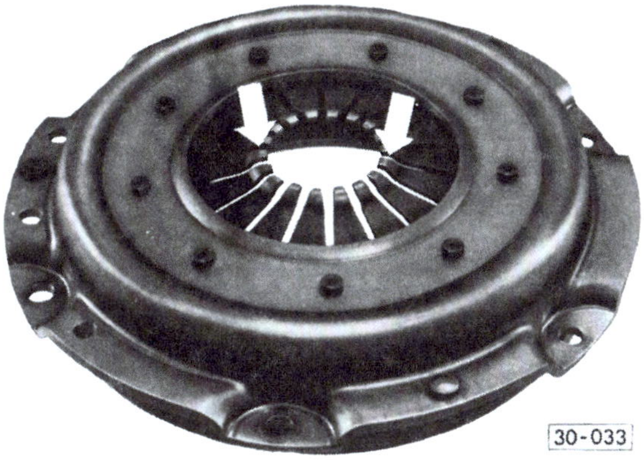
30-033

- Enden der Membranfeder prüfen. Einlaufspuren bis zu einer Tiefe von 0,3 mm sind bedeutungslos.

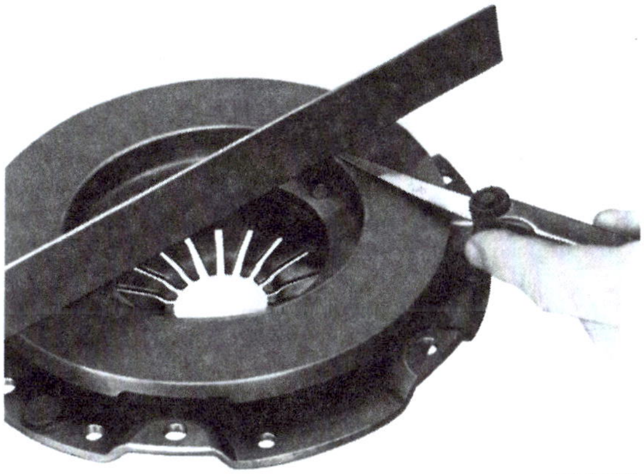
30-006

- Auflagefläche der Druckplatte auf Risse, Brandstellen und Verschleiß prüfen. Druckplatten, die bis zu 0,3 mm nach innen durchgebogen sind, dürfen noch eingebaut werden. Die Prüfung erfolgt mit Stahllineal und Fühlerblattlehre.
- In den Werkstätten kann die Kupplungsscheibe auch auf Schlag geprüft werden. Diese Prüfung ist nur dann notwendig, wenn die Kupplung wieder eingebaut werden soll und diese vorher nicht richtig ausgekuppelt hat. Der Seitenschlag darf maximal 0,5 mm betragen.
- Kerbverzahnung der Getriebe-Antriebswelle prüfen und mit einer Bürste Molybdän-Disulfid-Puder auftragen.
- Kupplungsausrücklager prüfen. Das Lager ist wartungsfrei. Es darf keinesfalls mit Waschbenzin oder anderen Reinigungsmitteln ausgewaschen werden. Lager nur mit sauberem Lappen abwischen. Laute Lager gegebenenfalls austauschen.
- Führungsbuchse für Ausrücklager leicht mit Molybdän-Disulfid-Paste bestreichen.
- Nadellager in der Schwungradhohlschraube mit etwa 0,2 cm^3 Mehrzweckfett schmieren, wenn es gereinigt wurde.
- Filzring mit Motoröl benetzen, überflüssiges Öl abwischen.

Einbau

- Kupplungsscheibe und Druckplatte einsetzen. Zum Zentrieren der Kupplungsscheibe entweder Kupplungsdorn oder alte Antriebswelle verwenden.

- Beim Einbau der alten Kupplung Kennzeichnung auf Kupplung und Schwungscheibe beachten.
- Befestigungsschrauben gleichmäßig und kreuzweise mit 25 Nm (2,5 mkg) festziehen. Während des Festziehens Schwungscheibe mit Schraubenzieher arretieren.
- Motor einbauen, siehe Seite 12.
- Kupplungsspiel einstellen.

Kupplungsseil aus- und einbauen

- Linkes Hinterrad lösen, Wagen hinten aufbocken, Rad abnehmen.
- Flügelmutter für Kupplungsseil am Kupplungsausrückhebel abdrehen.

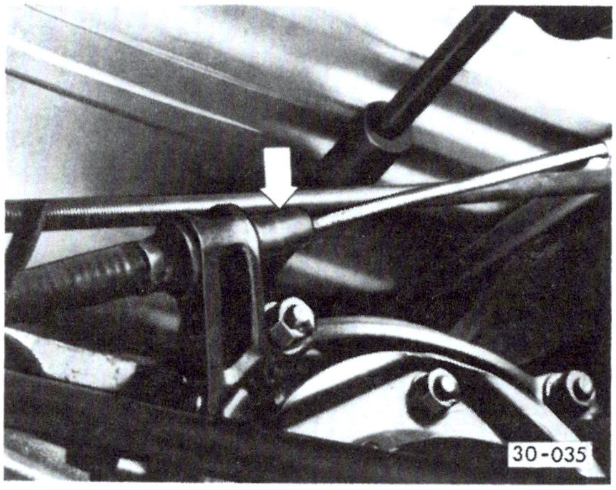

- Gummistulpe von Seilführung und Kupplungsseil abziehen.
- Seilführung aus Halterung am Getriebe drücken.
- Gaspedal ausbauen, Vergaserzug aushängen.
- Sicherung für Bremsdruckstange abnehmen.
- Rückzugfeder für Bremspedal aushängen.

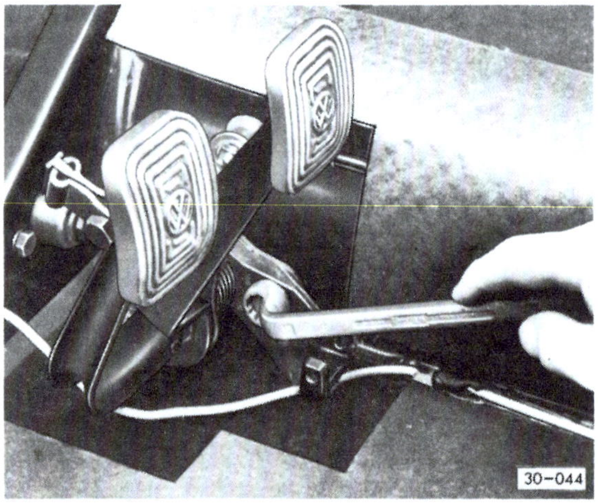

- Befestigungsschrauben für Pedallager herausschrauben und Pedale mit Kupplungsseil herausziehen. Dabei die Bremsdruckstange vom Zapfen abnehmen.
- Kupplungsseil aushängen.

Einbau

- Gewindestück des Seilendes mit Flügelmutter gangbar machen, Kupplungsseil einfetten.

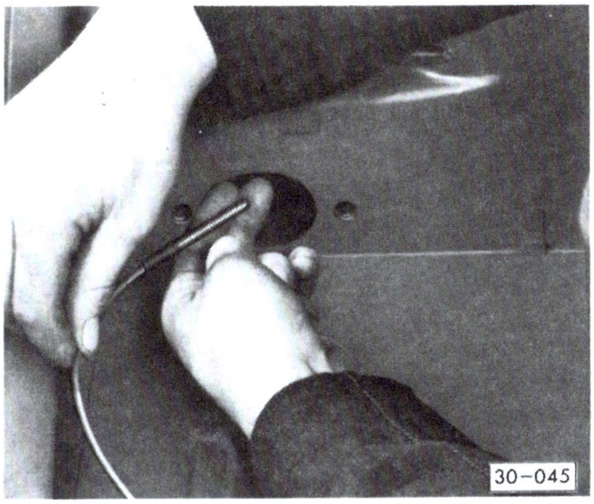

30-045

- Kupplungsseil vorn in Rahmentunnel einführen. Hierzu Gewindestück zwischen Zeige- und Mittelfinger legen und dieses durch die Öffnung des Rahmentunnels bis zum Führungsrohr für Kupplungsseil bringen.
- Beide Finger hinter die Mündung des Rohres legen und Gewindestück in das Rohr einführen. Mit der rechten Hand das Seil nachschieben, bis es mit dem Gewindestück ganz in das Rohr eingeschoben ist. Anschließend Seil ganz durchschieben.
- Kupplungsseil in den hakenförmigen Hebel der Kupplungsfußhebelwelle am Fußhebelwerk einhängen. Kupplungsfußhebel senkrecht halten, damit das Kupplungsseil nicht wieder aushakt. Fußhebelwerk in die Öffnung des Rahmentunnels einsetzen und die beiden Befestigungsschrauben leicht ansetzen.

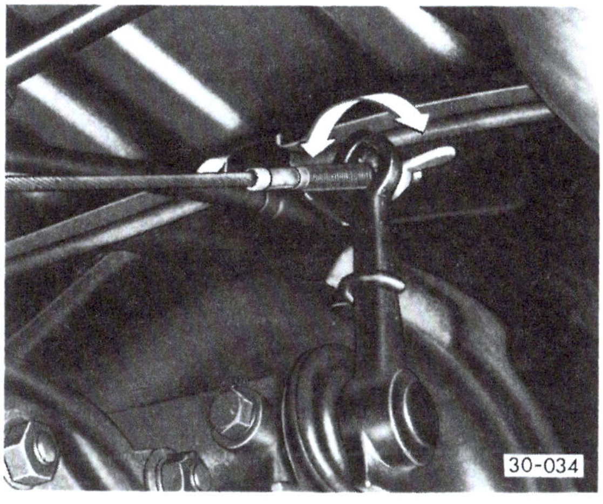

30-034

- Bremsdruckstange auf den Zapfen setzen und beide Befestigungsschrauben festziehen.
- Rückzugfeder für Bremspedal einhängen, Sicherung für Bremsdruckstange einsetzen. **Achtung:** Der Sicherungsring muß einwandfrei sitzen.
- Rückzugfeder für Bremspedal einhängen, Sicherung für Bremsdruckstange einsetzen.

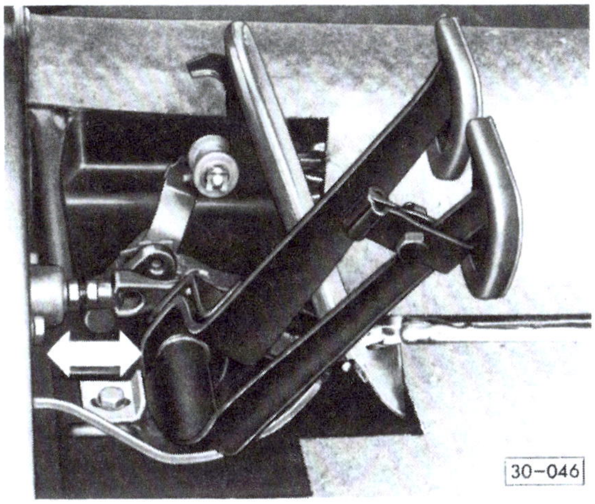

30-046

- Wenn der Anschlag verstellt wurde, Fußhebelwerk einstellen. Fußhebelanschlag (Pfeil) so einstellen, daß am Bremspedal ein Spiel von ca. 5 mm vorhanden ist.
- Seilführung am Getriebehalter einbauen. Auf richtigen Sitz der Gummidichtungsstulpe am Ende der Seilführung achten.
- Kupplungsspiel einstellen.
- Durchbiegung der Seilführung prüfen.
- Flügelmutter und Gewindestück des Seils mit Mehrzweckfett einfetten.

Durchbiegung der Seilführung prüfen

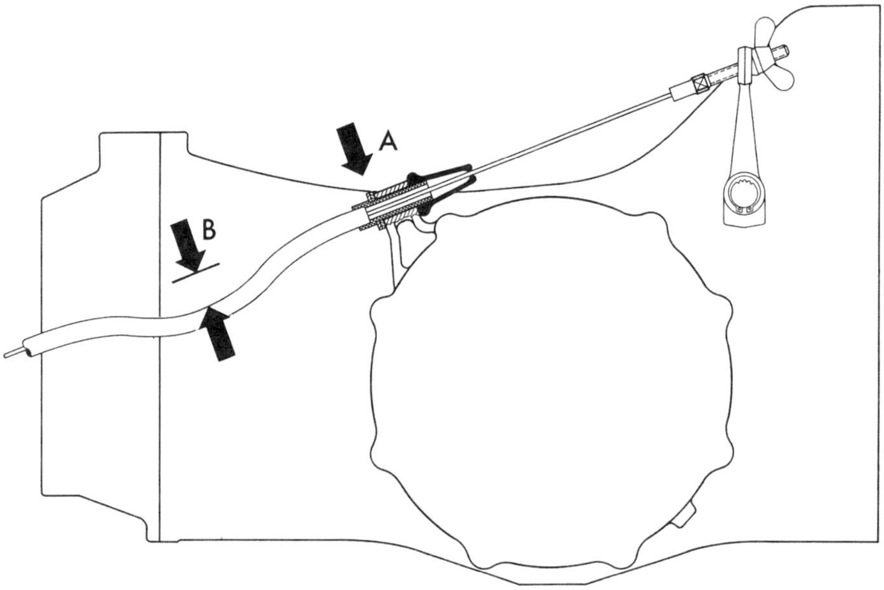

30-038

Achtung: Die Seilführung des Kupplungsseiles muß eine Durchbiegung von 25–45 mm aufweisen (B). Durch Einfügen bzw. Herausnehmen entsprechender Unterlegscheiben zwischen dem Stützwinkel am Getriebe und dem Endstück der Seilführung (A) läßt sich die erforderliche Vorspannung erreichen.

Eine zu große Durchbiegung der Seilführung führt zur Schwergängigkeit des Kupplungsseiles und kann ein Knarren oder Reißen des Kupplungsseiles hervorrufen.

Kupplungsspiel einstellen

- Linkes Hinterrad lösen, Wagen aufbocken, Rad abnehmen.
- Gegebenenfalls Endstück des Kupplungsseiles mit Kombizange festhalten und Flügelschraube so weit verdrehen, bis sich am Kupplungspedal ein Spiel von 10–25 mm ergibt.

Spiel a = 10–25 mm

- Beim Messen wird ein Finger seitlich am Pedal gehalten, während mit der anderen Hand das Pedal bis zum Druckpunkt niedergedrückt wird. Am Finger läßt sich dann leicht der zurückgelegte Weg bis zum Druckpunkt abschätzen.
- Nach dem Einstellen darauf achten, daß die beiden Nocken der Flügelmutter in die Aussparungen des Kupplungshebels eingreifen.
- Fußhebel mehrmals durchtreten, Spiel nochmals überprüfen.
- Gewindestück des Kupplungsseiles, Flügelmutter und Kugelpfanne des Kupplungshebels mit Mehrzweckfett einfetten.
- Rad anschrauben, Wagen ablassen, Radschrauben mit 130 Nm (13,0 mkg) festziehen.

Störungstabelle Kupplung

Störung	Ursache	Abhilfe
Kupplung rutscht	● Zu wenig Spiel am Pedal	Spiel vergrößern bis zu 20 mm
	● Belag verhärtet oder verölt	Kupplungsscheibe austauschen
	● Federspannung zu gering	Kupplungsdruckplatte auswechseln
Kupplung trennt nicht richtig	● Zu großes Spiel am Pedal	Spiel verkleinern bis 10 mm
	● Belag durch Abrieb verklebt	Kupplungsscheibe austauschen
	● Kerbverzahnung auf der Antriebswelle trocken oder verklebt	Kerbverzahnung reinigen, entgraten und mit M_oS_2-Puder einbürsten
	● Kupplungsseil, Ausrückhebel oder Fußhebel schwergängig	Teile reinigen und mit Universalfett schmieren
	● Kupplungsscheibe schlägt	Kupplungsscheibe auswechseln
	● Kupplungsseil verschlissen	Seil auswechseln
Kupplung rupft	● Getriebe liegt in der Aufhängung nicht fest	Befestigungsschrauben nachziehen
	● Seilführung falsch verlegt	Seilführung in Ordnung bringen
	● Ausrückring schlägt	Ausrücklager erneuern
	● Druckplatte trägt ungleichmäßig	Druckplatte auswechseln
	● Kupplungsscheibe zu stark oder ungleichmäßig geschränkt	Scheibe erneuern
Geräusch beim Auskuppeln	● Ausrückwelle läuft trocken	Lagerbuchsen der Ausrückwelle schmieren
Geräusch in ausgekuppeltem Zustand	● Ausrücklager schadhaft	Ausrücklager auswechseln
	● Kupplungsscheibe schlägt an die Druckplatte	Kupplungsscheibe austauschen

Das Getriebe

Das Getriebe bildet mit dem Achsantrieb eine Einheit. Das komplette Aggregat kann nach Ausbau des Motors ausgebaut werden. Ein Ausbau ist aber meistens nur dann notwendig, wenn Austausch bzw. Überholung von Getriebe und Achsantrieb erforderlich wird. Da es jedoch nicht anzuraten ist, Reparaturen am Getriebe oder am Achsantrieb mit Heimwerkermitteln in Angriff zu nehmen, wird lediglich der Ausbau des Aggregates beschrieben.

Der Käfer ist – je nach Modell – mit der Pendelachse oder der konstruktiv völlig anders gestalteten Schräglenker-Hinterachse ausgestattet.

Käfer-Modelle mit Pendelachse: 1200/34 PS, 1300/40 PS, 1300/44 PS, 1500/44 PS, 1600/50 PS.

Käfer-Modelle mit Schräglenker-Hinterachse: 1302/44 PS, 1302 S/50 PS, 1303/44 PS, 1303 S/50 PS, alle Automatik-Modelle und Cabrio 1600/50 PS.

Getriebe für Schräglenkerachse aus- und einbauen

Ausbau

- Motor ausbauen, siehe Seite 12.
- Hintere Rücksitzbank herausheben.

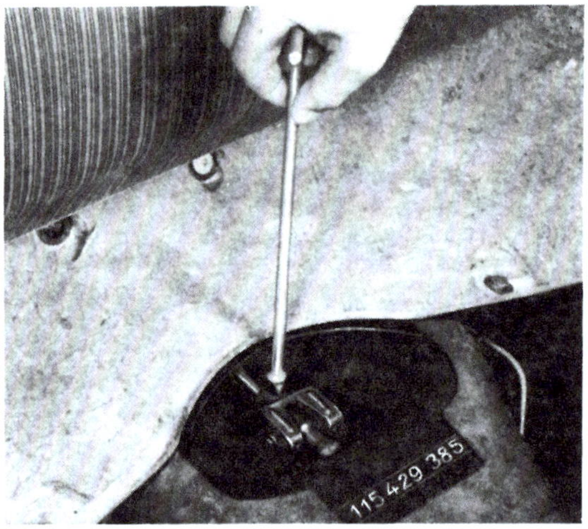

- Deckel aus dem Rahmentunnel abschrauben, Sicherungsdraht durchschneiden und Vierkantschraube herausdrehen. Schaltstangenkupplung durch Bewegen des Schalthebels vom Innenschalthebel abziehen.
- Kupplungseinstellmutter (1) abschrauben und die Kupplungsseilführung am Getriebe aushaken.
- Masseband (2) abschrauben.
- Elektrische Leitungen am Anlasser abklemmen, Anlasser (3) abschrauben.
- Gummischutzkappe zurückstreifen und Kabelstecker (wo vorhanden) für Rückfahrscheinwerfer abziehen.
- Gummimetallager (4) vom Getriebe abschrauben.
- Gelenkwellen (5) vom Getriebe abschrauben und mit Drahthaken aufhängen.
- Sechskantschrauben (6) am Getriebeträger herausschrauben.
- Wagenheber unter Getriebe stellen, Getriebe leicht anheben, nach hinten ziehen und mit Helfer herausnehmen.

Einbau

- Getriebe auf Rangierheber legen und hochheben. Getriebe in die vordere Getriebeaufhängung schieben und die beiden Befestigungsschrauben des hinteren Getriebeträgers einsetzen und leicht anziehen. Schrauben vorher gut einfetten.
- Sechskantmuttern (4) für die vordere Getriebeaufhängung festziehen.

Achtung: Wird ein neues Getriebe eingebaut, sind die Muttern zur Befestigung des Getriebeträgers an den hinteren Gummimetall-Lagern zu lösen und erst nach Festziehen der vorderen Getriebeaufhängung wieder festzuschrauben. Das gleiche gilt, wenn der hintere Getriebeträger ausgebaut wurde. Durch die Reihenfolge des Festziehens wird eine Längsverspannung und ein dadurch bedingter frühzeitiger Verschleiß der Gummimetallager vermieden.

- Sechskantschrauben am Getriebeträger (6) mit 230 Nm (23 mkg) festziehen.
- Anlasser einbauen, elektrische Leitung an Klemme 30 und 50 aufstecken.
- Leitung für Rückfahrscheinwerfer (wo vorhanden) auf den Getriebeschalter stecken, Gummischutzkappe überziehen.
- Flansche am Getriebe für die Gelenkwellen reinigen. An den Anlageflächen zwischen den Flanschen am Getriebe und an den Flanschen der Gelenkwellen darf kein Fett sein.
- Gelenkwellen ansetzen und Innensechskantschrauben (5) mit 45 Nm (4,5 mkg) anziehen. Unterlegplatten nicht vergessen.
- Kupplungsseil mit Seilführung in die Stütze einsetzen, Seil etwas einfetten, Gummistulpe aufschieben und Flügelmutter aufschrauben.
- Schaltstangenkupplung im Rahmentunnel aufschieben, Schraube festziehen und mit Draht sichern.

Achtung: Seit April 1975 wird eine selbstsichernde Schraube verwandt. Diese Schraube **grundsätzlich nur einmal** verwenden.

- Motor einbauen, siehe Seite 12.
- Kupplungsseilführung prüfen und Kupplung einstellen, siehe Seite 76/77.

Gummimetallager vorn ersetzen

Das Gummimetallager kann auch bei eingebautem Motor-Getriebe-Aggregat ersetzt werden.

- Fahrzeug hinten aufbocken, siehe Seite 12.

- Sechskantmuttern (Pfeile) abschrauben.

- Motor-Getriebe-Aggregat mit zwei langen Montierhebeln nach hinten drücken. Gummimetallager nach vorn unten verkanten und bei gleichzeitigem Zurückdrücken der Glocke Lager herausnehmen.

Getriebe mit Pendelachse aus- und einbauen

Ausbau

- Radkappen hinten abnehmen, Splint links und rechts an den Achswellen rausziehen und Kronenmuttern an der Hinterachse lösen. Wagen hinten aufbocken.
- Motor ausbauen, siehe Seite 12.

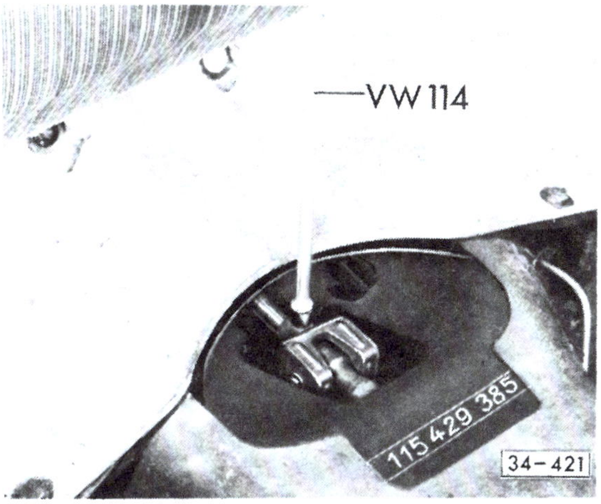

- Hintere Sitzbank anheben, Deckel auf dem Rahmentunnel abschrauben, Draht an Vierkantschraube durchschneiden und Vierkantschraube herausdrehen. Schaltstangenkupplung durch Bewegen des Schalthebels vom Innenschalthebel abziehen.
- Kronenmutter an der Hinterachse abschrauben und Bremstrommel auf jeder Seite mit Rad abziehen. Gegebenenfalls Hinterradbremsen zurückstellen und Bremstrommel mit Abzieher abziehen.
- Bremsleitung – auf jeder Seite – am Radbremszylinder abschrauben und Schelle für Bremsschlauch am Achsrohr abnehmen.
- Handbremsseil am Bremsträger aushängen und abschrauben.

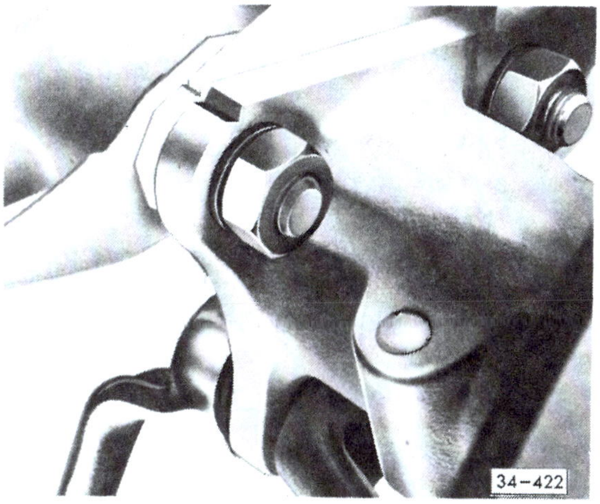

- Lage der Federstrebe zum Achsrohrflansch mit einem Meißel in der Flucht des Achsrohrlagerflansches markieren.
- Kupplungseinstellmutter abschrauben und die Kupplungsseilführung am Getriebe aushaken.
- Druckstangen der Ausgleichfeder, wo vorhanden, abschrauben.
- Kabel vom Anlasser abklemmen.
- Kabelstecker für Rückfahrscheinwerfer, wo vorhanden, abziehen.
- Sechskantschrauben am Achsrohrlagerflansch und am Stoßdämpfer (unten) herausschrauben.
- Vordere Getriebeaufhängung (Getriebe/Gummimetalllager) abschrauben.

- Sechskantschrauben am Getriebeträger herausschrauben. Rangierheber unter Getriebe stellen, Getriebe mit Helfer etwas nach vorn ziehen, mit Wagenheber absenken und herausnehmen.

Achtung: Halbachsen festhalten, damit diese nicht auf den Boden fallen und dadurch die Bremstrommeln zerstören.

Einbau

- Getriebe auf Rangierheber legen, hochheben und einsetzen.
- Hintere Getriebeaufhängung befestigen. Die beiden Schrauben am Getriebeträger mit 230 Nm (23 mkg) festziehen.

Achtung: Wenn eine neue Achse eingesetzt wird, können hierbei die Gummi-Metallager am hinteren Getriebeträger verspannt werden. Man lockert deswegen zunächst die Befestigungsmuttern der Gummi-Metallager am Getriebeträger, schraubt dann den Getriebeträger mit den beiden großen Schrauben fest und zieht die Muttern für die Gummi-Metallager erst wieder an, wenn die vordere Getriebeaufhängung festgezogen ist.

- Vordere Getriebeaufhängung befestigen. Hierzu die Sechskantmuttern am vorderen Gummi-Metallager festziehen.
- Schaltstangenkupplung auf die Schaltstange aufschieben, Vierkantmutter anziehen und mit Draht sichern. Seit April 1975 wird eine selbstsichernde Schraube verwandt. Grundsätzlich Schraube nur einmal verwenden.

Achtung: Die Vierkantschraube muß einwandfrei in die Absenkung eingreifen, sonst können Schaltschwierigkeiten auftreten.

- Abdeckung für Schaltstangenkupplung aufsetzen, Rücksitzbank einsetzen.
- Lagerflansche an den Federstreben befestigen. Hierbei darauf achten, daß die Kerben auf Lagerflansch und Federstrebe miteinander fluchten.

Achtung: Bei Einbau einer neuen Federstrebe oder Hinterachse ist eine Neueinstellung der Hinterräder erforderlich.

- Stoßdämpfer anschrauben, Druckstangen der Ausgleichfeder, wo vorhanden, festschrauben.
- Anlasser-Kabel anbringen. Leitungsstecker für Rückfahrscheinwerfer, wo vorhanden, aufstecken.
- Kupplungsseilführung am Getriebe einhängen, Einstellmutter aufschrauben.
- Handbremsseil in Bremsträger einsetzen und einhängen, siehe unter „Bremse".
- Bremsleitung an Radbremszylinder anschrauben und Schelle für Bremsschlauch am Achsrohr befestigen.
- Räder mit Trommeln aufsetzen, Kronenmuttern aufschrauben.
- Bremse einstellen und entlüften, siehe unter „Bremse".
- Motor einbauen, siehe Seite 12.
- Kupplung einstellen, siehe Seite 77.
- Wagen ablassen und Kronenmuttern mit 350 Nm (35 mkg) festziehen. **Achtung:** Muttern nicht anziehen, wenn der Wagen aufgebockt ist. Gegebenenfalls Mutter weiter drehen, **nicht** lösen, bis sich der Splint einführen läßt.

Gelenkschutzhülle für Achsrohr ersetzen

Das Getriebe muß bei beschädigter Schutzhülle nicht ausgebaut werden, da in den VW/Audi-Werkstätten eine geschlitzte Schutzhülle als Ersatzteil angeboten wird.

Ausbau

- Wagen hinten aufbocken.
- Schlauchbinder lösen und abnehmen. Beschädigte Gelenkschutzhülle aufschneiden und abnehmen.
- Achsrohr und Lagerdeckel säubern. Die Sitzflächen für die Hülle müssen absolut öl- und fettfrei sein.

Einbau

- Trennflächen der geschlitzten Gelenkschutzhülle mit Original-VW-Dichtungsmasse D3 dünn einstreichen.
- Gelenkschutzhülle so um das Achsrohr herumlegen, daß die Trennfuge waagerecht nach hinten zeigt.

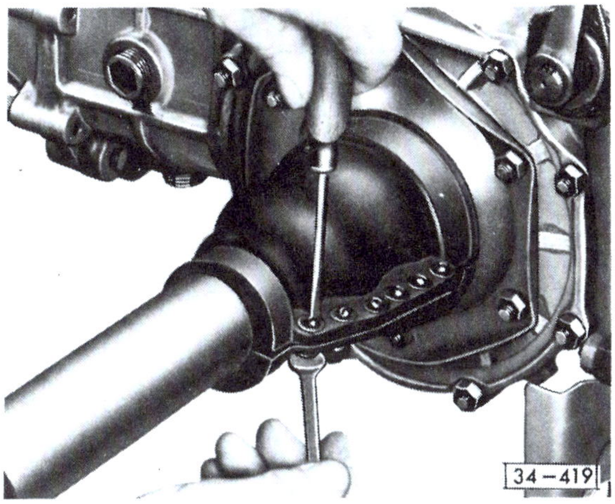

- Gelenkschutzhülle zusammenschrauben und Schlauchbinder montieren.

Achtung: Schrauben und Schlauchbinder möglichst in belasteter Stellung der Hinterachse (Fahrzeug auf den Boden stellen) und nicht zu kräftig anziehen. Jedes Verdrehen der Gelenkschutzhülle ist zu vermeiden, damit die Dichtungsflächen nicht verkantet werden.

- Getriebeölstand kontrollieren.

Dichtring für Lagerdeckel erneuern

Der Dichtring kann bei eingebautem Getriebe erneuert werden.

Ausbau

- Radkappe abnehmen, Splint aus Achswelle herausziehen, Kronenmutter lösen. **Achtung:** Kronenmutter nicht bei aufgebocktem Wagen lösen. Unfallgefahr!
- Wagen aufbocken, Rad mit Bremstrommel abziehen.
- Bremsbacken, Handbremsseil, Schlauchhalter für Bremsschlauch ausbauen, siehe unter „Bremsanlage".
- Bremsträgerblech abnehmen und mit Draht am Fahrzeug aufhängen.
- Kugellager für Hinterrad abziehen.
- Lage der Federstrebe zum Achsrohrlagerflansch kennzeichnen, siehe Seite 81.
- Sechskantschrauben am Lagerflansch und am Stoßdämpfer unten herausschrauben. Muttern am Lagerdeckel für Achsrohr abschrauben.

- Achsrohr außen anheben, Lagerdeckel schräg stellen und über die Rahmengabel nach außen drücken (Pfeil). Achsrohr von Achswelle abziehen.
- Dichtring abnehmen.

Einbau

- Sämtliche Teile und Anlageflächen reinigen und prüfen. Achsrohrkalotte innen und außen mit MoS_2-Schmierfett einreiben. Abstandscheiben in der bisherigen Dicke und neuen Dichtring aufsetzen.

Achtung: Erst Abstandscheiben auf den Lagerdeckel legen, dann Dichtring aufziehen, da sonst durch Abknicken der Abstandscheiben Undichtigkeiten entstehen können.

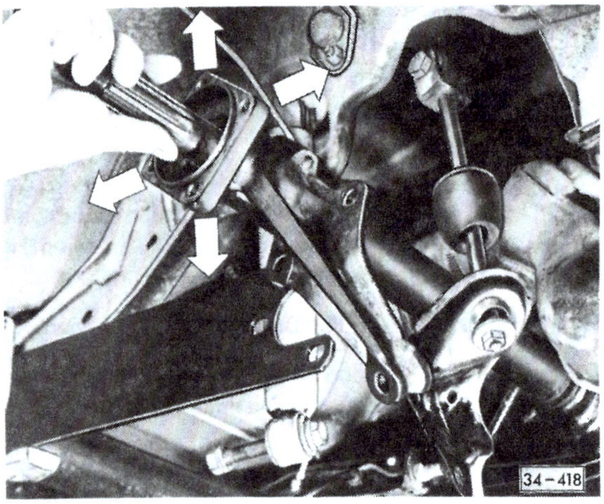

34-418

- Achsrohr einbauen und Muttern für Lagerdeckel leicht gegenziehen. Achsrohr in alle Richtungen schwenken. Es soll sich ohne zu haken oder zu klemmen bewegen lassen. Muttern mit 20 Nm (2,0 mkg) anziehen.
- Achsrohrlagerflansch an der Federstrebe in der markierten Position befestigen.
- Hinterradlager, Bremsträgerblech, Deckel für Hinterradlager einbauen.
- Handbremsseil einbauen, siehe unter „Bremse“.
- Halter für Bremsschlauch einsetzen, Bremstrommel mit Rad anbauen, Kronenmutter aufschrauben, nicht festziehen.
- Falls der Bremsschlauch gelöst wurde, Bremse entlüften, siehe Seite 134.
- Handbremse einstellen, siehe Seite 138.
- Fußbremse einstellen.
- Wagen ablassen, Kronenmutter mit 350 Nm (35,0 mkg) festziehen. Gegebenenfalls Mutter weiterdrehen, bis neuer Splint durchgeschoben werden kann. Mutter versplinten. Radkappe aufsetzen.

Die Schaltung

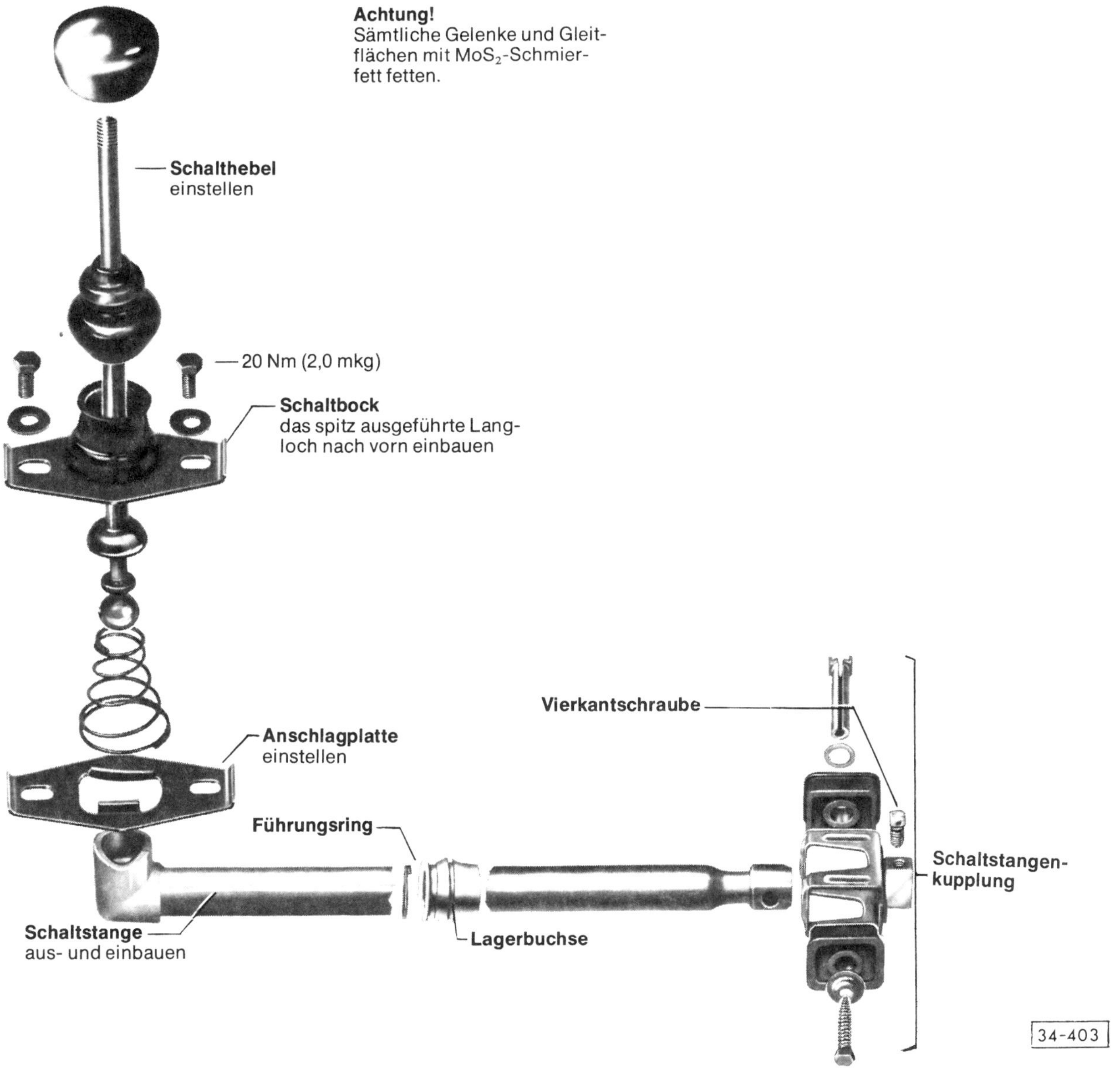

Schalthebel aus- und einbauen

Ausbau

- Faltenbalg vom Schaltbock abziehen, Sechskantschrauben herausdrehen.
- Schalthebel mit Schaltbock, Druckfeder und Anschlagplatte herausnehmen.

Einbau

- Schaltstangenkopf, Anschlagplatte und Schalthebel an der Kalotte und am Kugelkopf mit MoS_2-Fett schmieren.
- Anschlagplatte, Feder und Schalthebel einsetzen, Befestigungsschrauben ansetzen.

Achtung: Die Anschlagplatte muß so eingebaut werden, daß das Langloch nach vorn zeigt. Andernfalls läßt sich der Rückwärtsgang nicht schalten.

- Schaltung einstellen.
- Faltenbalg auf den Schaltbock drücken.

Schaltstange aus- und einbauen

Ausbau

- Wagen aufbocken.
- Schalthebel ausbauen.
- Hintere Sitzbank herausnehmen und Deckel der Montageöffnung für die Schaltstangenkupplung auf dem Rahmentunnel abnehmen.

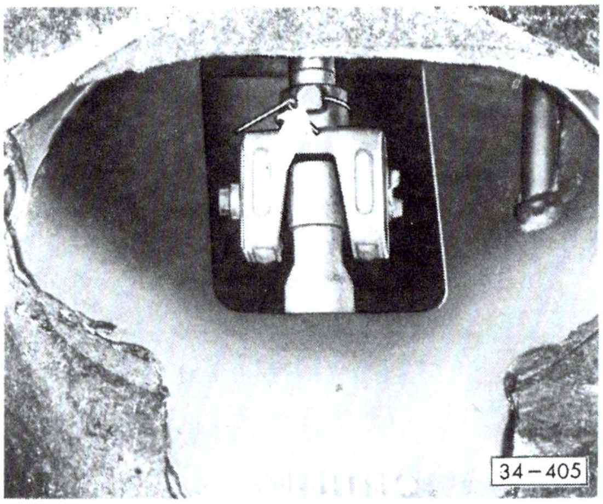

- Sicherungsdraht der Vierkantschraube, wo vorhanden, durchschneiden und entfernen. Vierkantschraube mit Zange oder geeignetem Schlüssel herausdrehen.
- Sechskantschraube aus der Spannhülse der Schaltstangenkupplung herausdrehen und Schaltstangenkupplung herausnehmen.

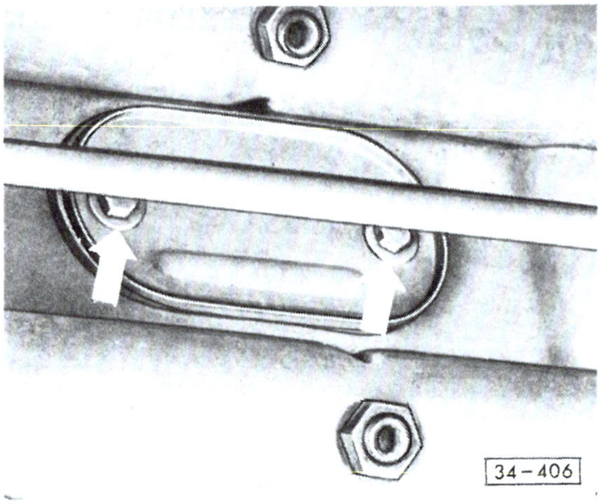

- Vorn am Rahmenkopf Montagedeckel abschrauben. Die Abbildung zeigt den Deckel beim VW 1200.

- Bei Fahrzeugen mit langem Vorderwagen ist gegebenenfalls vor dem Rahmenkopf ein Deformationselement eingebaut. Zum Ausbau alle Schrauben (Pfeile) herausdrehen.
- Schaltstange mit einer Zange nach vorn schieben und herausziehen. Beim langen Vorderwagen muß die Schaltstange zum Aus- und Einbau verdreht werden.
- Gegebenenfalls Führungshülse mit Führungsring aus dem Schaltstangenlager (durch die Schalthebelöffnung im Tunnel zugänglich) herausnehmen.

Einbau

- Alle Teile auf Verschleiß prüfen, gegebenenfalls ersetzen.

Achtung: Bei Schaltstangenklappern ist der Sitz der Lagerbuchse und des Führungsringes zu prüfen. Klappert der Schalthebel im Schaltstangenkopf, so ist der Schaltstangenkopf mit zähem Fett zu füllen.

- Schaltstange auf ganzer Länge mit MoS_2-Schmierfett einfetten und von vorn in den Rahmentunnel schieben.
- Lagerbuchse in den Verstärkungswinkel setzen und Führungsring aufziehen.

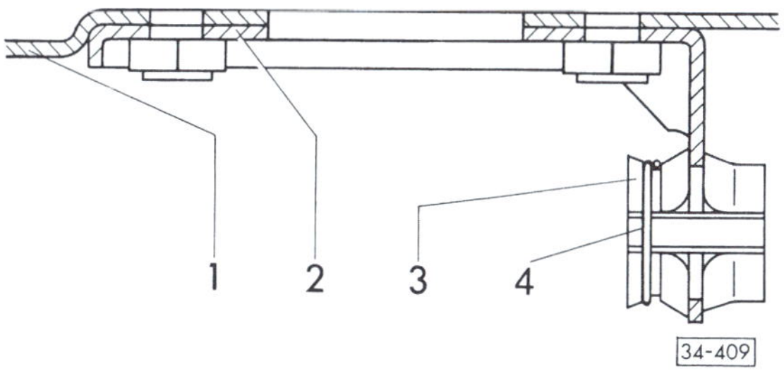

1 – Rahmentunnel, 2 – Verstärkungswinkel, 3 – Lagerbuchse, 4 – Führungsring

- Lagerbuchse so einsetzen, daß der Schlitz seitlich liegt.
- Schaltstange von vorn durch die Lagerbuchse nach hinten schieben, bis der Schaltstangenkopf in der Mitte der Rahmenöffnung steht. Dabei die Schaltstange von vorn so drehen, daß sie sich nicht verklemmt. Deckel mit Dichtung am Rahmenkopf und vorderen Abschlußblech einbauen.
- Durch die Montageöffnung im Rahmentunnel Schaltstangenkupplung montieren, Spannhülse einsetzen und Sechskantblechschraube festziehen.
- Schaltstangenkupplung auf den Innenschalthebel aufschieben. Vierkantschraube festziehen. **Achtung:** Die Schraube muß in die Absenkung der Schaltstange eingreifen. Sonst gibt es Schaltschwierigkeiten. Vierkantschraube mit Bindedraht sichern.

Achtung: Selbstsichernde Sechskantschraube (10 mm, seit April 1975) ohne Bindedrahtsicherung nur einmal verwenden.

- Deckel für Rahmengabel aufsetzen und festschrauben. Rücksitzbank einsetzen.
- Schalthebel einbauen.
- Schaltung einstellen.

Schaltung einstellen

- Abdeckkappe am Schaltbock abnehmen.
- Zweiten Gang einlegen und Schrauben am Schaltbock lösen.

Achtung: Bei den folgenden Arbeiten Motor und Getriebe durch Auskuppeln trennen. Kupplungspedal von Helfer treten lassen.

- Handschalthebel sorgfältig in der 2. Gang-Stellung ausrichten. Der Schalthebel muß dabei genau in Fahrzeugquerrichtung „rechtwinklig" stehen und in Fahrzeuglängsrichtung ca. 11° nach hinten geneigt sein.

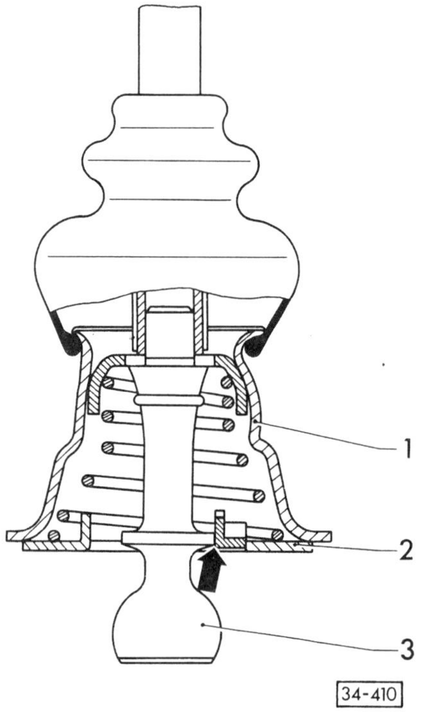

1 – Schaltbock 2 – Anschlagplatte 3 – Schalthebel

- Anschlagplatte unter dem Schaltbock mit einem Schraubenzieher so weit nach links drücken, daß sie am Anlagebund des Handschalthebels (Pfeil) anliegt. Der Schalthebel darf dabei in dieser Stellung nicht verschoben werden.
- Schrauben am Schaltbock in dieser Lage festziehen. Der Schalthebel muß jetzt bei eingelegtem 2. Gang – am Schaltkopf gemessen – ca. 15–20 mm Querbewegung zulassen.
- Alle Gänge einige Male einlegen. Dabei sorgfältig rechtwinklig schalten. H-Schema beachten! Diagonale Bewegungen des Schalthebels sind nicht zulässig. Die Gänge sollen sich leicht und ohne zu haken einlegen lassen. Auf Wirksamkeit der Rückwärtsgangsperre besonders achten.
- Abdeckkappe auf Schaltbock schieben.

Die Vorderachse

Je nach Käfer-Modell ist eine Federbein- oder eine Längslenker-Vorderachse eingebaut.

Die Federbein-Vorderachse

Bei der Federbein-Vorderachse übernehmen die Federbeine zusammen mit den beiden Querlenkern und dem Stabilisator die Radführung der einzeln aufgehängten Vorderräder.

Das Federbein besteht im wesentlichen aus einem doppeltwirkenden Stoßdämpfer und einer progressiv gewickelten Schraubenfeder und dem Achsschenkel.

1 Federbein
2 Querlenker
3 Stabilisator
4 Lenkgetriebe
5 Spurstangen
6 Hilfslenker
7 Lenkrohr
8 Rahmenkopf

Der Stabilisator ist vorn am Rahmenkopf in Gummimeta lagern befestigt und mit den Querlenkern verschraubt. nimmt auf diese Weise die Beschleunigungs- und Bremskräfte der Vorderräder auf. Außerdem wirkt der als Drehstab ausgebildete Stabilisator der Aufbauneigung entgegen. Querlenker und Stabilisator führen das Federbein in seiner unteren Lagerung. Oben im Radhaus ist das Federbein mit der Karosserie verschraubt.

Zum Einstellen des Vorderradsturzes ist der Querlenker am Rahmen mit einer exzentrischen Lagerung versehen.

Die Radlagerung besteht aus dem Achsschenkel am Federbein und der Radnabe.

Die Federbein-Vorderachse ist wartungsfrei.

Das Federbein

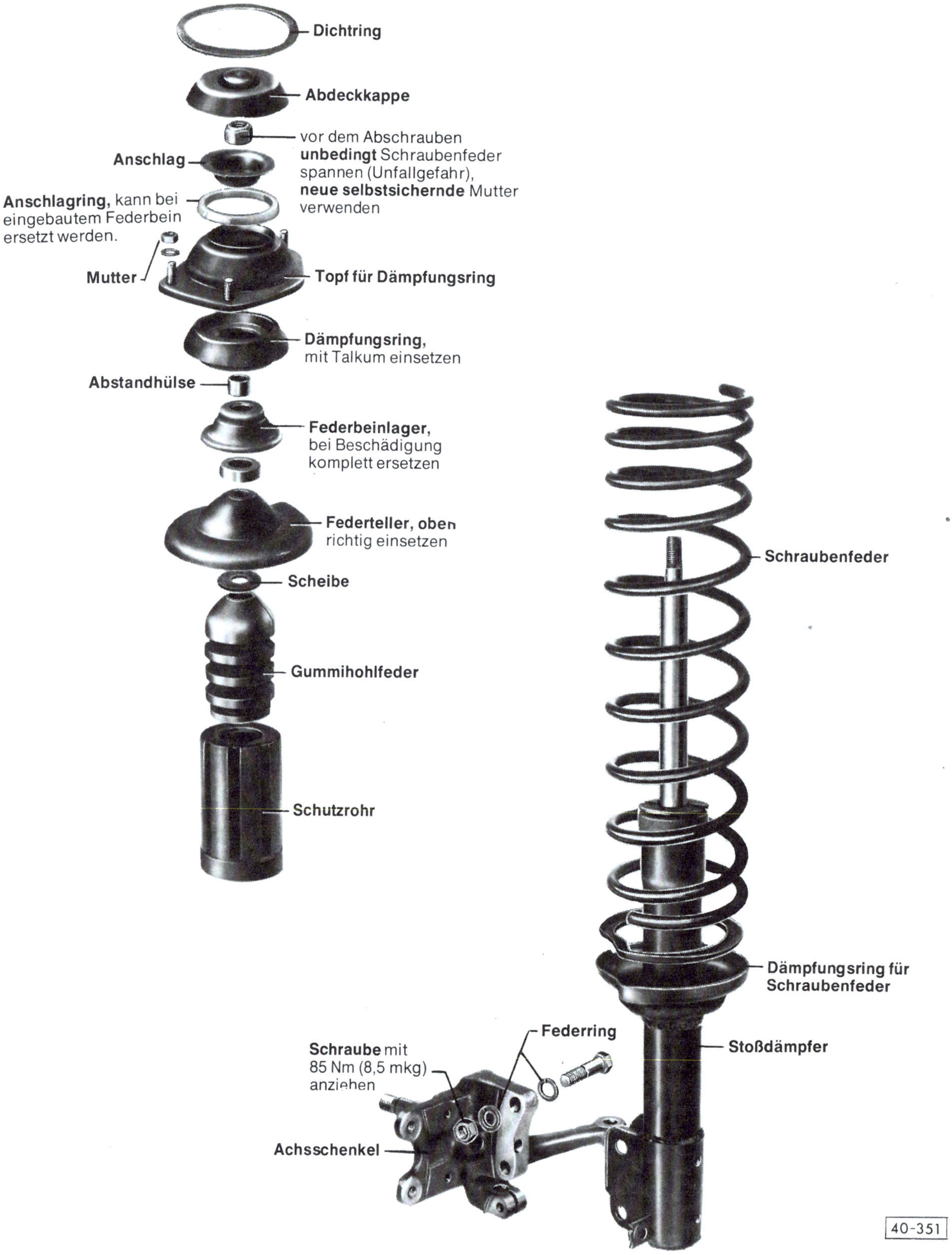

Federbein aus- und einbauen

Ausbau

- Rad lösen, Wagen vorn aufbocken, Rad abschrauben.
- Bremsschlauch am Halter des Federbeines abnehmen.
- Am linken Federbein Antriebswelle für Tachometer herausziehen.
- Bei Fahrzeugen mit Scheibenbremse Bremssattel abschrauben und mit Draht aufhängen. **Achtung:** Bremssattel erst abschrauben, wenn er auf Raumtemperatur abgekühlt ist.
- Befestigungsschrauben für Federbein am Achsschenkel herausschrauben.
- Vordere Kofferhaube öffnen und 3 Muttern für Federbein am inneren Seitenteil abschrauben. Federbein nach unten herausnehmen.

Einbau

- Federbein von unten einsetzen.
- 3 Muttern für Federbein innen im vorderen Kofferraum aufschrauben und mit 20 Nm (2,0 mkg) festziehen. Unterlegscheiben nicht vergessen.
- Federbein in den Achsschenkel einsetzen und mit 3 bzw. 2 Schrauben festziehen. **Achtung:** Schrauben mit je 2 Federringen – innen und außen – einsetzen, Muttern mit 85 Nm (8,5 mkg) festziehen.
- Gegebenenfalls Bremssattel wieder mit 40 Nm (4,0 mkg) anschrauben. Schrauben mit neuem Sicherungsblech versehen. Schrauben durch Umbiegen des Bleches sichern.
- Bremsschlauch am Halter des Federbeines anschrauben. **Achtung:** War die Bremsanlage geöffnet, Bremsanlage entlüften. Siehe Seite 134.
- Antriebswelle für Tachometer einsetzen und sichern.
- Rad aufsetzen, Wagen abbocken, Radschrauben mit 130 Nm (13 mkg) festziehen.
- Sturz einstellen.

Stoßdämpfer/Schraubenfeder aus- und einbauen

Ausbau

- Federbein ausbauen, siehe entsprechendes Kapitel.
- Um den Stoßdämpfer ausbauen zu können, muß die Schraubenfeder gespannt werden. Schraubenfeder mit geeigneter, handelsüblicher Spannvorrichtung spannen, zum Beispiel HAZET 4900. **Achtung: Die Mutter an der Stoßdämpfer-Kolbenstange nur dann lösen, wenn die Schraubenfeder gespannt ist.**

Achtung: Federspanner so in die Windungen der Feder einsetzen, daß die Federwindungen sicher umfaßt werden und der Federspanner nicht abrutschen kann. Die Schraubenfeder steht unter großer Vorspannung, deshalb nur stabiles Werkzeug verwenden. Keinesfalls Feder mit Draht zusammenbinden. Unfallgefahr!

- Federbein spannen und Sechskantmutter an der Kolbenstange des Stoßdämpfers abschrauben. Kolbenstange mit gekröpftem Ringschlüssel gegen Verdrehen sichern.
- Schraubenfeder abnehmen.

Einbau

Achtung: Bei Austausch der Feder nur Feder gleicher Kennung nehmen, auf Farbkennzeichnung achten.

- Stoßdämpfer vor dem Einbau prüfen. **Achtung:** Bei defektem Stoßdämpfer ist es nicht notwendig, beide Stoßdämpfer auszuwechseln. In jedem Fall nur Original-VW-Stoßdämpfer verwenden.
- Schutzrohr und Gummihohlfeder auf Stoßdämpfer aufsetzen.
- Dämpfungsring unten für Schraubenfeder einsetzen, Schraubenfeder mit engen Windungen nach oben einsetzen.

- Schraubenfeder mit geeigneter Spannvorrichtung spannen, bis das Gewinde der Kolbenstange etwa 10 mm aus dem Stützlager herausragt.
- Scheibe, Federteller oben (auf richtige Lage achten), Federbeinlager, Abstandhülse, Dämpfungsring (mit Talkum einpudern), Topf für Dämpfungsring, Anschlagring außen und Anschlag aufsetzen (siehe Übersichtsfoto 40–351, Seite 90).
- Neue selbstsichernde Mutter auf Stoßdämpfer-Kolbenstange aufschrauben und mit 60 Nm (6,0 mkg) festziehen.
- Federbein einbauen.

Stoßdämpfer prüfen

Der Stoßdämpfer kann von Hand geprüft werden.

- Stoßdämpfer ausbauen.
- Stoßdämpfer senkrecht, in Einbaulage, halten. Am sinnvollsten stellt man ihn auf den Boden und hält ihn mit den Füßen fest. Dann Stoßdämpfer mehrere Male auseinanderziehen und zusammendrücken.
- Der Stoßdämpfer muß sich über den gesamten Hub gleichmäßig schwer und ruckfrei bewegen lassen. Eventuell mit einem neuen Dämpfer vergleichen.
- Defekte Dämpfer erkennt man auch während der Fahrt an Poltergeräuschen oder zu starkem Aufschwingen der Karosserie.
- Bei einwandfreier Funktion sind geringe Spuren von Stoßdämpferöl kein Grund zum Austausch. Bei großem Ölverlust läßt sich der Stoßdämpfer ruckweise zusammendrücken und/oder auseinanderziehen.
- Bei starkem Ölverlust Stoßdämpfer austauschen.
- Kolbenstange durch Augenschein prüfen. Bei Chromschäden Stoßdämpfer ersetzen.
- Es ist nicht erforderlich, bei nur einem defekten Dämpfer beide gemeinsam auszutauschen.

Die Längslenker-Vorderachse

Tragendes Element der Vorderachse ist der Vorderachskörper, der am Rahmenkopf mit vier Schrauben befestigt ist. Die Vorderräder sind durch Federstäbe einzeln abgefedert. In jedem Achsrohr ist ein Federpaket, das in der Mitte durch eine Haltenuß gegen Verdrehen und Verschieben gesichert ist. An den Traghebeln sind die Achsschenkel aufgehängt.

Bremstrommel und Radnabe sind in einem Stück gegossen. Die Radlagerung erfolgt durch zwei Kegelrollenlager. Zwei Teleskopstoßdämpfer dämpfen die Fahrzeugschwingungen.

Der Vorderachskörper ist mit 4 Schmiernippeln versehen, die alle 30000 km oder einmal im Jahr abgeschmiert werden müssen.

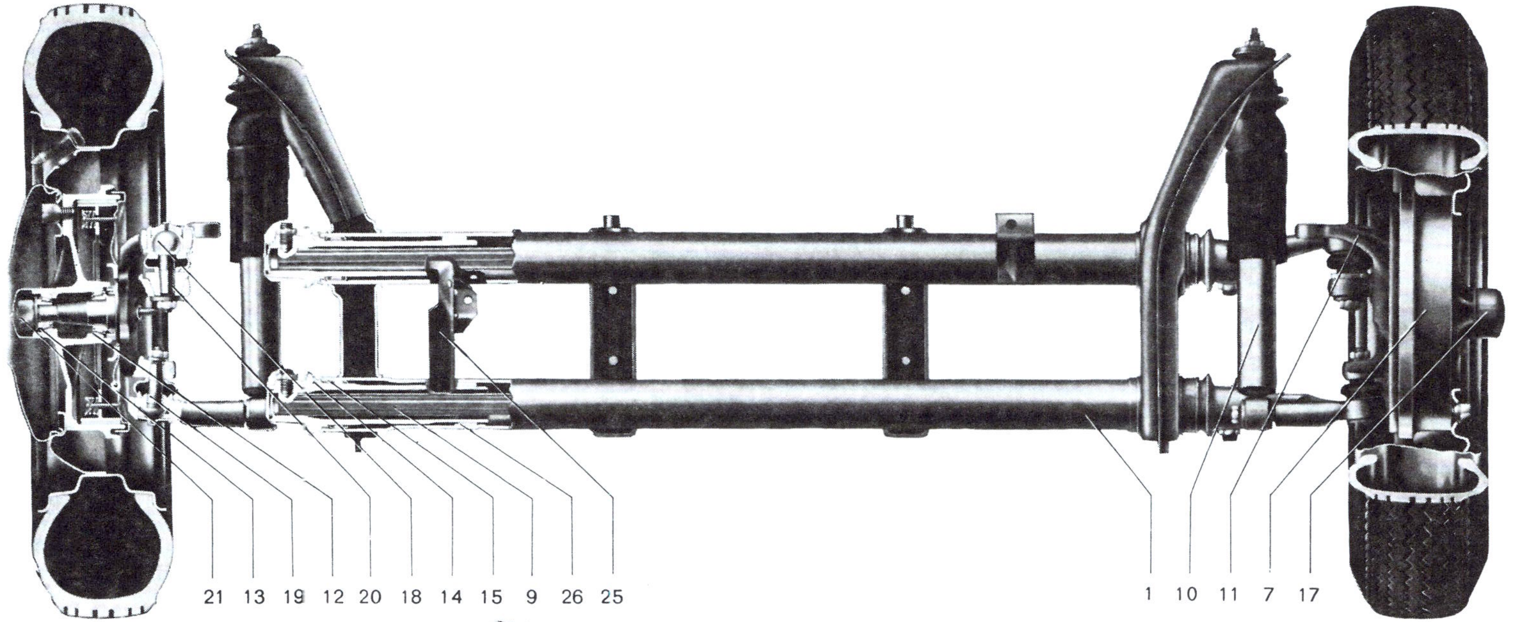

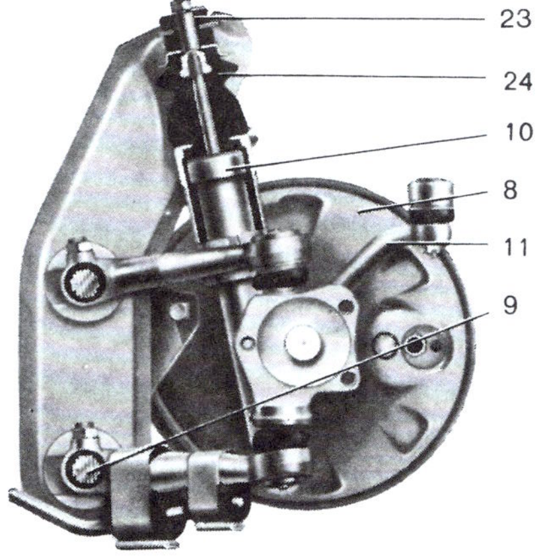

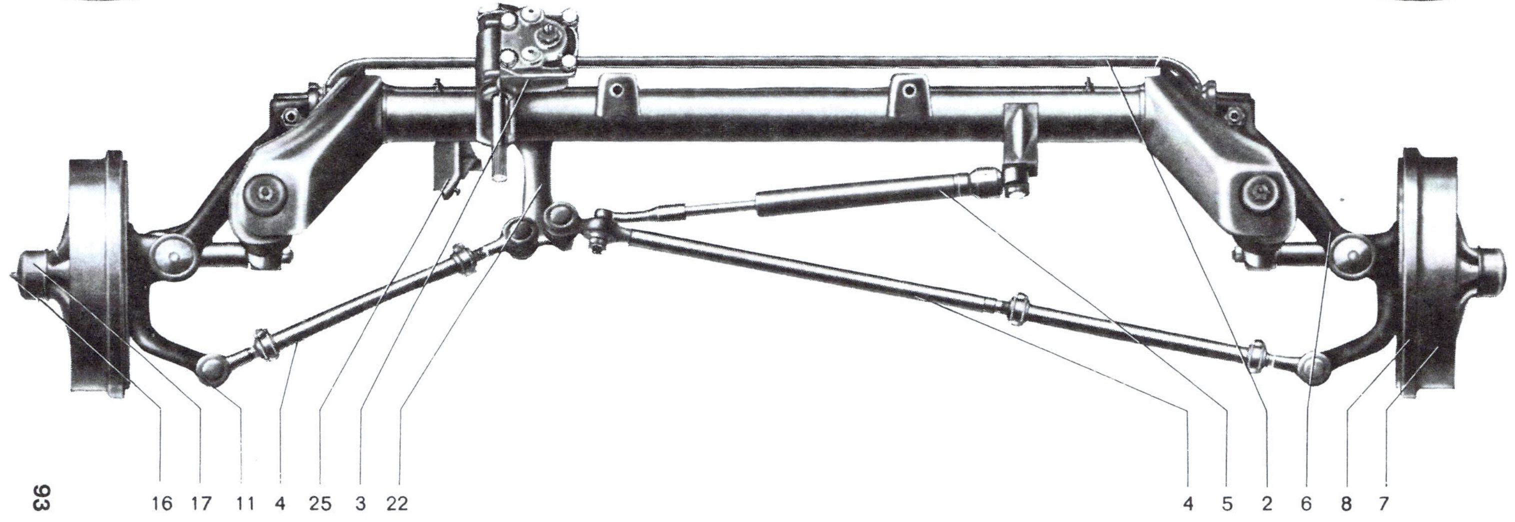

1 Vorderachskörper
2 Stabilisator
3 Lenkgetriebe
4 Spurstangen
5 Lenkungsdämpfer
6 Traghebel
7 Bremstrommel
8 Bremsträger
9 Federstab
10 Stoßdämpfer
11 Achsschenkel
12 Vorderradlager, innen
13 Vorderradlager, außen
14 Dichtring für Tragehebel
15 Nadellager für Tragehebel
16 Antriebswelle für Geschwindigkeitsmesser
17 Nabendeckel
18 Traggelenk, oben
19 Traggelenk, unten
20 Exzenterbuchse für Sturzeinstellung
21 Klemmutter für Radlagereinstellung
22 Lenkhebel
23 Dämpfungsring
24 Anschlaggummi
25 Lenkanschlag
26 Kunststoffsitz mit Metallbuchse

Achsschenkel aus- und einbauen

Ausbau

- Vorderräder lösen, Wagen aufbocken, Räder abnehmen.
- Scheibenbremsen: Halteblech für Bremsschlauch am Achsschenkel abnehmen. Bremssattel abschrauben und mit Draht aufhängen. **Achtung:** Vor Ausbau muß der Bremssattel auf Raumtemperatur abgekühlt sein.

40–312

- Am äußeren Spurstangengelenk Splint herausziehen, Mutter abschrauben, Gelenk ausdrücken.
- Nabendeckel an Bremstrommel bzw. -scheibe abziehen oder abschlagen, Klemmutter für Radeinstellung lösen und abschrauben. Bremsscheibe bzw. Bremstrommel abziehen.
- Bei Scheibenbremse: Abdeckblech abschrauben.
- Bei Trommelbremse: Bremsträger abschrauben und mit Draht aufhängen.
- Exzenterbuchse für Sturzeinstellung mit Spezialschlüssel (VW 179) lösen.

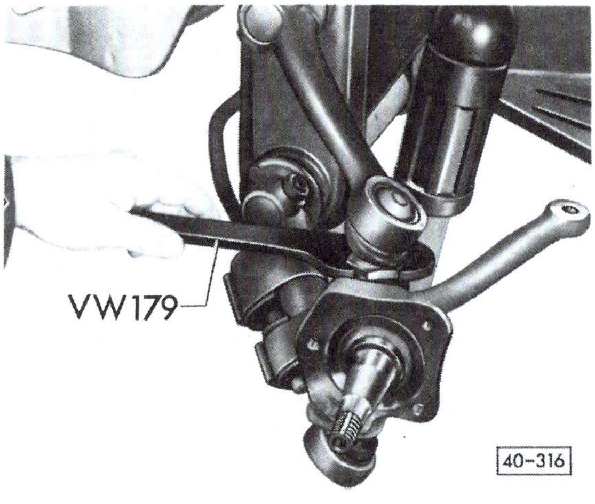

40–316

- Sechskantmutter am unteren Traggelenk abschrauben.

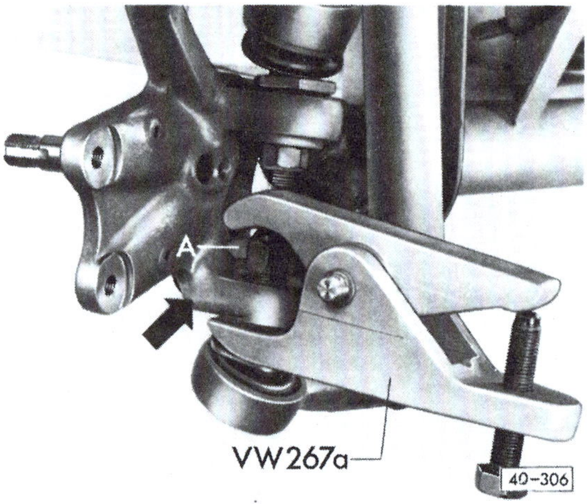

40–306

- Geeignete Hutmutter (A) bis Anschlag aufschrauben (nur leicht gegenziehen) und Traggelenk unter Verwendung einer Ausdrückvorrichtung (VW 267a) aus dem Achsschenkel herausdrücken. Gegebenenfalls bei gespannter Vorrichtung einige Prellschläge gegen das Auge des Achsschenkels (Pfeil) schlagen.

Achtung: Wird bei der Demontage die Gummi-Staubkappe am Achsgelenk beschädigt, ist es erlaubt, nur die Staubkappe zu ersetzen. Bevor die neue Staubkappe eingesetzt wird, Gelenk mit Mehrzweckfett nachfetten. Grundsätzlich Spannringe erneuern. Wird nach Entfernen der Staubkappe eine Verschmutzung des Fettes oder ein zu großes Axialspiel des Tragzapfens festgestellt, ist das Gelenk zu wechseln.

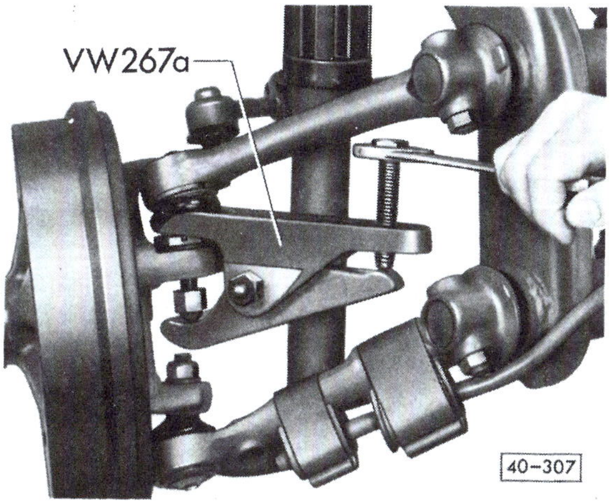

● Sechskantmutter am oberen Traggelenk abschrauben, Hutmutter aufschrauben. Traggelenk unter Verwendung einer Ausdrückvorrichtung (VW 267 a) herausdrücken. Die Vorrichtung stützt sich auf der Exzenterbuchse ab.

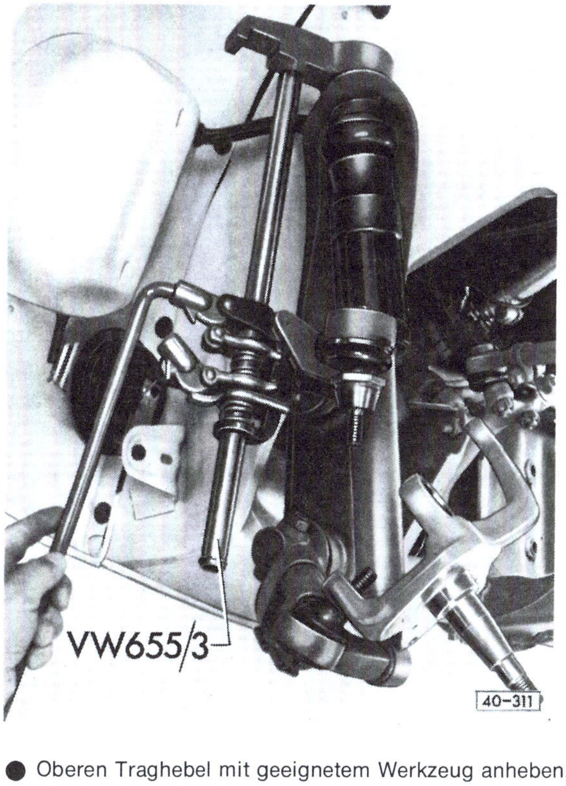

● Oberen Traghebel mit geeignetem Werkzeug anheben, bis sich der Achsschenkel herausnehmen läßt.

Einbau

● Vor dem Einbau Sitze für Vorderradlager auf Verschleiß und Maßhaltigkeit prüfen.

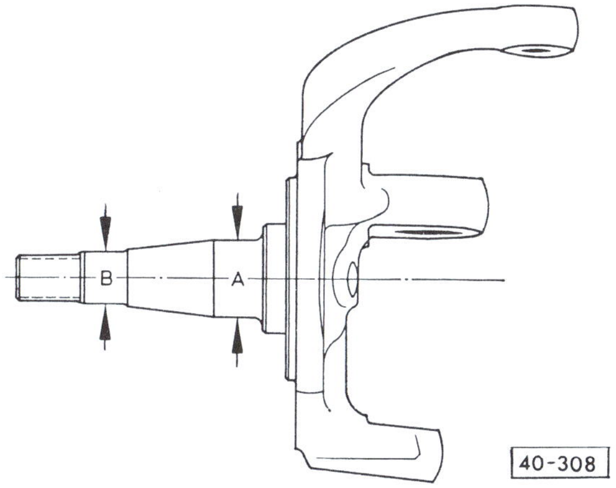

Äußeres Lager, Sitz A = 17,45–17,46 mm, äußeres Lager, Innen-∅ = 17,46–17,48 mm, inneres Lager, Sitz B = 28,99–29,0 mm, inneres Lager, Innen-∅ = 29,0–29,01 mm.

● Radlagerzapfen mit Anschlagwinkel und Schieblehre an drei Punkten am Umfang messen. Der Unterschied der gemessenen Werte darf nicht größer als 0,25 mm sein.

- Kerbe auf Exzenterbuchse für Sturzeinstellung zeigt in Fahrtrichtung nach vorn.
- Oberen Traghebel mit geeigneter Vorrichtung anheben und Achsschenkel einsetzen.
- Am oberen Traghebel große Unterlegscheibe unterlegen, am unteren Traggelenk kleine Unterlegscheibe unterlegen, für die Traggelenke neue selbstsichernde Muttern verwenden, Muttern mit 60 Nm (6,0 mkg) festziehen.
- Spurstange einsetzen, Kronenmutter fest anziehen, Mutter bis zum Splintloch weiterdrehen und versplinten.
- Bremsträger bzw. Abdeckblech für Bremsscheibe einbauen, siehe Seite 98.
- Bremsscheibe bzw. Bremstrommel einsetzen.
- Bremssattel für Scheibenbremse anschrauben, Schrauben mit neuem Sicherungsblech versehen und mit 40 Nm (4,0 mkg) festziehen. Sicherungsblech umschlagen.
- Vorderes Radlager einsetzen, Druckscheibe aufschieben, Klemmutter aufschrauben, Radlager einstellen, siehe Seite 100.
- Bremsschläuche nicht in sich verdreht einbauen.

Achtung: Falls der Bremsschlauch gelöst war, Bremse entlüften, siehe Seite 134.

- Sturz und Vorspur einstellen, siehe Seite 118.
- Räder aufschrauben, Wagen ablassen, Räder mit 130 Nm (13,0 mkg) festziehen.

Stoßdämpfer aus- und einbauen

Ausbau

- Vorderrad lösen, Wagen aufbocken, Rad abnehmen.
- Am unteren Traghebel Mutter für Stoßdämpfer abschrauben.

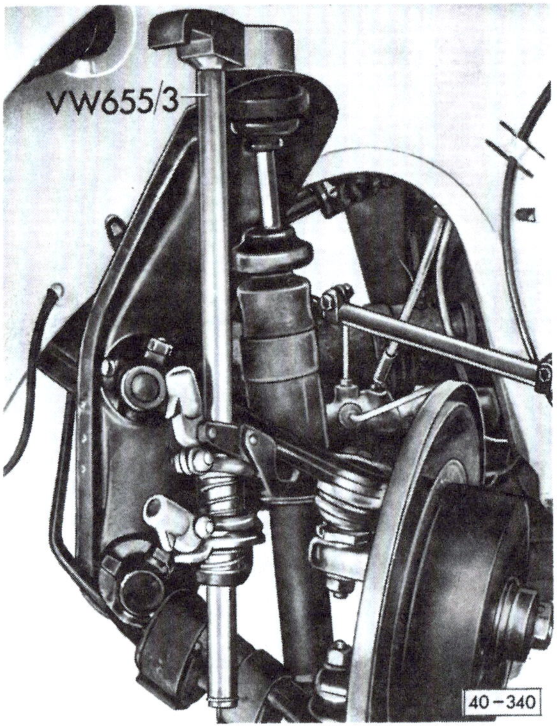

- Um Beschädigungen des Stoßdämpfers zu vermeiden, oberen Traghebel mit geeigneter Vorrichtung vorspannen. Man kann auch einen Rangierheber unter den unteren Traghebel stellen und diesen leicht anheben.
- Obere Mutter für Stoßdämpfer abschrauben und Stoßdämpfer herausnehmen.

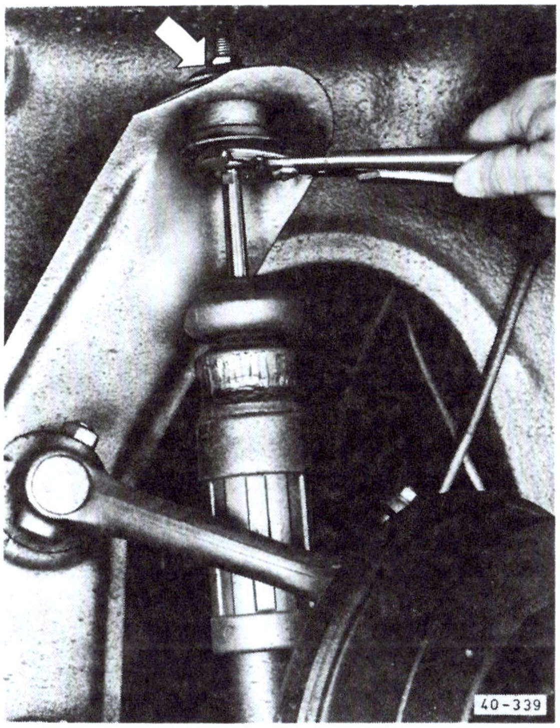

● Falls erforderlich, zum Lösen der Befestigungsmutter Anschlaggummi abziehen und Bolzen für Anschlaggummi mit Wasserpumpenzange festhalten.

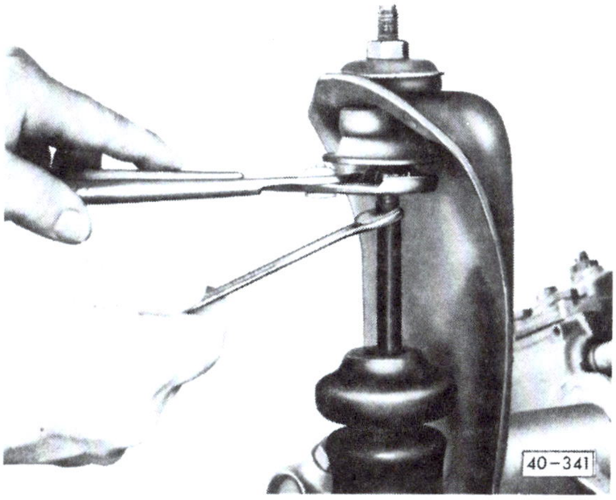

● Falls sich die Befestigungsmutter nicht abschrauben läßt, dann, wie die Abbildung zeigt, Bolzen für Anschlaggummi festhalten und Kolbenstange abschrauben.

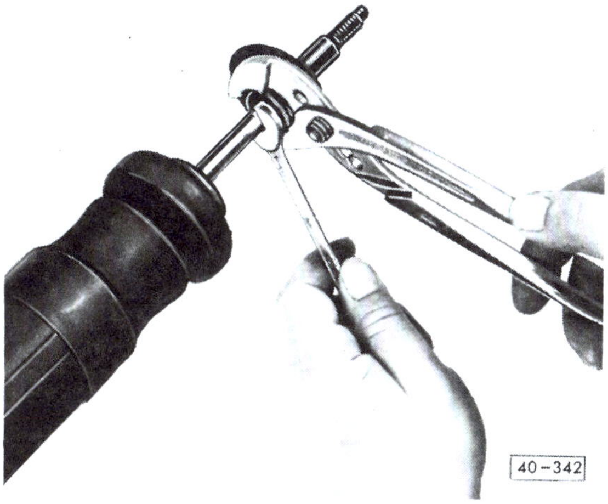

● Verschlissene Anschlaggummis auswechseln. Hierzu Anschlagbolzen, wie die Abbildung zeigt, abschrauben.

Einbau

● Vor dem Einbau Stoßdämpfer prüfen, siehe Seite 92.

● Stoßdämpfer einsetzen und unten auf den Bolzen schieben. Unterlegscheibe aufschieben, Mutter festziehen.

Achtung: Beim Einsetzen des Stoßdämpfers muß ein neues Dämpfungsgummi aufgelegt sein. Der Bund am Dämpfungsring zeigt nach oben.

● Oberen Dämpfungsring mit dem Bund nach unten auflegen, Teller für Dämpfungsring auflegen und Mutter für Stoßdämpfer aufschrauben (Anzugsmoment: 20 Nm, 2,0 mkg).

● Spannvorrichtung bzw. Rangierheber entfernen, Rad anschrauben, Wagen ablassen und Radschrauben mit 130 Nm (13,0 mkg) festziehen.

Radaufhängung vorn

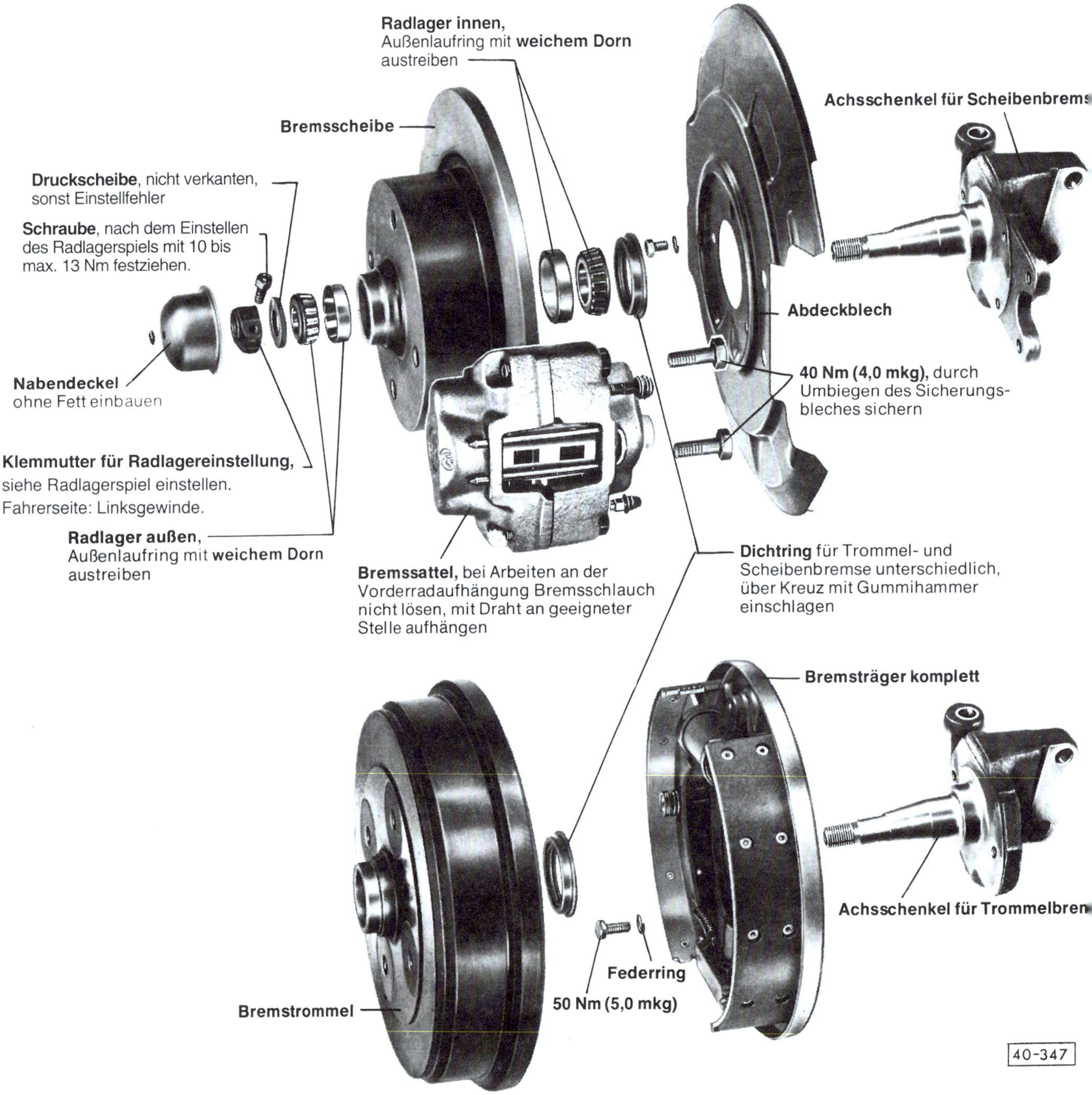

Bremstrommel/Bremsscheibe/ Radlager aus- und einbauen

Alle Hinweise gelten sowohl für die Federbein- als auch für die Längslenkervorderachse.

Ausbau

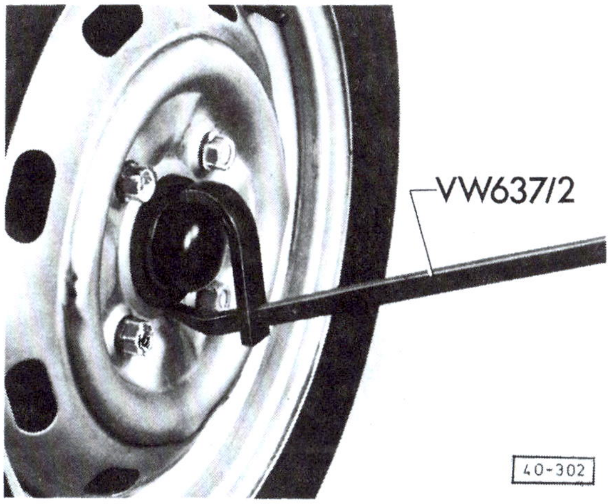

- Auf der linken Seite Sicherung für Tachowelle mit Schraubenzieher am Nabendeckel abhebeln. Nabendeckel mit Abziehvorrichtung oder Gummihammer abtreiben.

Bremsscheibe ausbauen

- Klemmschraube an Klemmutter lösen, Klemmschraube abschrauben, Druckscheibe abnehmen.
- Sicherungsbleche an den Schrauben für Bremssattel umbiegen, Schrauben herausdrehen, Bremssattel mit Draht aufhängen. **Achtung:** Nicht den Bremsschlauch lösen.
- Bremsscheibe abziehen. Gegebenenfalls kann jetzt auch das Abdeckblech abgeschraubt werden.

Bremstrommel ausbauen

- Klemmschraube an Klemmutter lösen, Klemmutter abschrauben, Druckscheibe abnehmen.
- Bremstrommel abziehen. Gegebenenfalls kann jetzt der komplette Bremsträger abgeschraubt werden.

Einbau

- Radlager mit Mehrzweckfett schmieren, hinten Dichtring überprüfen, gegebenenfalls mit Schraubenzieher heraushebeln und neuen über Kreuz mit Gummihammer einschlagen.

Bremsscheibe einbauen

- Falls abgenommen, Abdeckblech anschrauben.
- Bremsscheibe mit Radlager innen aufsetzen, Radlager (mit Mehrzweckfett einfetten) vorn einsetzen, Druckscheibe unverkantet einsetzen, Klemmutter aufschrauben und gefühlvoll anziehen.
- Bremssattel ansetzen, Schrauben mit neuem Sicherungsblech versehen. Schrauben mit 40 Nm (4,0 mkg) anziehen. Sicherungsblech so umschlagen, daß sich die Schrauben nicht mehr verdrehen können.
- Radlagerspiel einstellen, siehe Seite 100.
- Nabendeckel aufschlagen.

Bremstrommel einbauen

- Falls abgenommen, Bremsträger anschrauben. Schrauben mit Federringen einschrauben und mit 50 Nm (5,0 mkg) festziehen.
- Bremstrommel mit Lager innen (einfetten) aufschieben, Radlager außen einfetten und aufschieben, Druckscheibe unverkantet aufsetzen, Klemmutter für Radlagereinstellung gefühlvoll anziehen. Radlagerspiel einstellen, siehe Seite 100.
- Nabendeckel ohne Fett aufsetzen, auf der linken Seite Tachowelle durchschieben und mit Sicherungsring sichern.

Achtung: Falls der Bremsschlauch gelöst war, Bremse entlüften, siehe Seite 134.

- Rad aufsetzen, Wagen ablassen, Radschrauben mit 130 Nm (13,0 mkg) festziehen.

Radlagerspiel einstellen/prüfen

Einstellen

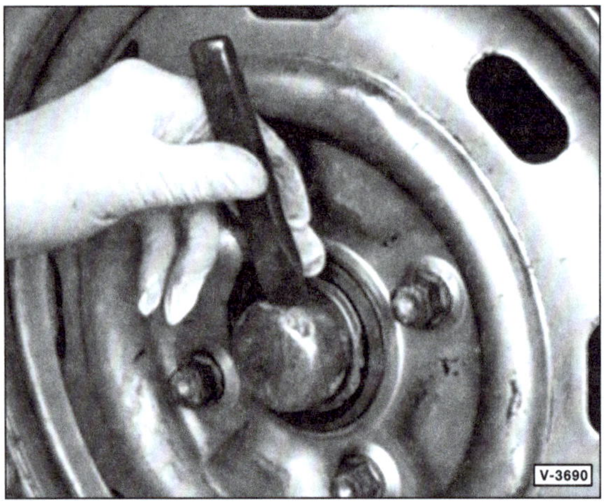

V-3690

- Wagen vorn aufbocken, Nabendeckel mit Abziehvorrichtung abziehen. Oder: Mit Hammer und Meißel abtreiben.
- Klemmschraube an Klemmutter lösen. Zum Nachstellen Klemmutter fest anziehen, dabei das Rad mit einer Hand unbedingt drehen, damit sich das Lager nicht verklemmt. **Achtung:** Die Klemmutter auf der Fahrerseite hat Linksgewinde.

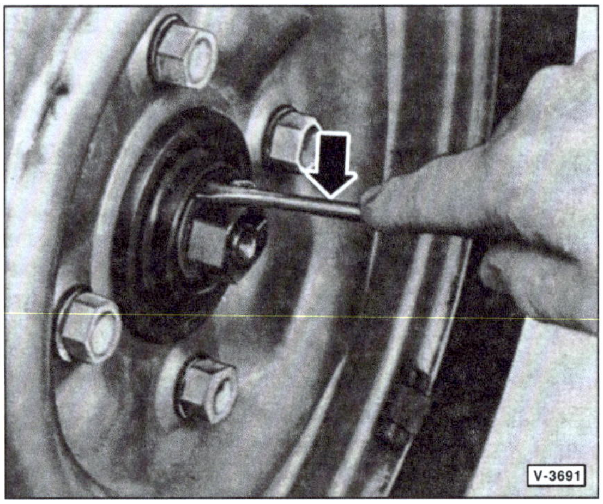

V-3691

- Das Radlagerspiel ist richtig eingestellt, wenn sich die Druckscheibe mit einem Schraubenzieher durch Fingerdruck, siehe Abbildung, noch verschieben läßt.

Achtung: Der Schraubenzieher darf dabei nicht abgestützt werden, keine Dreh- oder Hebelbewegungen anwenden!

Fahrzeuge mit Radlagermutter

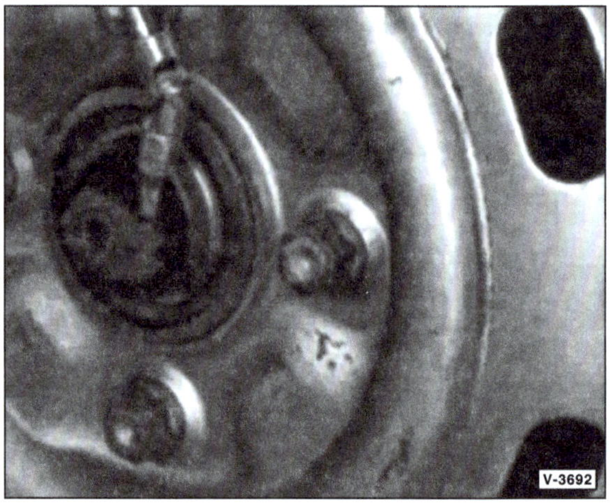

V-3692

- Klemmschraube an Radlagermutter lösen.
- Radlagermutter von Hand vorsichtig festschrauben, Dabei unbedingt das Vorderrad mit der anderen Hand drehen. Das Radlagerspiel ist richtig eingestellt, wenn sich das Rad leicht durchdrehen lässt. **Kontrolle:** Rad oben und unten anfassen und Rad kippen. Dabei darf kein Spiel spürbar sein.

Alle Fahrzeuge

- Klemmschraube an Klemmutter leicht festziehen; Anzugsmoment **13 Nm** (1,3 mkg).
- Nabendeckel aufschlagen, auf der linken Seite Tachowelle einschieben und sichern.

Die Hinterachse

Der VW Käfer hat je nach Modell eine Pendel- oder Schräglenker-Hinterachse. Bei der Pendelachse besteht die Verbindung zwischen Achsgetriebe und den Rädern aus 2 Halbachsen mit Achswellen, bei der Schräglenker-Hinterachse werden die Räder über zwei Gelenkwellen angetrieben. Bei beiden Achsen übernehmen Drehstäbe die Federung.

Radaufhängung hinten

(Pendelachse)

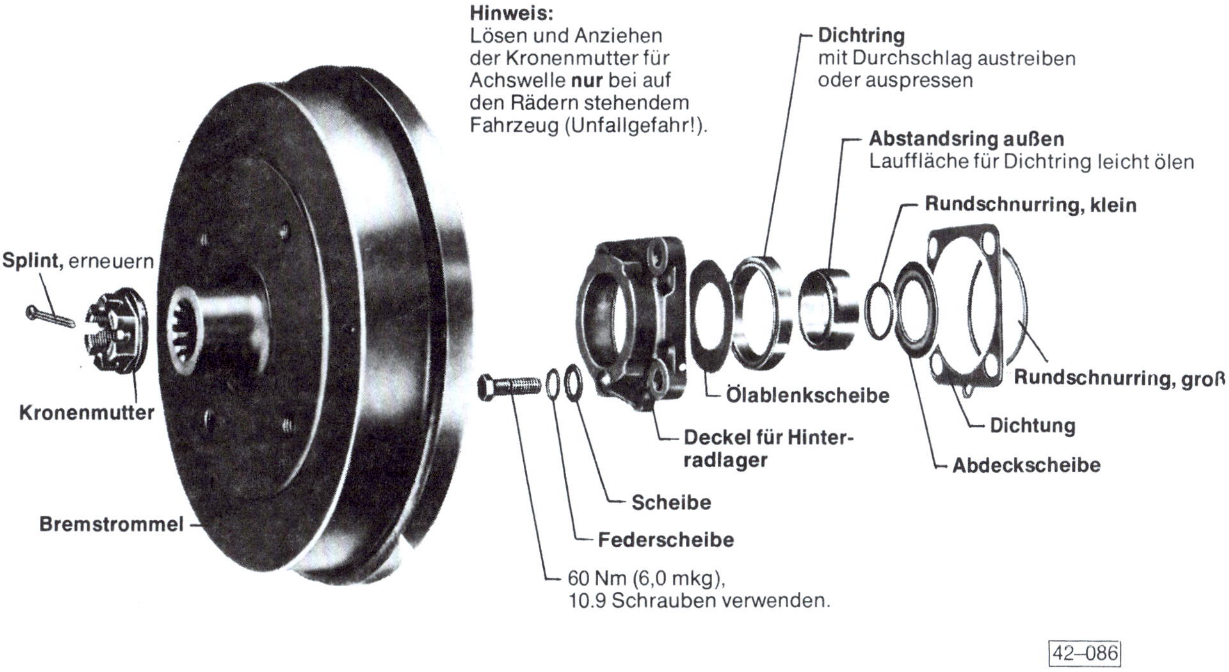

Bremstrommel hinten aus- und einbauen

Die Hinweise gelten für beide Achsen.

Ausbau

- Radschrauben lösen.
- Splint aus Achswelle herausziehen, Kronenmutter für Achswelle abschrauben. **Achtung:** Kronenmutter nur bei auf dem Boden stehenden Fahrzeug lösen.
- Fahrzeug hinten aufbocken.
- Bremsbacken ganz zurückstellen, siehe Seite 138.
- Falls sich das Rad mit Bremstrommel nicht von der Achswelle löst, muss die Bremstrommel mit einem geeigneten Abzieher abgezogen werden.
- Rad von Bremstrommel abnehmen.

Einbau

- Bremstrommel aufsetzen, Kronenmutter aufschrauben und leicht festziehen.
- Rad anschrauben, Schrauben über Kreuz anziehen.
- Hinterradbremse einstellen, siehe Seite 138.
- Fahrzeug ablassen.
- Radschrauben über Kreuz mit **130 Nm** festziehen.
- Kronenmutter mit **350 Nm** festziehen und mit **neuem** Splint sichern. Falls sich der Splint nicht durchstecken lässt, Kronenmutter weiter festziehen. In keinem Fall lösen!

Dichtring für Hinterradlager erneuern

Ausbau

- Bremstrommel ausbauen.
- Deckel für Hinterradlager abschrauben, Dichtring mit Durchschlag austreiben.

Achtung: Beim Lösen des Deckels läuft Öl aus, Behälter unterstellen.

Einbau

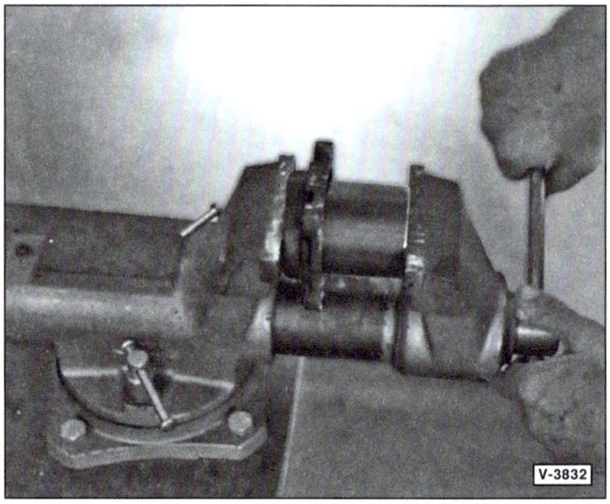

V-3832

- Ölablenkscheibe in Deckel für Hinterradlager einlegen. **Neuen** Dichtring in den Deckel einpressen; Rohrdurchmesser: 60 mm. Oder Dichtring eintreiben. Beim Eintreiben mit dem Hammer Holz unterlegen und Dichtring über Kreuz eintreiben.
- **Neue** Rundschnurringe und **neue** Dichtung für Deckel verwenden.
- Abstandsring außen auf der Lauffläche leicht einölen.
- Abdeckscheibe, kleinen Rundschnurring und Abstandsring aufschieben. Großen Rundschnurring und Dichtung aufschieben.

V-3833

- Deckel für Hinterradlager aufsetzen. **Achtung:** Die Öltropfnase –Pfeil– zeigt nach unten. Die Schrauben für Deckel mit Unterlegscheibe und Federring versehen. Schrauben mit **60 Nm** (6,0 mkg) festziehen.
- Bremstrommel aufsetzen.
- Ölstand in der Hinterachse überprüfen.

Federstab und Drehstab aus- und einbauen

(Pendelachse)

Ausbau

- Radschrauben lösen, Wagen waagerecht aufbocken, Rad abnehmen, Stoßdämpfer unten am Achsrohrflansch lösen.
- Schubstange, wo vorhanden, an Ausgleichfeder oben lösen.

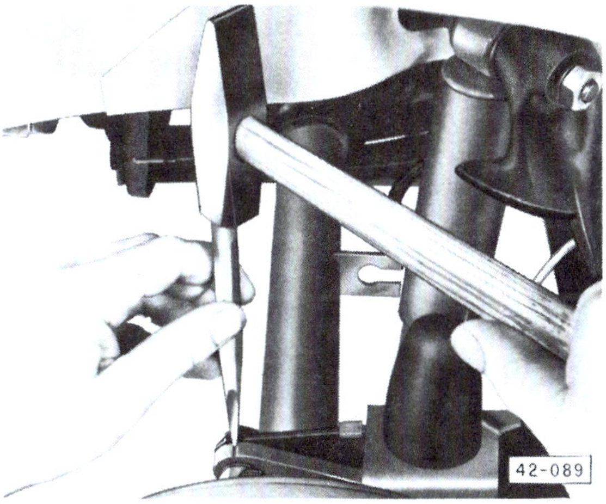

- Position des Achslagerflansches zur Federstrebe mit einem Meißel markieren. Lagerflansch von der Federstrebe abschrauben. Achsrohr nach hinten ziehen.

Achtung: Achse nicht herunterfallen lassen.

- Handbremsseile vorn am Handbremshebel ausbauen, siehe Seite 137.
- 5 der vorderen Befestigungsschrauben am Kotflügel herausschrauben.

- Deckel der Federstrebennabe abschrauben. Äußeres Gummilager abnehmen. Federstrebe mit Montierhebel abhebeln. Inneres Gummilager abnehmen.

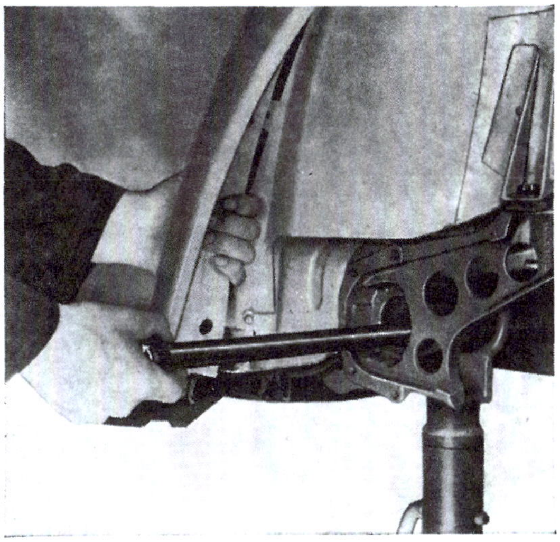

- Drehstab herausziehen. Dabei mit einer Hand den Kotflügel zur Seite drücken.

Einbau

- Drehstab auf Beschädigungen prüfen, nötigenfalls ersetzen. Beschädigte Stellen des Schutzanstriches am Federstab wieder mit Farbe auslegen, Verzahnung einfetten.

Achtung: Drehstäbe nicht vertauschen, da sie in entgegengesetzter Drehrichtung in sich verspannt sind. Kennzeichnung beachten: R beziehungsweise L auf der Stirnseite des Drehstabes. Auf gleichen Durchmesser der Drehstäbe achten.

- Drehstab in die Innenverzahnung im Querrohr einsetzen.
- Sturz einstellen, siehe Seite 121.
- Inneres Gummilager mit Talkum einsetzen. Federstrebe aufsetzen und einstellen, siehe Seite 104.
- Äußeres Gummilager mit Talkum einsetzen.

Achtung: Bei dem Gummilager muß der stärkere Querschnitt, der mit „oben" bezeichnet ist, stets nach oben zeigen.

- Deckel für Federstrebe aufsetzen und alle 4 Schrauben mit Federringen gleichmäßig mit 40 Nm (4,0 mkg) festziehen. Gegebenenfalls Deckel mit 2 längeren Schrauben diagonal heranziehen.
- Anlagefläche zwischen Federstrebe und Achsrohrlagerflansch sorgfältig reinigen. Federstrebe mit einer Spannvorrichtung anheben, daß die Unterkante über dem unteren Anschlag anliegt.

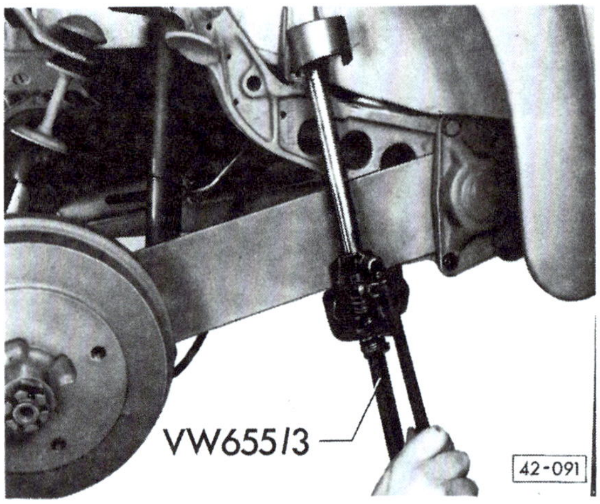

- Achsrohrlagerflansch unter Beachtung der Positionsmarkierung an der Federstrebe anschrauben, Federringe nicht vergessen, Schrauben mit 110 Nm (11,0 mkg) festziehen. Stoßdämpfer und Schubstange für Ausgleichfeder (wo vorhanden) festschrauben.

- Handbremsseile einschieben und einstellen, siehe Seite 137.

Achtung: Wurde die Federstrebe erneuert, muß die Spur neu eingestellt werden.

- Rad aufschrauben, Wagen ablassen, Radschrauben mit 130 Nm (13,0 mkg) festziehen.

Federstreben einstellen

- Bei Wagen mit höherer Kilometerleistung sind beide Federstreben einzustellen. Den vorschriftsmäßigen Einstellwinkel für den jeweiligen Wagentyp bitte der Tabelle entnehmen.

- Eingestellt wird der Einstellwinkel durch die unterschiedliche Zähnezahl der inneren und äußeren Kerbverzahnung des Drehstabes. Er hat innen 40 Zähne und außen 44 Zähne. Wird der Drehstab innen um einen Zahn verdreht, so ergibt sich eine Verstellung um 9°. Wird die Federstrebe um einen Zahn verdreht, so ergibt sich eine Verstellmöglichkeit um 8° 10′. Wird die Federstrebe außen um einen Zahn nach rechts und der Drehstab innen um einen Zahn nach links verdreht, so ergibt sich die geringste Verstellmöglichkeit von 0° 50′.

- Zum Einstellen der Federstreben verwenden die Werkstätten das Winkelmeßgerät VW 261. Das Gerät wird zunächst im Türausschnitt angesetzt und so eingestellt, daß die Luftblase der mit „Achskörper-Winkel“ gekennzeichneten Wasserwaage in Mittelstellung steht.

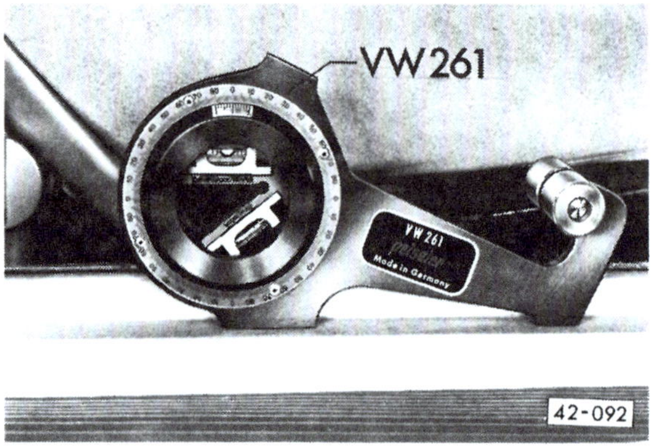

- Dann wird die Waage um den für das betreffende Fahrzeug geltenden Wert (siehe Tabelle) für den Federstrebenwinkel verdreht. Mit dieser Wasserwaagen-Einstellung wird das Winkelmeßgerät auf die unbelasteten Federstreben aufgelegt, wobei eventuelles Spiel in der Federstrebenlagerung durch leichtes Anheben der Federstrebe ausgeschaltet wird.

- Die richtige Einstellung der Federstrebe ergibt sich, wenn nun die Luftblase der mit „Achskörper/Winkel“ gekennzeichneten Wasserwaage wiederum in Mittelstellung gerät.

Achtung: Weicht die Luftblase um einen Teilstrich aus der Mittelstellung ab, so entspricht dies einer Winkelabweichung von 50′.

- Beispiel einer Federstrebeneinstellung:
  Einstellung des Meßgerätes im Türausschnitt 40′.
  Winkel für Federstrebeneinstellung zum Beispiel + 17° 30′ (+ 40′) = 18° 10′.

  Gemessener Neigungswinkel der Federstrebe 16° 50′.
  Differenz zwischen 18° 10′ und 16° 50′ = 1° 20′.
  1° 20′ × 80′ : 50 × 1 (Rest 30′).

  Da in diesem Fall die Ausgangsstellung der Federstrebe zu flach war, werden die verbleibenden 30′ auf 50′ aufgerundet, so daß Drehstab und Federstrebe um zwei Zähne gegeneinander versetzt werden müssen. Bei zu steiler Ausgangsstellung der Federstrebe wird der Rest vernachlässigt.

Ausgleichfeder aus- und einbauen

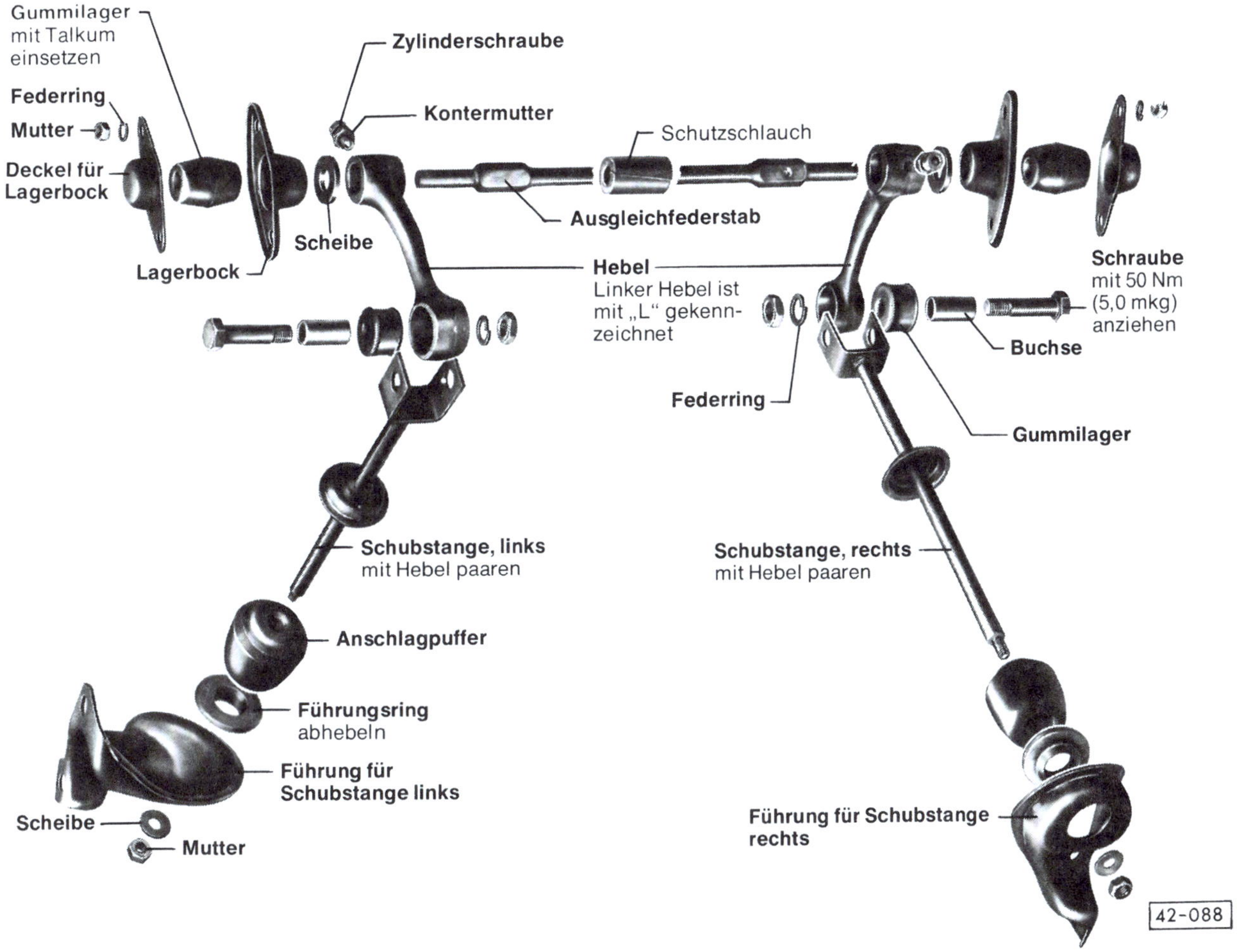

Ausbau

- Räder lösen, Wagen hinten aufbocken, Räder abnehmen.
- Muttern an den unteren Schubstangen abschrauben.
- Schubstangen an den Hebeln oben abschrauben und herausnehmen.
- Deckel für Lagerbock abschrauben, Lagerbock auf rechter Seite mit Gummilager abnehmen.
- Kontermuttern und Innensechskantschrauben für die Hebelbefestigung auf dem Ausgleichfederstab einige Umdrehungen lösen, Hebel abnehmen. Ausgleichfeder mit Hebel nach rechts herausnehmen.

Einbau

- Zunächst Federstab, Gummilager, Dämpfungsringe und Gummipuffer prüfen, gegebenenfalls erneuern. Federstab einschieben.
- Hebel auf den Federstab aufschieben. Der linke Hebel ist mit einem „L“ gekennzeichnet. **Achtung:** Der linke Hebel muß nach hinten unten zeigen und die Klemmschraube nach vorn. Rechten Hebel spiegelbildlich montieren.
- Klemmschraube festziehen und kontern. Lagerböcke und Gummilager montieren. Gummilager mit Talkum einpudern, Scheibe zwischen Lagerbock und Hebel nicht vergessen.

Achtung: Die beiden Lagerböcke werden spiegelbildlich eingebaut, so daß die Schräglage des Federstabes zu den Seitenteilen ausgeglichen wird.

- Schubstangen einbauen, siehe Übersichtsfoto 42–088 auf Seite 105.
- Räder aufschrauben, Wagen ablassen, Radschrauben mit 130 Nm (13,0 mkg) festziehen.

Stoßdämpfer aus- und einbauen

Ausbau

- Wagen hinten aufbocken.
- Untere Stoßdämpferschraube herausschrauben, Mutter gegenhalten, Schraube herausziehen.
- Obere Stoßdämpferschraube herausschrauben.

Einbau

- Stoßdämpfer vor dem Einbau prüfen, siehe Seite 92.
- Erst Stoßdämpfer oben, dann unten anschrauben. Federringe nicht vergessen!
- Wagen abbocken.

Radaufhängung hinten (Schräglenkerachse)

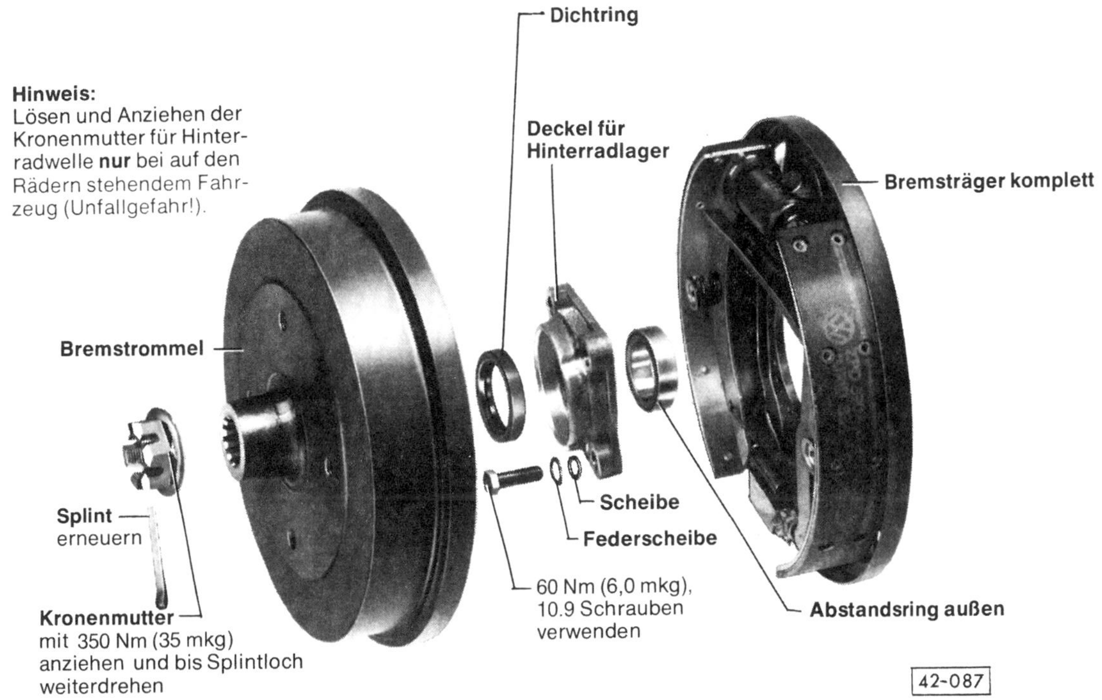

Dichtring für Radlager erneuern

Ausbau

- Bremstrommel ausbauen, siehe Seite 102.
- 4 Schrauben für Hinterrad-Lagerdeckel herausschrauben, Deckel herausnehmen.
- Mit Montierhebel Dichtring heraushebeln.

Einbau

- Neuen Dichtring mit Presse einpressen oder mit Hammer über Kreuz einschlagen. Dabei Holzunterlage verwenden. Lippe des Dichtringes mit Mehrzweckfett füllen.
- Lagerdeckel ansetzen, Abstandsring nicht vergessen, Schrauben mit 60 Nm (6,0 mkg) festziehen.

Achtung: Nur Schrauben der Güteklasse 10.9 verwenden.

- Bremstrommel einbauen, siehe Seite 102.

Gelenkwelle aus- und einbauen
Schutzhülle erneuern
Gelenk erneuern

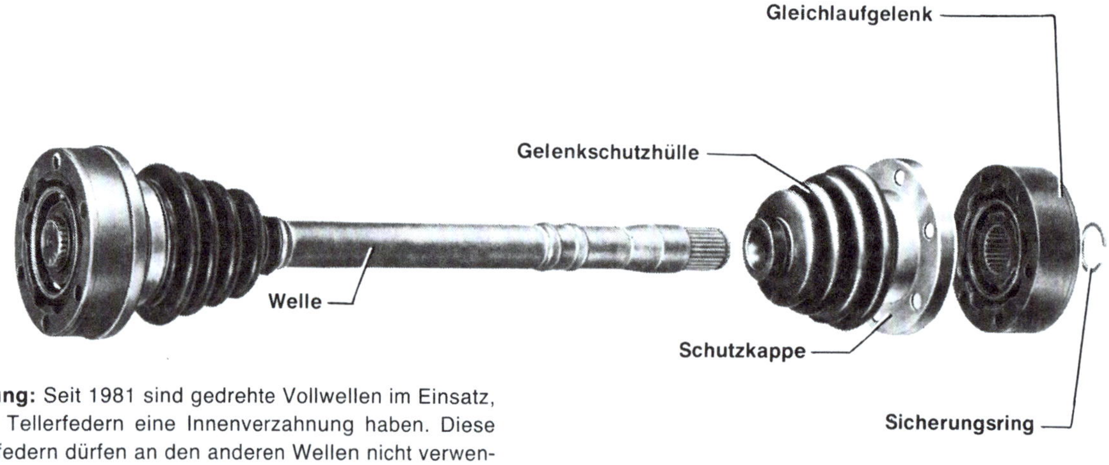

40-191

Achtung: Seit 1981 sind gedrehte Vollwellen im Einsatz, deren Tellerfedern eine Innenverzahnung haben. Diese Tellerfedern dürfen an den anderen Wellen nicht verwendet werden. Die Tellerfeder ist an jeder Gelenkwelle 2mal jeweils zwischen Gleichlaufgelenk und Welle zu montieren. Die gedrehten Vollwellen erkennt man an 5 umlaufenden Rillen an jeder Seite.

Ausbau

Defekte Gelenkschutzhüllen sind sofort zu erneuern, da sonst das Lager in Mitleidenschaft gezogen wird. Defekte Gleichlaufgelenke, die sich durch Geräusche oder Lastwechselschlagen bemerkbar machen, komplett erneuern.

- Wagen hinten aufbocken.

- Innensechskantschrauben an beiden Gelenken herausschrauben, Gelenkwelle herausnehmen.

Achtung: Die Gelenke dürfen nicht mit Schmutz in Berührung kommen.

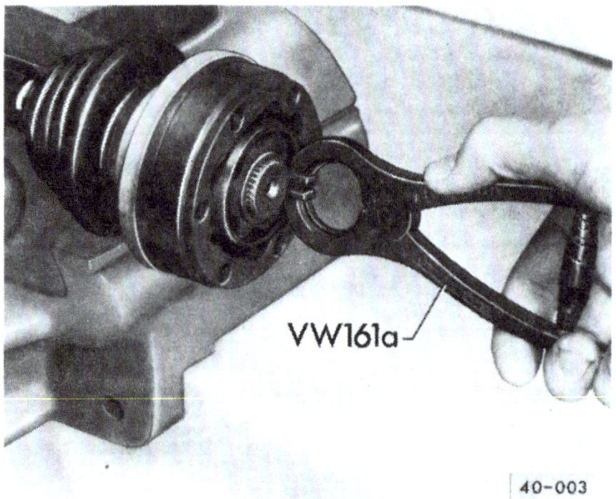

40-003

- Sicherungsring mit Sprengringzange abnehmen.

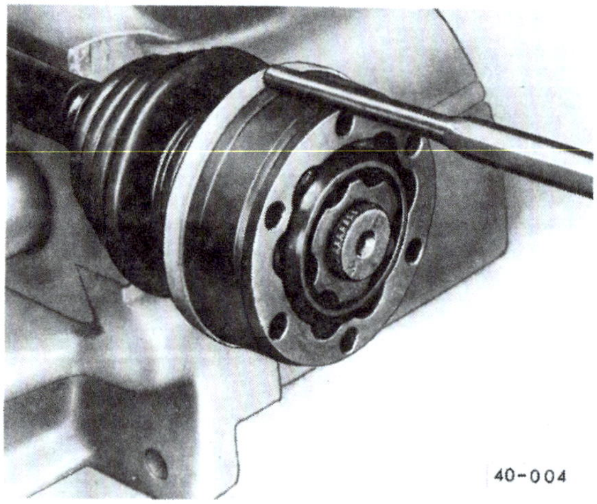

40-004

- Schutzkappe vom Gleichlaufgelenk mit Durchschlag abtreiben.

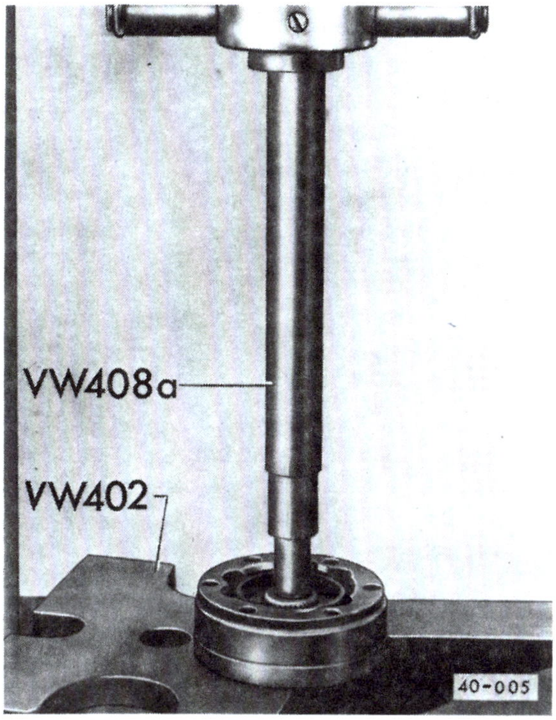

- Gleichlaufgelenk mit geeigneter Presse abpressen, Schutzkappe abnehmen.

Einbau

Achtung: Von jeder Seite müssen in das saubere Gelenk 45 Gramm MoS_2-Schmierfett eingedrückt werden. Beim Erneuern der Gelenkschutzhülle Gelenk gegebenenfalls nachfetten.

- Vor dem Einbau Gelenkschutzhülle auf Risse und Scheuerstellen untersuchen, gegebenenfalls erneuern.
- Gelenkschutzhülle aufschieben, Gleichlaufgelenk auf die Welle aufpressen. Gleichzeitig Sicherungsring in die Nut einsetzen. Gegebenenfalls Sicherungsring mit Zange nachdrücken.
- Schutzkappe auf Gleichlaufgelenk auftreiben, hinten mit Schlauchbinder sichern.
- Gelenkwelle einsetzen, Unterlegscheiben unter die Innensechskantschrauben legen, Schrauben mit 45 Nm (4,5 mkg) festziehen.

Die Lenkung

Je nach Käfer-Modell ist eine in ihrem Aufbau recht unterschiedliche Lenkung eingebaut, und zwar ist der VW 1200 mit einer Rollenlenkung bestückt, während beim VW 1303 eine Zahnstangenlenkung zum Einsatz kommt.

Die Besonderheit der Rollenlenkung liegt darin, daß sie nur in einem bestimmten Bereich um die Mittelstellung spielfrei ist. Bei größeren Lenkeinschlägen im Stand wird das Spiel zwischen Lenkrolle und Lenkspindel größer. Im Fahrbetrieb tritt dieses größere Spiel infolge der hohen Rückstellkräfte nicht mehr auf.

Das Lenkgetriebe ist mit 160 cm³ Getriebefließfett bzw. einem Hypoidöl SAE 90 gefüllt. Das Hypoidöl soll bis zum unteren Rand der Einfüllöffnung reichen.

Lenkung VW 1200

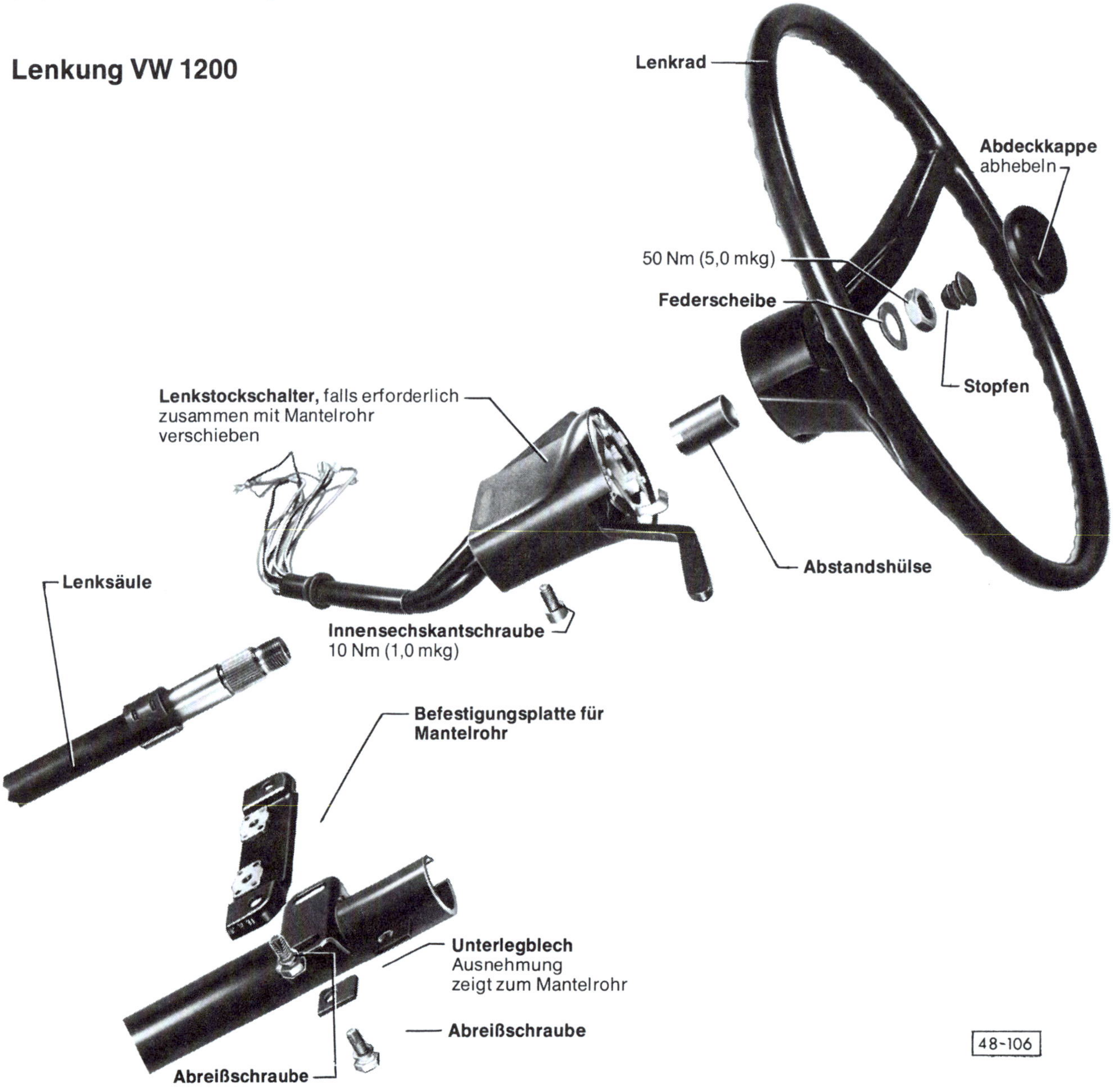

Lenkung VW 1303

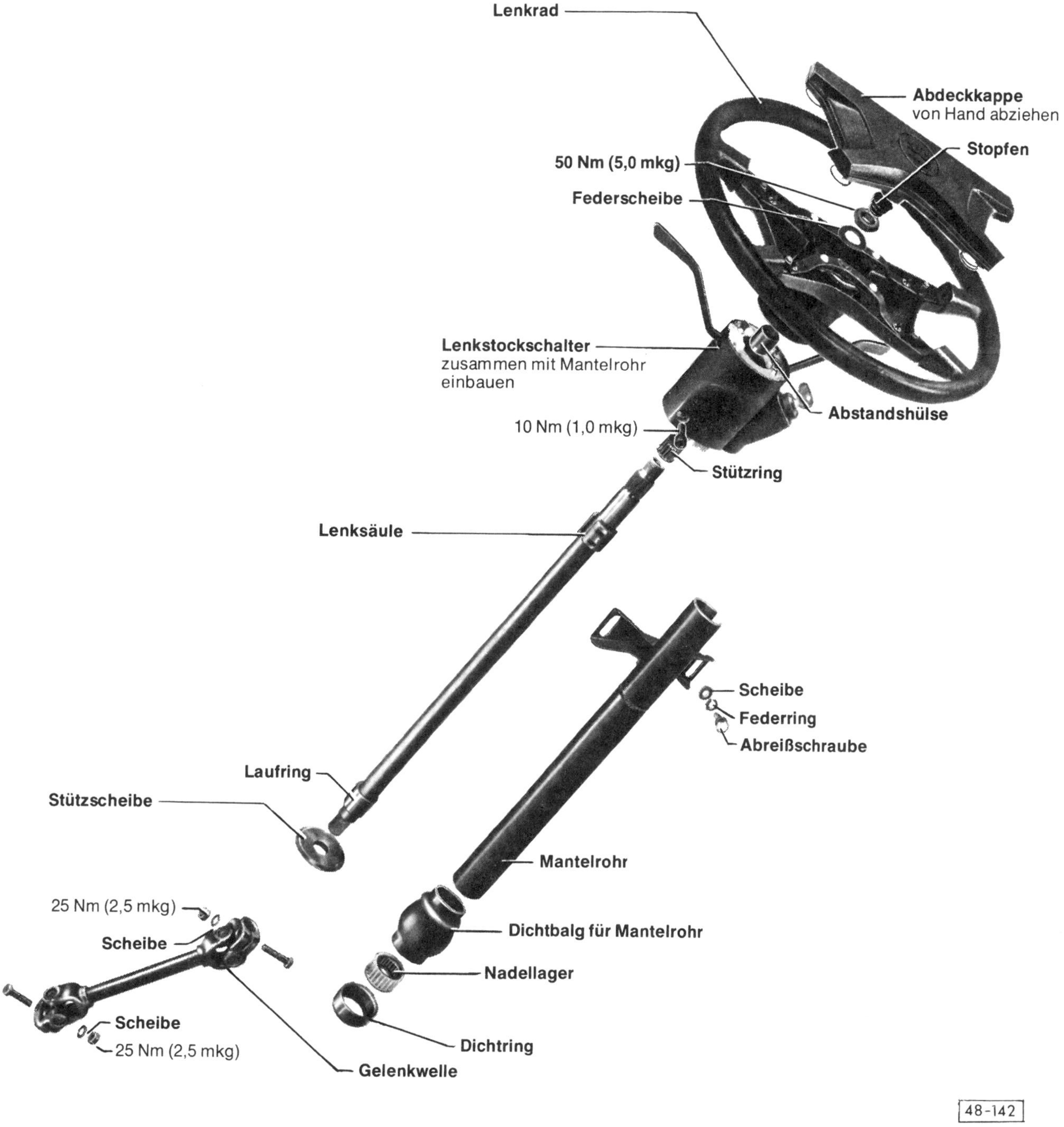

Lenkrad aus- und einbauen

Ausbau

- Räder in Geradeausstellung bringen.
- Abdeckkappe mit Schraubenzieher abhebeln, Stopfen herausziehen.
- Sechskantmutter herausschrauben, Lenkrad mit der Hand von der Verzahnung abschlagen.

Einbau

- Lenkrad bei Geradeausstellung der Räder aufsetzen. Darauf achten, daß die Lenkradspeichen waagerecht stehen. Der Blinkerhebel muß in Nullstellung stehen.
- Federscheibe auflegen und Mutter aufschrauben. Mutter mit 50 Nm (5,0 mkg) festziehen.
- Stopfen einsetzen, Abdeckkappe aufsetzen.

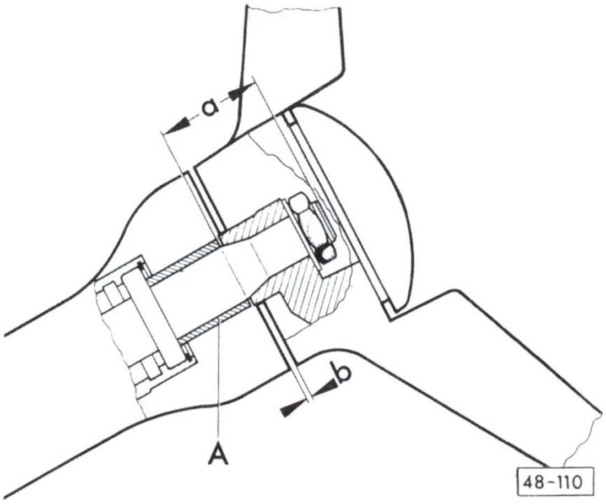

A = Abstandshülse
a = 41,5 mm
b = 2 bis 4 mm

- Abstandshülse so weit auf die Lenksäule auftreiben, bis ein Abstand von Stirnseite Lenksäule bis Stirnseite Hülse von 41,5 mm erreicht ist.

- Bei richtigem Abstand der Hülse muß sich zwischen Lenkradnabe und Lenkstockschalter ein Spiel von 2 bis 4 mm ergeben.
- Lenkrad einbauen, Batterie-Massekabel anklemmen.

Lenkstockschalter aus- und einbauen

Ausbau

- Batterie-Massekabel abklemmen.
- Lenkrad ausbauen.
- Alle Leitungsverbindungen zum Lenkstockschalter abklemmen.
- Innensechskantschraube unten am Lenkstockschalter herausdrehen.
- Abstandshülse mit Schraubenzieher abhebeln.
- Lenkstockschalter nach oben herausziehen.

Einbau

- Lenkstockschalter aufschieben, alle elektrischen Leitungen nach Stromlaufplan anschließen.
- Innensechskantschraube für Lenkstockschalter einschrauben.

Lenkungsdämpfer prüfen / aus- und einbauen

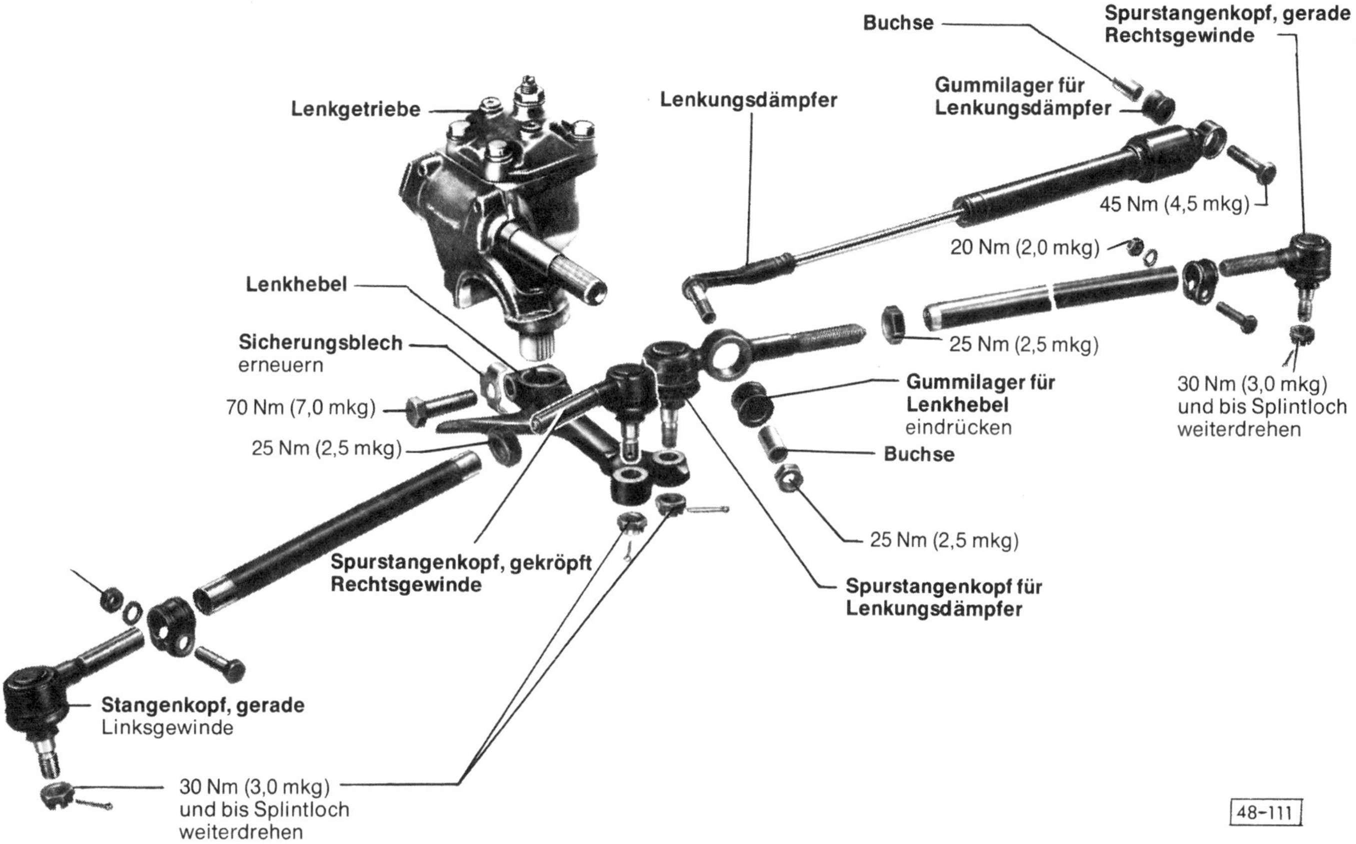

Ausbau

- Wagen vorn aufbocken.
- Lenkungsdämpfer von Aufbau und Spurstange abschrauben.
- Lenkungsdämpfer herausnehmen.

Prüfen

- Lenkungsdämpfer in Einbaulage (waagerecht) halten und durch Auseinanderziehen und Zusammendrücken prüfen, ob er sich über den gesamten Hub gleichmäßig schwer und ruckfrei bewegen läßt. Die Zug- und Druckdämpfung muß bis zur Endstellung deutlich spürbar sein, sonst Dämpfer austauschen.

Einbau

- Vor dem Einbau Stoßdämpferbuchsen überprüfen, gegebenenfalls neue einpressen.
- Stoßdämpfer einsetzen und Schraube am Aufbau mit 45 Nm (4,5 mkg) und an der Spurstange mit 25 Nm (2,5 mkg) festziehen.

Spurstange aus- und einbauen

Ausbau

- Radschrauben lösen, Wagen vorn aufbocken, Räder abnehmen.
- An den Spurstangenköpfen Splinte herausziehen und Muttern abschrauben. Beim Ausbau der rechten Spurstange vorher Lenkungsdämpfer ausbauen.

- Spurstangengelenk mit Ausdrücker ausdrücken. Spurstange herausnehmen.

Einbau

- Spurstangen auf Verbiegung, Spurstangenköpfe auf Verschleiß und Schwergängigkeit, Staubkappen auf Beschädigung prüfen. – **Achtung:** Verbogene Spurstangen dürfen nicht gerichtet werden, sie sind durch neue zu ersetzen. Mangelhafte Spurstangenköpfe vollständig ersetzen.
- Beide Spurstangen so einbauen, daß das Linksgewinde in Fahrtrichtung nach links zeigt. Falls eine neue Spurstange eingebaut wird, vorher die neue Spurstange auf die Länge der alten Spurstange bringen (Spurstangenköpfe rein- bzw. rausdrehen).
- Spurstange einsetzen, Mutter mit 30 Nm (3,0 mkg) festziehen. Gegebenenfalls Mutter weiterdrehen, bis sich der Splint durchstecken läßt. Mutter – auf jeder Seite – versplinten, Splint umschlagen.
- Spurstangenköpfe zueinander ausrichten. Hierbei Muttern an den Klemmschellen beziehungsweise Sechskantmuttern für die Kegelringe lösen, beide Köpfe einer Spurstange in gleicher Richtung nach vorn oder nach hinten bis zum Anschlag kippen. In dieser Stellung Muttern für die Kegelringe beziehungsweise Klemmschellen wieder festziehen und gegebenenfalls sichern. Lenkungsdämpfer an der Spurstange befestigen und Vorspur einstellen.
- Räder anschrauben, Wagen ablassen, Radschrauben mit 130 Nm (13,0 mkg) festziehen.
- Spur prüfen, siehe Seite 120.

Rollenlenkgetriebe prüfen und einstellen

Prüfen

- Wagen auf den Vorderrädern stehen lassen, Vorderräder in Geradeausstellung bringen.
- Lenkrad mit einem Finger am Ende der Lenkradspeiche leicht hin- und herbewegen. Hierbei darf das Spiel, das aus der Einstellung des Lenkgetriebes und aus Spurstangen-Lagerung und Lenkungskupplung resultiert, maximal 15 mm – gemessen am Lenkrad-Umfang – betragen (etwa Daumenbreite).

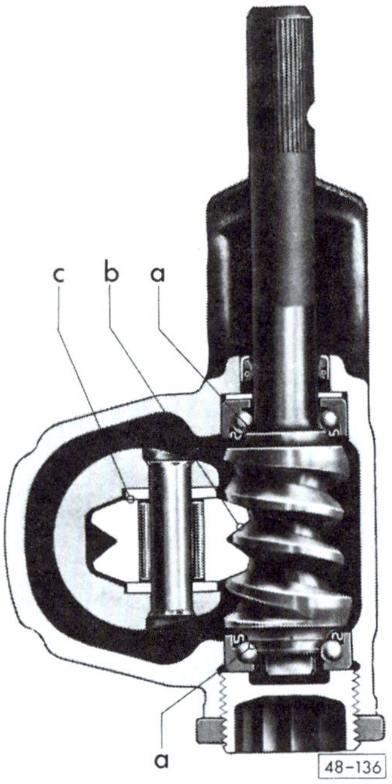

a Axialspiel der Lenkspindel
b Spiel der Lenkrolle zur Lenkspindel
c Axialspiel der Lenkrolle

Nachstellen

Achtung: Vor dem Einstellen des Lenkgetriebes unbedingt den Festsitz der Befestigungsschrauben für den Lenkgehäusedeckel (25 Nm, 2,5 mkg) und das Lenkgetriebe am Vorderachskörper (30 Nm, 3,0 mkg) prüfen. Gegebenenfalls Schrauben nachziehen.
Ist das Spiel zu groß, können drei Ursachen vorliegen, die in der angegebenen Reihenfolge zu beheben sind:

1. Axialspiel der Lenkspindel korrigieren

- Das Axialspiel der Lenkspindel wird durch Hin- und Herbewegen der Lenkspindel an der Gelenkscheibe festgestellt. Der Wagen muß dazu vorn angehoben werden. Zeigt sich Spiel, so läßt es sich folgendermaßen beheben.

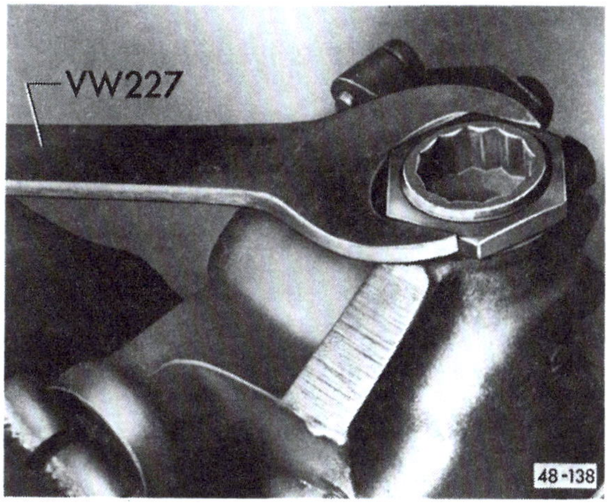

- Kontermutter für Nachstellschraube lösen, Lenkung dazu ganz nach rechts oder links einschlagen.

- Lenkspindel an der Lenkungskupplung hin- und herbewegen, dabei Nachstellschraube so lange festziehen, bis kein Spiel mehr fühlbar ist.

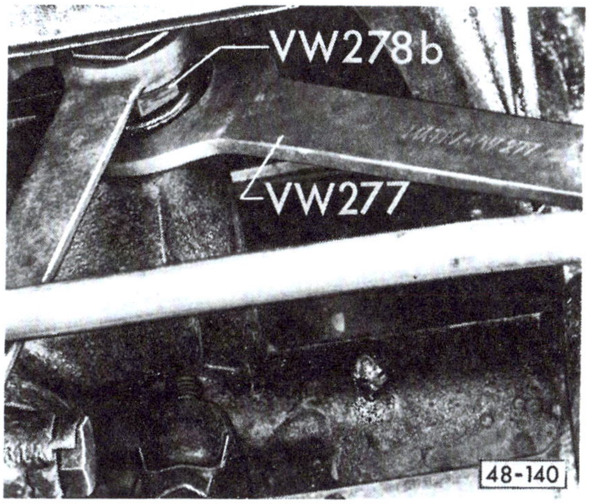

- Nachstellschraube festhalten und Kontermutter festziehen.
- Lenkspindel von Anschlag zu Anschlag durchdrehen. Dabei darf kein starkes Haken in den Lagern spürbar sein. Bei starkem Haken ist die Nachstellschraube zu fest angezogen. Die Einstellung muß dann berichtigt werden.

2. Spiel der Lenkrolle zur Lenkspindel korrigieren

Hat die Lenkung nach dem Einstellen der Lenkspindel noch unzulässiges Spiel, so ist die Lenkrolle zur Lenkspindel einzustellen. Dabei kann der Wagen aufgebockt werden; beim Prüfen ist er auf die Räder zu stellen.

- Lenkung in Mittelstellung bringen und dann das Lenkrad um 90° nach links oder rechts drehen.

- Die Einstellschraube ist durch den Handlochdeckel vom Kofferraum zugänglich.
- Kontermutter der Einstellschraube für die Lenkrollenwelle lösen und Einstellschraube um etwa eine Umdrehung herausdrehen. Dann die Einstellschraube so weit hineindrehen, bis geringfügiger Widerstand durch das Anlegen der Lenkrolle an die Lenkspindel spürbar ist. Einstellschraube festhalten und Kontermutter mit 2,2 bis max. 2,5 mkg festziehen.
- Anschließend Wagen auf die Räder stellen und die Einstellung überprüfen. Dabei wird das Lenkrad aus der Mittelstellung um 90° nach der einen, dann nach der anderen Seite eingeschlagen. In dieser Stellung jeweils das Spiel am Lenkrad (bis 15 mm) kontrollieren. Tritt bei Lenkradeinschlag nach einer der beiden Seiten größeres Spiel auf, soll die Einstellung der Lenkrolle zur Lenkspindel bei 90° Einschlag nach dieser Seite wiederholt werden. – Anschließend Probefahrt unternehmen und darauf achten, ob die Lenkung nach Durchfahren einer Kurve mit ca. 20 km/h bis auf etwa 45° zur Mittelstellung zurückläuft. Wenn nicht, ist die Lenkrolle zu stramm eingestellt. – Einstellung wiederholen, um Beschädigungen zu vermeiden! Auch die Vorspur sollte nach Einstellen der Lenkung geprüft werden.

3. Axialspiel der Lenkrolle korrigieren

Falls schließlich eine vorschriftsmäßige Einstellung der Lenkung durch die beiden Nachstellarbeiten nicht möglich ist, so ist zu überprüfen, ob die Lenkrolle Axialspiel hat. Hierzu ist allerdings das Lenkgetriebe zu zerlegen und das Spiel durch neue Lagerung der Lenkrolle zu beseitigen (Werkstattarbeit!).

Zahnstangenlenkung nachstellen

Die Zahnstangenlenkung ist wartungsfrei, Instandsetzungsarbeiten an der Lenkung sind nicht möglich. Bei Schäden muß die Lenkung komplett ausgetauscht werden. Bei Spiel kann die Lenkung nachgestellt werden.

Einstellen

- Die Einstellschraube ist vom Kofferraum aus zugänglich. Reserverad herausnehmen, Stopfen entfernen.

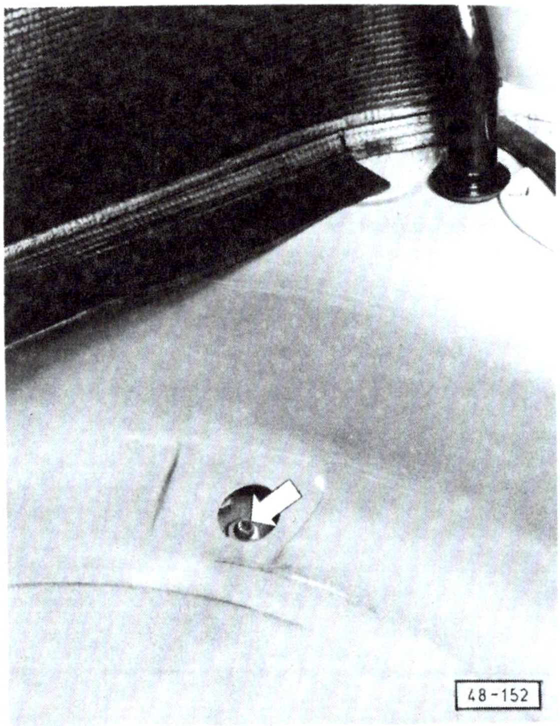

48-152

- Kontermutter an der Einstellschraube lösen.
- Einstellschraube von Hand so weit einschrauben, bis sie fühlbar an der Druckscheibe zur Anlage kommt, dann Einstellschraube kontern. Während des Konterns muß die Einstellschraube mit einem Schlüssel festgehalten werden.

Einstellkontrolle

- Wagen vorn anheben, bis Räder freigängig. Lenkung hin- und herbewegen.
- Lenkung schwergängig und schlechter Rücklauf: Lenkung zu fest eingestellt.
- Lenkung klappert weiterhin: Lenkung zu lose eingestellt oder Schaden im Lenkgetriebe.

Störungstabelle: Rollenlenkung

Störung	Ursache	Abhilfe
Schwergehende Lenkung Lenkung geht bei jedem Lenkeinschlag gleichmäßig schwer, klemmt oder kehrt nach Durchfahren einer Kurve nicht selbsttätig in Geradeausstellung zurück	Vorderachse mangelhaft geschmiert Fehlerhafte Einstellung des Lenkgetriebes	Vorderachse im entlasteten Zustand gründlich durchschmieren Einstellung des Lenkgetriebes kontrollieren
Lenkung kehrt trotz ausreichender Leichtgängigkeit nach Durchfahren einer Kurve nicht in die Geradeausstellung zurück	Einstellung der Vorderräder entspricht nicht der Vorschrift	Einstellung der Vorderräder (Nachlauf, Sturz und Vorspur) überprüfen
Spiel in der Lenkung Spiel im Lenkgetriebe	Fehlerhafte Einstellung des Lenkgetriebes Verschleiß des Lenksatzes	Einstellung des Lenkgetriebes kontrollieren Lenksatz ersetzen
Spiel in den Spurstangenköpfen	Spurstangenköpfe verschlissen	Verschlissene Spurstangenköpfe ersetzen
Spiel in der Vorderradaufhängung	Verschleiß der Lagerstellen (Traghebel, Kugelgelenke und Vorderradlager)	Einstellung der Vorderradlager prüfen. Teile mit unzulässigem Spiel nachstellen, gegebenenfalls ersetzen
Einseitiges Ziehen des Wagens	Reifen-Fülldruck ungleich. Der Wagen zieht nach der Seite, an der der Luftdruck geringer ist Reifenzustand ungleich Der Wagen zieht nach der schlechter bereiften Seite Vorspur nicht richtig eingestellt Lenkungsdämpfer defekt Zu große Sturzabweichung der Vorderräder. Der Wagen zieht einseitig, wenn der Sturzunterschied zwischen rechts und links größer als 30′ ist	Reifen-Fülldruck prüfen und berichtigen Reifen austauschen, gegebenenfalls erneuern Vorspur nach Vorschrift einstellen Lenkungsdämpfer ersetzen Sturz der Vorderräder überprüfen
Flattern der Vorderräder	Unwucht der Vorderräder Lenkung nicht richtig eingestellt Lenkungsdämpfer defekt Stoßdämpfer defekt Vorderachsteile verschlissen Vorderräder nicht richtig eingestellt	Räder auswuchten Lenkung einstellen Lenkungsdämpfer ersetzen Stoßdämpfer ersetzen Vorderachse instandsetzen Einstellung korrigieren

Die Wagenvermessung

Optimale Fahreigenschaften und geringster Reifenverschleiß sind nur dann zu erzielen, wenn die Stellung der Räder einwandfrei ist. Bei anomaler Reifenabnutzung sowie mangelhafter Straßenlage – bei schlechter Richtungsstabilität in Geradeausfahrt sowie schlechten Lenkeigenschaften in Kurvenfahrt – sollte die Werkstatt aufgesucht werden, um den Wagen optisch vermessen zu lassen.

Wo solch eine Gesamtvermessung nicht möglich ist, werden lediglich Sturz und Vorspur der Vorderräder überprüft.

Mehr als diese Prüfung von Sturz und Vorspur ist auch außerhalb der Werkstätten kaum durchzuführen. Ich beschränke mich daher auf die Beschreibung nur dieser Messungen, wobei zunächst die theoretischen Grundbegriffe erklärt werden sollen.

Die Spur

In der Regel müssen Vorderräder Vorspur haben, weil sie – veranlaßt durch Sturz und Rollwiderstand – in Geradeausfahrt etwas nach außen laufen, da Spiel in den Radlagern, Radaufhängungen und Spurstangengelenken vorhanden ist. Die Vorspur kompensiert das Bestreben der Vorderräder, nach außen zu laufen. Für die Vorspur werden die Räder so eingestellt, daß sie – in Höhe des Radmittelpunktes gemessen – vorn etwas enger zusammenstehen als hinten.

Sturz und Spreizung

Sturz und Spreizung vermindern die Übertragung von Fahrbahnstößen auf die Lenkung und halten bei Kurvenfahrt die Reibung möglichst gering.

Sturz ist der Winkel, um den die Radebene von der Senkrechten abweicht. Die Vorderräder stehen also schräg, und zwar im Radaufstandspunkt mehr zusammen als oben.

Spreizung ist der Winkel zwischen der Schwenkachse des Achsschenkels und der Senkrechten im Reifenaufstandspunkt, in Längsrichtung des Wagens gesehen.

Durch den Sturz- und Spreizungswinkel werden die Berührungspunkte der Räder auf der Fahrbahn näher an die Schwenkachse des Achsschenkels herangebracht. Damit wird der sogenannte Lenkrollhalbmesser klein gehalten. Je kleiner der Lenkrollhalbmesser ist, desto leichtgängiger ist die Lenkung. Auch die Fahrbahnstöße wirken sich wesentlich schwächer auf das Lenkgestänge aus.

Beim VW Käfer ist der Lenkrollradius negativ. Dadurch wird größte Richtungsstabilität erreicht, wenn ungleiche Bremswirkung an den Vorderrädern auftritt.

Nachlauf

Der Nachlauf beeinflußt maßgeblich die Geradeausführung der Vorderräder. Zu geringer Nachlauf begünstigt ein Abweichen aus der Fahrtrichtung auf schlechten Straßen und bei Seitenwind, läßt überdies nach der Kurvenfahrt die Lenkung weit genug zur Mittelstellung zurücklaufen. Der Nachlauf wird konstruktiv durch das Anwinkeln des Achsschenkels erreicht und ist nicht einstellbar, muß jedoch nach einer Reparatur des Vorderwagens oder des Vorderachskörpers kontrolliert werden (Werkstattarbeit).

Das Einstellen

Die Fahrzeugvermessung ist zweckmäßig mit einem optischen Achsmeßgerät, das wagenunabhängig arbeitet, durchzuführen. Falls ein optisches Achsmeßgerät nicht zur Verfügung steht, kann der Sturz auch mit dem Winkelmeßgerät VW 261 und der Spurwinkel mit einem mechanischen Spurmaß geprüft werden. Für jede Vermessung müssen folgende Voraussetzungen erfüllt sein:

- Vorschriftsmäßiger Reifendruck
- Genau ebene, waagerechte Meßfläche
- Fahrzeug bei Leergewicht (mit Reserverad und möglichst mit gefülltem Kraftstoffbehälter)
- Richtig eingestellte Lenkung
- Kein unzulässiges Spiel im Lenkgestänge
- Fahrzeug richtig durchgefedert

Sturz prüfen

- Wagen auf Meßfläche fahren, die Vorderräder müssen genau in Geradeausstellung sein.
- Winkelmeßgerät an die Felge anlegen und Anlagepunkte mit Kreide markieren.

- Libellenträger so einstellen, daß die mit „Achskörper/ Winkel“ gekennzeichnete Libelle in Mittelstellung steht.
- Sturzwert ablesen.
- Wagen um eine halbe Radumdrehung nach vorn rollen.
- Winkelmeßgerät wieder an die mit Kreide markierten Punkte anlegen und Messung wiederholen.
- Der mittlere Sturzwert ergibt sich aus der ersten und zweiten Messung.

Sturz an der Vorderachse einstellen

(Längslenkerachse)

Der Sturz der Vorderräder kann durch Verdrehen der Exzenterbuchse eingestellt werden.

- Das Winkelmeßgerät wird auf den vorgeschriebenen Sturzwert (siehe Tabelle Seite 123) eingestellt und wiederum an die mit Kreide markierte Stelle der Felge angelegt.

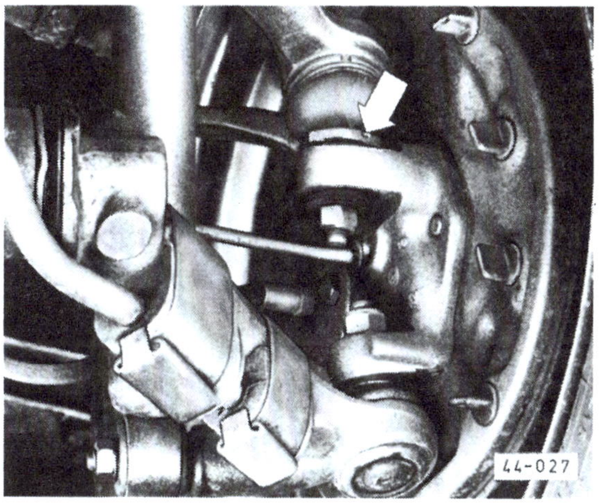

- Sechskantmutter am oberen Traggelenk lösen (Pfeil) und Exzenterbuchse so weit verdrehen, bis die Libelle in Mittelstellung (Sollwert) steht.
- Sechskantmutter nach dem Einstellen wieder anziehen.

Spur einstellen

- Rollenlenkung in Mittelstellung bringen.

44-028

- Der auf der Lenkspindel angebrachte Markierungsring muß mit der Gehäusekante des Lenkgetriebes fluchten.

- Spurmeßgerät vorn an den Felgenhörnern ansetzen und Meßstellen mit Kreide markieren. Meßskala des Gerätes auf Null stellen.

- Wagen um eine halbe Radumdrehung nach vorn rollen und Meßgerät an die jetzt hintenliegenden Kreidemarkierungen anlegen. Meßwert = Gesamtspur. Meßwert mit Sollwert (siehe Seite 123) vergleichen.

- **Spur zu groß:** Beide Spurstangen in Fahrtrichtung nach hinten verdrehen.

- **Spur zu klein:** Beide Spurstangen in Fahrtrichtung nach vorn verdrehen.

- Vor dem Einstellen der Spur Kontermuttern beziehungsweise Klemmlasche an den Spurstangen lösen.

Achtung: Wird festgestellt, daß die Lenkradspeiche bei Geradeausfahrt schräg steht, so ist die Mittelstellung der Lenkung zu berichtigen. Je nachdem, nach welcher Seite die Lenkradspeiche hängt, muß die eine Spurstange verlängert und die andere um den gleichen Betrag verkürzt werden.

44-029

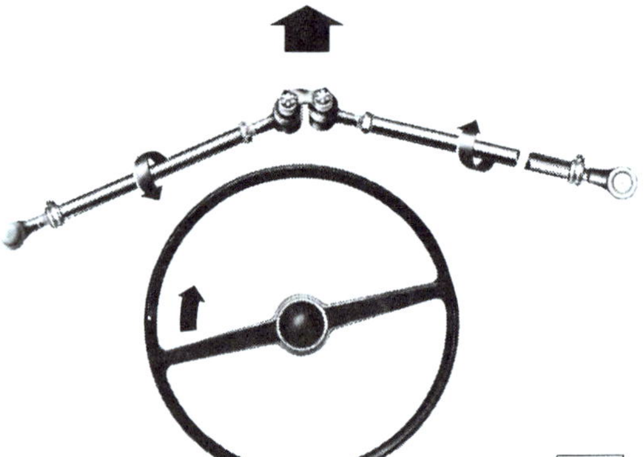

44-030

- Werden die Spurstangen um den gleichen Betrag verkürzt oder verlängert, so ändert sich die Spur nicht.

Achtung: Die fehlerhafte Stellung des Lenkrades darf keinesfalls einfach durch Umsetzen des Lenkrades berichtigt werden.

- Kontermuttern bzw. Klemmlaschen an den Spurstangen festziehen.

Sturz der Hinterachse einstellen

(Pendelachse)

- Der Sturz der Hinterräder kann durch Einstellen der Federstäbe verändert werden, siehe Seite 104.
- Bei Fahrzeugen mit höherer Laufleistung immer beide Federstäbe einstellen.

Spur der Hinterachse einstellen

(Pendelachse)

Die Spur der Hinterräder kann durch Verschieben der Achsrohre in den Langlöchern der Federstrebe verändert werden. Hierzu ist eine Spureinstellvorrichtung erforderlich.

- Spureinstellung einhängen, Schrauben am Achsrohrlagerflansch lösen und Spurmeßgerät auf Sollwert einstellen.
- Schrauben am Achsrohrlagerflansch anziehen. Vor dem Ablesen der Werte Vorrichtung entspannen.

Sturz der Vorderachse einstellen

(Federbeinachse)

- Der Sturz der Vorderräder kann einzeln für jedes Rad durch Verdrehen der Exzenterschraube an der Rahmenaufhängung des Querlenkers eingestellt werden. Der in einem Silentblock gelagerte Querlenker kann dabei seitlich um ca. 12 mm verschoben werden, das entspricht einer Sturzänderung von ca 1°.
- Der Sturz wird bei auf dem Boden stehenden Rädern eingestellt.

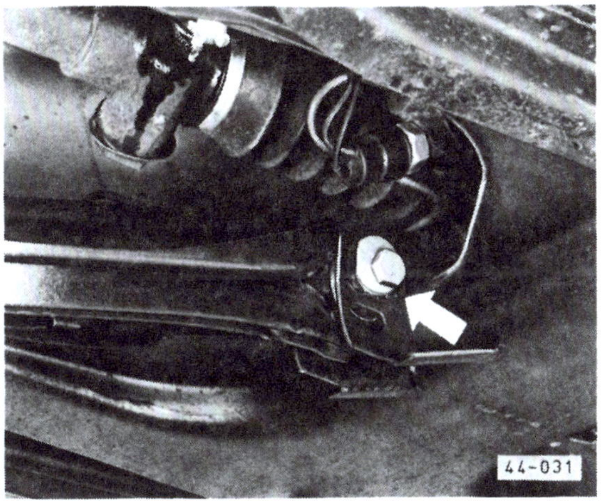

- Befestigungsmutter für Achslenker am Rahmenkopf leicht lösen (max. ein Gewindegang).
- Am Winkelmeßgerät Sollwert einstellen und Winkelmeßgerät an die Felge anlegen.
- Exzenterschraube (Pfeil) so weit verdrehen, bis der vorgeschriebene Wert erreicht wird.
- Befestigungsmutter festziehen, Sturz nochmals überprüfen, wenn nötig korrigieren.

Spur der Federbein-Vorderachse einstellen

- Wagen auf ebene Fläche fahren.
- Vorderräder in Geradeausstellung bringen.
- Spurmeßgerät vorn an den Felgenhörnern in Höhe des Radmittelpunktes anlegen. Meßuhr auf Null stellen und Meßstellen mit Kreide markieren.
- Wagen um eine halbe Radumdrehung nach vorn rollen. Spurmeßgerät jetzt hinten an die mit Kreide markierten Meßstellen auf den Felgenhörnern anlegen und den hinteren Abstand der Räder messen.
- Meßwert mit Sollwert (siehe Seite 123) vergleichen.
- Spur nur an der rechten, einstellbaren Spurstange korrigieren. Hierzu innen Klemmschelle und außen Sechskantmutter an der Spurstange lösen.
- Spur auf vorgeschriebenen Wert durch Verdrehen der Spurstange einstellen.

Achtung: Wird die Spureinstellung mit einem optischen Meßgerät durchgeführt, ist zu prüfen, ob das Lenkrad bei geradeausstehenden Rädern in Mittelstellung steht. Die Lenkradspeichen müssen waagerecht stehen. Gegebenenfalls ist das Lenkrad umzusetzen.

Wird die Spur mit einem mechanischen Spurmeßgerät eingestellt, ist anschließend auf einer Probefahrt zu prüfen, ob es in Geradeausfahrt in Mittelstellung steht. Wenn nicht, Lenkrad umsetzen.

- Spurstangen mit Klemmschelle und Kontermutter sichern.

Einstellwerte für Spur und Sturz

Die folgenden Werte gelten für alle Modelle; sie sind auf das Leergewicht bezogen.

Vorderachse **10 Winkelminuten entsprechen einem Spurmaß beim 15"-Reifen von 1,2 mm**		1200 und 1300 Längslenker-achse	1302 und 1303 Federbein-achse
Gesamtspur der Vorderräder ungedrückt		+ 30′ ± 15′	+ 30′ ± 15′
Sturz der Vorderräder in Geradeausstellung		+ 30′ ± 20′	+ 1° + 20′ − 40′
Höchstzulässiger Unterschied zwischen beiden Seiten		30′	30′
Spurdifferenzwinkel bei 20° Lenkeinschlag nach links und rechts (ungedrückt)	nach links	− 1° 20′ ± 30′	−
	nach rechts	− 2° 10′ ± 30′	−
	bis Fahrgestell-Nr. 1142 818 457		− 30′ ± 30′
	ab Fahrgestell-Nr. 1152 000 001		− 1° ± 30′
Nachlauf		3° 20′ ± 1′	2° ± 35′
entspricht dem Sturzunterschied eines Rades beim Lenkeinschlag von 20° links nach 20° rechts		2° 15′ ± 40′	1° 20′ ± 25′
Höchstzulässiger Unterschied zwischen links und rechts		1°	1°

Hinterachse		Pendelachse	Schräg-lenkerachse
Sturz bei vorschriftsmäßiger Einstellung der Federstreben, nach wenigstens 500 km Laufleistung	alle Modelle		− 1° ± 40′
	1200	+ 1° ± 1°	
	Cabriolet	+ 15′ ± 1°	
	zulässiger Mindeststurz	− 1° 30′	
Höchstzulässiger Unterschied zwischen beiden Seiten		20′	45′
Gesamtspur bei vorgeschriebenem Radsturz		− 5′ ± 10′	0° ± 15′
Höchstzulässige Abweichung von der Laufrichtung		max. 10′	max. 10′

Rechnerische Ermittlung der Laufrichtung

Bei Spurwerten mit gleichen Vorzeichen (+/+ oder −/−) kleineren vom größeren Wert abziehen und durch 2 teilen.

Beispiel

Spurwert linkes Hinterrad	**Spurwert rechtes Hinterrad**
+ 15′	+ 5′

15′ − 5′ = 10′ dividiert durch 2 = Abweichung von der Laufrichtung : 5′.
Werte mit ungleichen Vorzeichen (+/−) werden addiert und die Summe durch 2 geteilt.

Beispiel

Spurwert linkes Hinterrad	**Spurwert rechtes Hinterrad**
+ 15′	− 5′

15′ + 5′ = 20′ dividiert durch 2 = Abweichung von der Laufrichtung = 10′.
Das jeweilige Ergebnis ist die tatsächliche Abweichung der Laufrichtung von der Fahrzeuglängsachse.

Die Bremsanlage

Das hydraulische Fußbremssystem besteht beim VW Käfer aus dem Hauptbremszylinder, den Scheibenbremsen bzw. Trommelbremsen für die Vorderräder und den Trommelbremsen für die Hinterräder. Das hydraulische Bremssystem ist in zwei Kreise aufgeteilt, die diagonal wirken. Ein Bremskreis wirkt vorn rechts/hinten links, der zweite vorn links/hinten rechts. Dadurch bremst bei Ausfall eines Kreises ein Vorderrad und das entgegengesetzte Hinterrad.

Der Druck für die beiden Bremskreise wird im Hauptbremszylinder über das Bremspedal aufgebaut.

Die Bremsflüssigkeit für das gesamte Bremssystem erhält der Hauptbremsbehälter aus dem Bremsflüssigkeitsbehälter, der vorn unter der Haube an der Spritzwand angebracht ist.

Die Handbremse wirkt über Seilzüge auf die Bremsbacken der Hinterräder. Nachgestellt wird die Handbremse vorn am Handbremshebel.

Beim Reinigen der Bremsanlage fällt asbesthaltiger Bremsstaub an. Dieser Staub kann zu gesundheitlichen Schäden führen. Deshalb beim Reinigen der Bremsanlage, insbesondere beim Ausblasen, darauf achten, daß der Bremsstaub nicht eingeatmet wird.

Das Arbeiten an der Bremsanlage erfordert peinliche Sauberkeit und exakte Arbeitsweise. Falls die nötige Arbeitserfahrung fehlt, sollten die Arbeiten von einer Fachwerkstatt durchgeführt werden.

Scheibenbremsbelagdicke prüfen

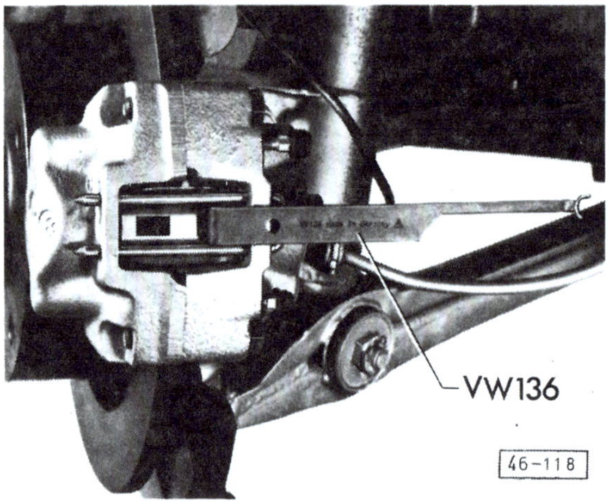

- Die Belagstärke kann bei angeschraubtem Rad mit dem Spezialwerkzeug VW 136 geprüft werden. Steht dieses Werkzeug nicht zur Verfügung, Radmuttern lösen, Wagen vorn aufbocken.
- Rad abnehmen.
- Mit Lampe in den Bremssattel leuchten. Die Verschleißgrenze ist erreicht, wenn der Bremsbelag nur noch 2 mm stark ist. Zur genauen Kontrolle gegebenenfalls Bremsbeläge ausbauen.

Hinweis: Nach einer Faustregel entspricht 1 mm Bremsbelag einer Fahrleistung von mindestens 1000 km. Diese Faustregel gilt unter ungünstigen Bedingungen. Im Normalfall halten die Beläge sehr viel länger. Bei einer Belagdicke von 5 mm halten die Bremsbeläge also noch mindestens 3000 km.

- Rad aufschrauben, Wagen ablassen, Radschrauben mit 130 Nm (13,0 mkg) festziehen.

Scheibenbremsbeläge aus- und einbauen

Ausbau

- Radmuttern lösen, Wagen vorn aufbocken, Rad abnehmen.

46-119

- Sicherungsöse aus dem Belaghaltebügel herausziehen, Belaghaltebügel austreiben und Belaghaltefeder abnehmen.

46-120

- Bremssattel am Achsschenkel abschrauben und mit einem Draht am Aufbau aufhängen. **Achtung:** Nicht den Bremsschlauch lösen.

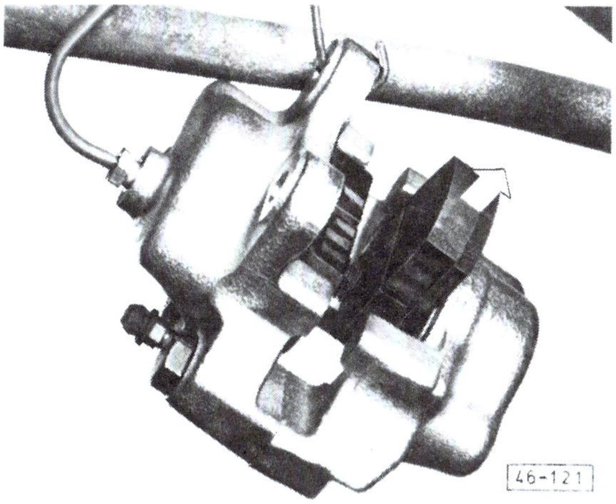

46-121

- Bremsbeläge um 90° drehen und nacheinander aus dem Gehäuseschacht herausziehen.

46-122

- Geräuschdämpfungsbleche zur Bremssattelmitte schieben und herausnehmen.

Einbau

Vor dem Einbau Bremsscheibe mit der Hand prüfen. Riefige Bremsscheiben auswechseln lassen.

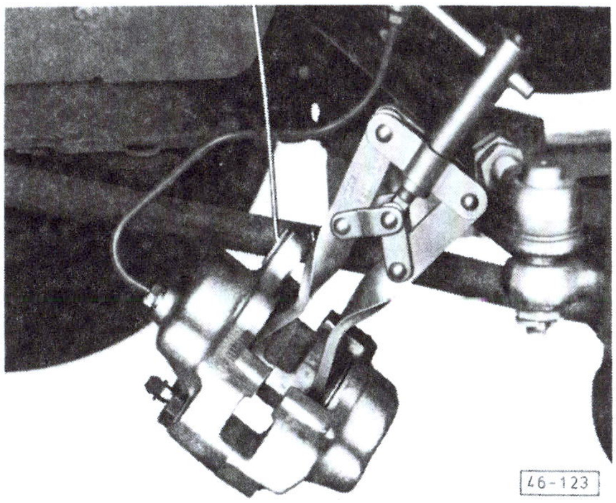

46-123

- Kolben im Bremssattel mit einer Kolbenrücksetzvorrichtung oder einem Hartholzstab zurückdrücken. **Achtung:** Dabei wird giftige Bremsflüssigkeit in den Bremsflüssigkeitsbehälter zurückgedrängt. Um ein Überlaufen des Behälters zu vermeiden, Bremsflüssigkeit aus dem Behälter absaugen. Dazu ist ein Saugheber zu verwenden, der ausschließlich mit Bremsflüssigkeit in Berührung kommt. **In keinem Fall Bremsflüssigkeit mit einem Schlauch absaugen.**
- Geräuschdämpfungsbleche einbauen. Der Pfeil zeigt in Drehrichtung der Bremsscheibe.
- Bremsbeläge in den Gehäuseschacht legen und um 90° verdrehen.

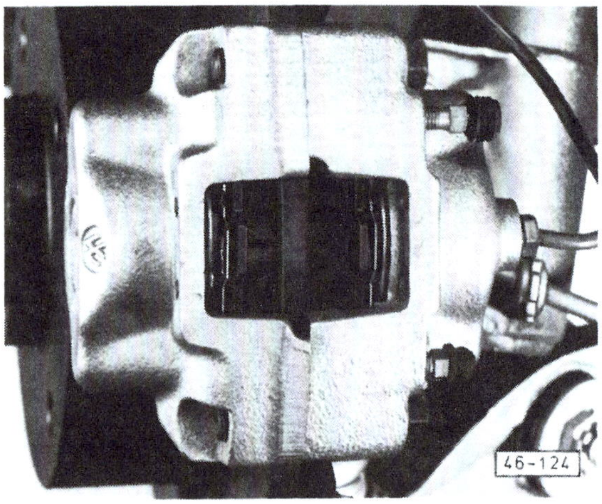

- Bremssattel am Achsschenkel festschrauben, Schrauben mit 40 Nm (4,0 mkg) festziehen. Federbeinvorderachse: Bremssattelschrauben mit neuem Sicherungsblech durch Umschlagen des Bleches sichern.

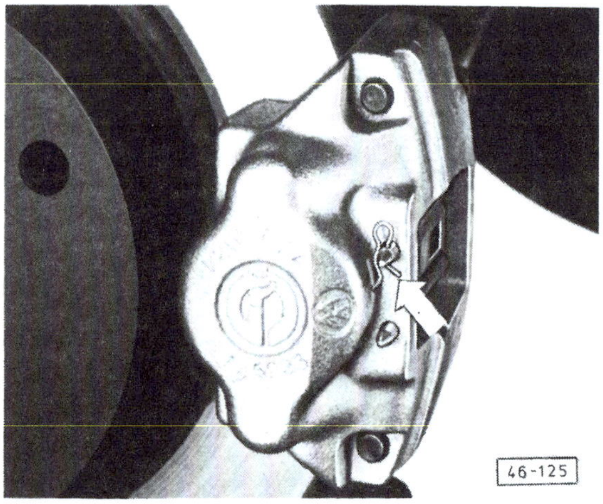

- Belaghaltefeder einsetzen, Belaghaltebügel eintreiben, neue Sicherungsösen einsetzen und den geraden Schenkel um 45° (Pfeil) abbiegen.

Achtung: Bremspedal im Stand mehrmals durchtreten, damit die Bremsbeläge den richtigen Sitz einnehmen können.

Bremsbelagdicke prüfen

- Wagen vorn aufbocken.

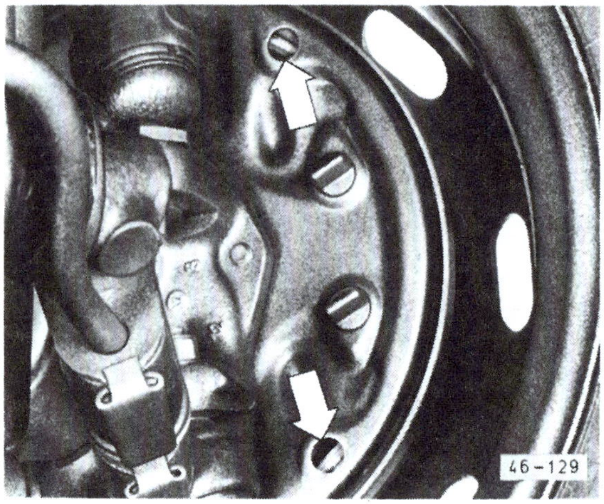

- Gummistopfen aus dem Bremsträgerblech herausziehen (Pfeile) und mit Lampe in die Löcher strahlen. Die Verschleißgrenze der Beläge ist erreicht, wenn die Belagstärke 2,5 mm beträgt.
- Gummistopfen einsetzen, Wagen ablassen.

Bremsbacken einstellen

Bei zu großem Leerweg, gemessen am Bremspedal bzw. alle 7500 km muß die Trommelbremse vorn und hinten nachgestellt werden.

- Wagen vorn aufbocken, Gummistopfen aus dem Bremsträgerblech herausziehen.

- Es müssen pro Rad 2 Nachstellritzel eingestellt werden. Mit Schraubenzieher Ritzel so verdrehen, daß die Bremsbacke voll anliegt. Während des Einstellens muß mit einer Hand das Rad gedreht werden. Wenn die Bremsbacke ganz anliegt, Ritzel entgegengesetzt verdrehen, bis Rad freigeht. Anschließend zweite Bremsbacke einstellen.

Bremsbacken vorn aus- und einbauen

Ausbau

- Bremstrommel ausbauen, siehe Seite 99.

- Mit Zange Druckfedern (Pfeile) zurückdrücken, von hinten Spannstift gegenhalten und so verdrehen, daß sich der Spannstift herausziehen läßt.

- Linke Bremsbackenfeder mit Zange aushängen. Bremsbacken von Hand abnehmen.
- Bei Trommelbremse für Federbein-Vorderachse sind insgesamt 3 Bremsbackenfedern auszuhängen, siehe Übersichtsfoto 46–128, Seite 129.

Einbau

Achtung: Es gibt Bremsbacken mit unterschiedlicher Dicke. Normal ist eine Belagstärke von 3,8 – 4,0 mm. Falls die Bremstrommeln ausgedreht wurden, empfiehlt sich der Einbau von Bremsbelägen mit Übergröße. Belagstärke 4,3 – 4,5 mm.

- Bremsbeläge grundsätzlich achsweise (gesamte Vorder- bzw. Hinterachse) erneuern. Nur Bremsbeläge gleicher Qualität verwenden.
- Nachstellmuttern und -schrauben gangbar machen und leicht einfetten.
- Am Bremskolben Bremsmanschette zurückschieben und Radbremszylinder auf eventuelle Undichtigkeiten untersuchen. Gegebenenfalls Radbremszylinder erneuern.
- Eine Bremsbackenfeder in beide Bremsbacken einhängen, Bremsbacken einsetzen.
- Von hinten Spannstifte einführen, Druckfeder aufsetzen, Teller aufsetzen und so verdrehen, daß der Spannstift gesichert ist.
- Zweite Bremsbackenfeder mit Zange einhängen.
- Bei Trommelbremse für Federbein-Vorderachse sind insgesamt 3 Bremsbackenfedern einzuhängen, siehe Übersichtsfoto 46–128, Seite 129.
- Bremsbacken ganz zurückstellen.
- Bremstrommel aufsetzen und Radlagerspiel einstellen, siehe Seite 99.
- Bremsbacken einstellen.
- Rad aufschrauben, Wagen ablassen, Radschrauben mit 130 Nm (13,0 mkg) festziehen.

Achtung: Falls die Bremsleitung zum Radbremszylinder gelöst war, Bremsanlage entlüften, siehe Seite 134.

Längslenkervorderachse

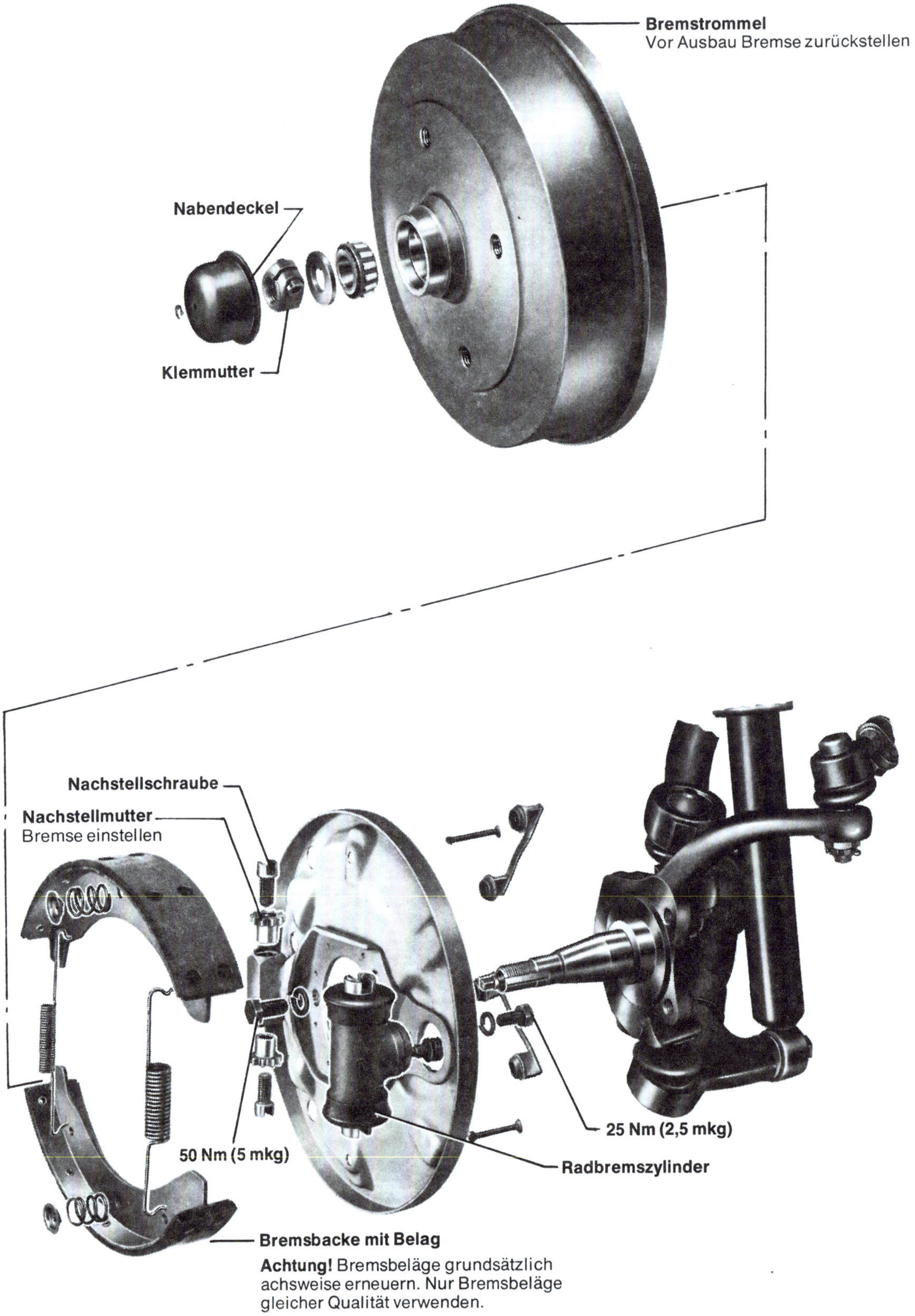

Achtung! Bremsbeläge grundsätzlich achsweise erneuern. Nur Bremsbeläge gleicher Qualität verwenden.

46-127

Federbeinvorderachse

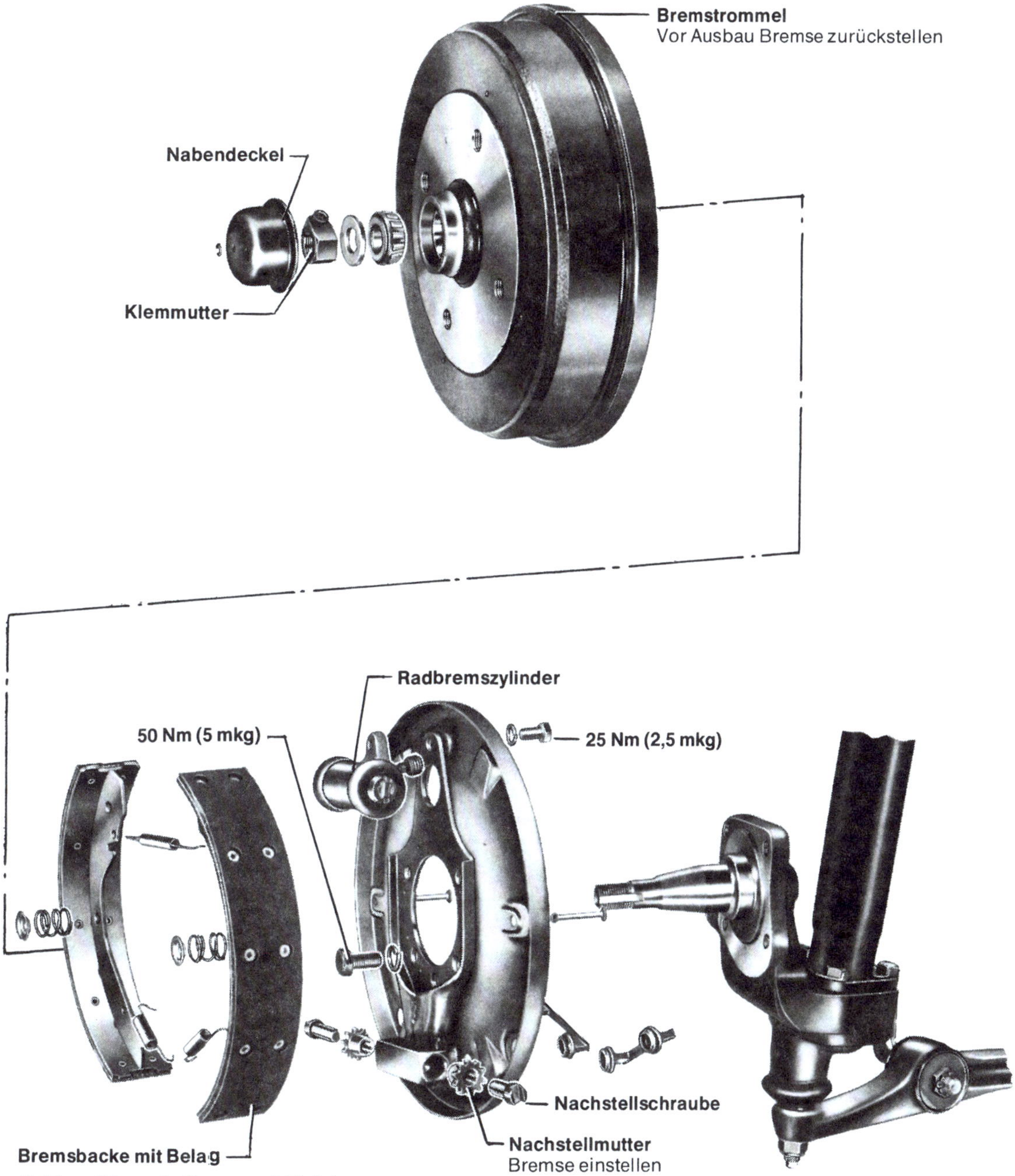

46-128

Hinterradbremse

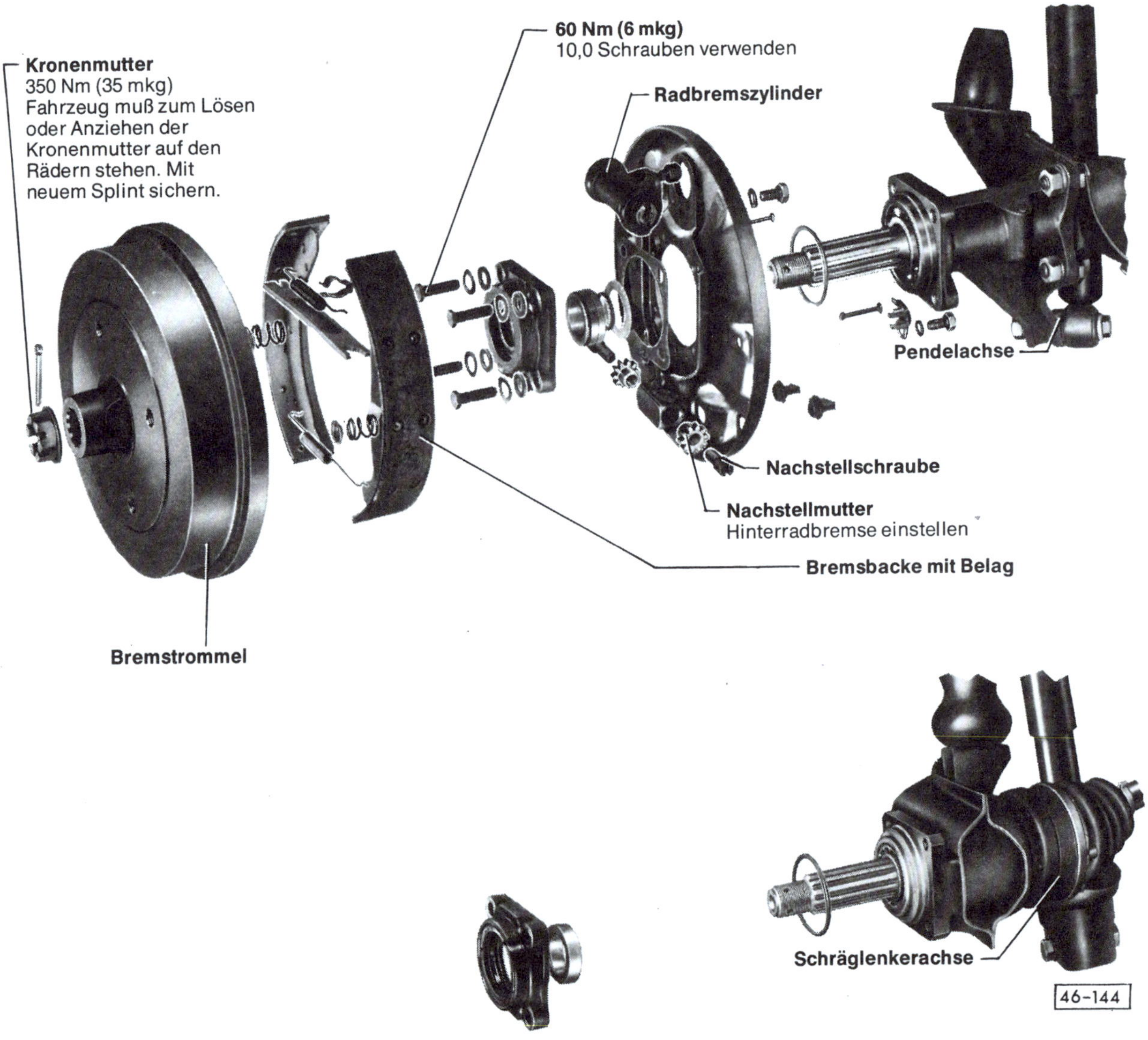

Bremsbacken hinten aus- und einbauen

Ausbau

- Bremsbacken zurückstellen, siehe Seite 126.
- Bremstrommel ausbauen, siehe Seite 102.
- Druckfedern mit Zange zurückdrücken, Spannstift so verdrehen, daß er herausgenommen werden kann.

- Bremsbacken von Hand herausnehmen, Handbremsseil aushängen.

Einbau

- Nachstellmuttern und -schrauben gangbar machen und leicht einfetten.

Achtung: Es gibt Bremsbacken mit unterschiedlicher Dicke. Normal ist eine Belagstärke von 3,8 – 4,0 mm. Falls die Bremstrommel ausgedreht wurde, empfiehlt sich der Einbau von Bremsbelägen mit Übergröße. Belagstärke 4,3 – 4,5 mm. Bremsbeläge grundsätzlich achsweise erneuern. Nur Bremsbeläge gleicher Qualität verwenden.

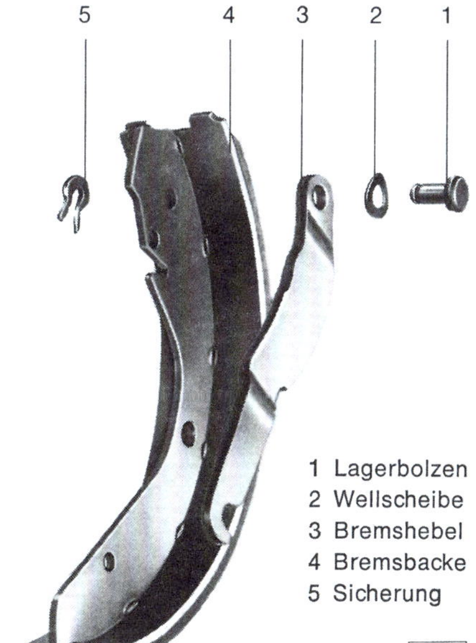

1 Lagerbolzen
2 Wellscheibe
3 Bremshebel
4 Bremsbacke
5 Sicherung

- Falls die Bremsbacken erneuert wurden, Bremshebel für Handbremse lagerichtig, siehe Foto, **mit neuem Lagerbolzen** befestigen.
- Beide Bremsbacken mit Druckstange, oberer Rückzugfeder und mit Klammer in die Schlitze der Kolben einsetzen. Der Doppelschlitz der Druckstange zeigt zur Bremsbacke mit Bremshebel, dabei Handbremsseil einhängen.

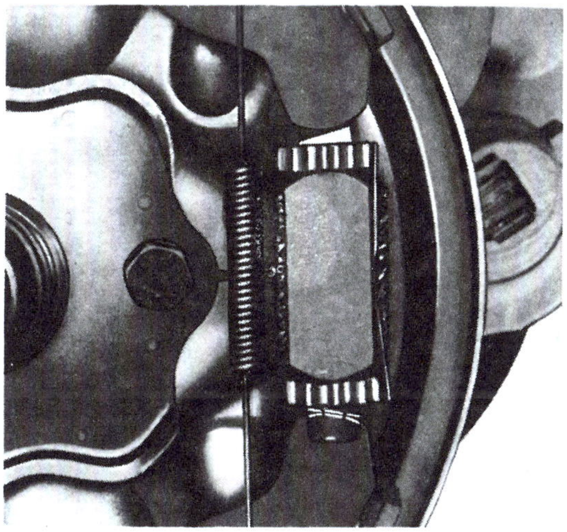

- Beim Einsetzen der Bremsbacken in die Schlitze auf richtige Lage der Schlitze achten. Die Schlitze verlaufen schräg nach oben.
- Untere Rückzugfeder mit Zange einhängen. Druckfeder mit Spannstift und Federteller einbauen. Dabei Druckstift von hinten gegenhalten und Federteller mit Zange aufdrücken.
- Bremsbacken ganz zurückstellen.
- Bremstrommel auswischen und einbauen, siehe Seite 102.

Achtung: Wurde der Radbremszylinder ausgebaut, Bremse entlüften, siehe Seite 134.

- Hand- und Fußbremse einstellen.

Radbremszylinder ausbauen/überholen

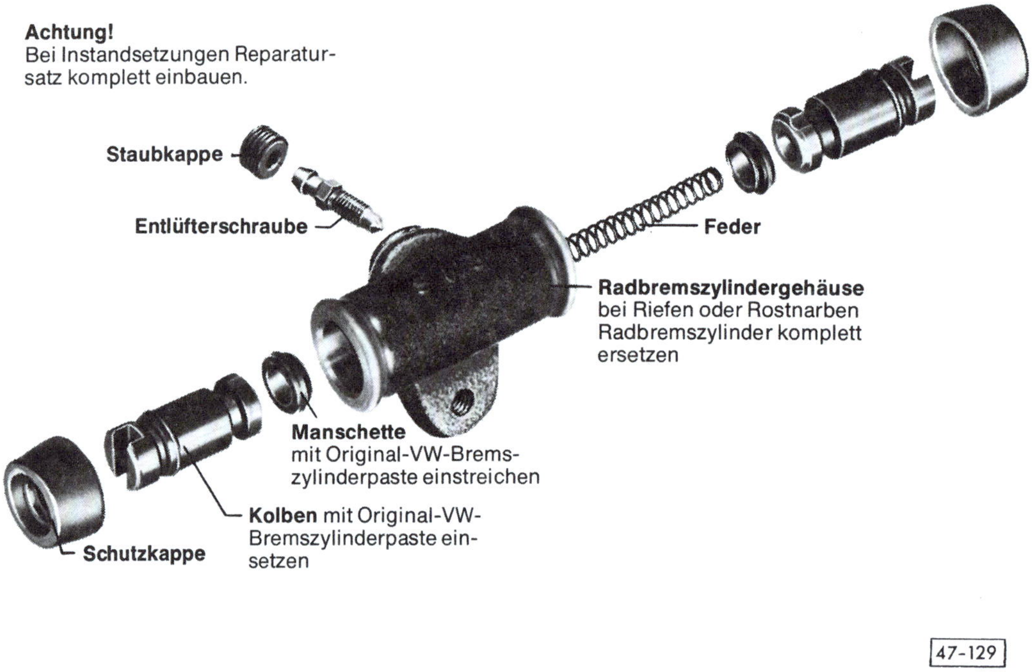

Ausbau

- Bremstrommel ausbauen, siehe Seite 102.
- Bremsbacken ausbauen, siehe Seite 131.
- Bremsleitung am Radbremszylinder abschrauben und mit Staubkappe für Entlüfterventil verschließen.

Achtung: In die Bremsleitung darf kein Schmutz eindringen.

- Befestigungsschraube für Radbremszylinder abschrauben, Radbremszylinder abnehmen.

Überholen

- Der Radbremszylinder kann auch in eingebautem Zustand überholt werden. Eine Überholung ist dann erforderlich, wenn die Manschetten undicht sind oder die Bremskolben festsitzen. In jedem Fall muß der Radbremszylinder dann ausgetauscht werden, wenn im Zylinder Riefen oder Rostnarben vorhanden sind. Es ist nicht erlaubt, diese Freßspuren wegzuschmirgeln. Sinnvollerweise sollte ein defekter Radbremszylinder komplett erneuert werden, eine Überholung ist nur in den seltensten Fällen anzuraten. Bei einer Überholung grundsätzlich kompletten Einbausatz verwenden. Hierbei auf richtigen Durchmesser achten. Es gibt Abweichungen bei den verschiedenen Käfer-Modellen.
- Schutzkappe mit Schraubenzieher abhebeln, Kolben mit Manschette und Druckfeder herausnehmen.
- Alle Teile in Bremsflüssigkeit oder Spiritus reinigen. Radbremszylinder nur mit einem nicht fasernden Lappen auswischen. Die sauberen Kolben müssen sich saugend im Zylinder hin- und herbewegen lassen.
- Neue Manschetten auf die Kolben schieben, hierbei zeigt der lange Bund zum Radbremszylinder. Manschetten und Kolben und Bremszylinder mit Original-VW/Audi-Bremszylinderpaste einstreichen.
- Entlüfterschraube gangbar machen, gegebenenfalls erneuern.
- Linken Kolben in Radbremszylinder einschieben, Staubkappe aufsetzen.
- Von rechts Feder einsetzen und rechten Kolben einschieben, Staubkappe aufsetzen.

Einbau

- Radbremszylinder einsetzen und mit Schraube festziehen.
- Bremsleitung an Radbremszylinder anschrauben. Vorsicht: Gefühlvoll festschrauben.
- Bremsbacken einbauen.
- Bremstrommel einbauen, siehe Seite 102.
- Bremse einstellen.
- Bremse entlüften, siehe Seite 134.
- Bei Probefahrt Probe-Bremsung durchführen.

Bremsleitungen und Bremsschläuche

Für das Bremsleitungssystem, das zusammen mit den druckfesten Bremsschläuchen für die Räder die Verbindung vom Hauptbremszylinder zu den vier Radbremsen herstellt, werden Rohre verwendet.

Die Rohrverbindungen zu den Bremszylindern und Verteilerstücken sind als sogenannte Kegelkupplungen ausgebildet.

Die Rohrenden sind vorn gestaucht und haben dann eine kegelförmige Anlagefläche für die ebenfalls mit einem kegeligen Grund versehenen Gewindeöffnungen in den Bremszylindern bzw. Verteilerstücken. Bevor die Rohrenden gestaucht werden, wird eine Rohrmutter auf das Rohr gesteckt, die dann später nach dem Einschrauben die kegelige Anlagefläche des Rohres gegen den kegeligen Grund der Gewindeöffnung drückt und damit zuverlässig abdichtet.

Die Bremsschläuche stellen die flexiblen Verbindungen zwischen den starren und beweglichen Fahrzeugteilen her.

Bremsleitungen auswechseln

Die Bremsleitungen sollen etwa alle 7500 km auf einwandfreien Zustand geprüft werden.

Hierbei ist vor allem auf Rostansatz und mechanische Beschädigungen sowie auf Steinschläge zu achten.

- Beschädigte Bremsleitungen vorsorglich ersetzen, da die gefährdete Stelle bei einer Gewaltbremsung platzen kann.
- Bremsleitungen ausbauen und möglichst an gleicher Stelle verlegen.
- Beim Anschließen der Bremsleitung die kegelige Anlagefläche mit einigen Tropfen Bremsflüssigkeit benetzen und mit 15–20 Nm (1,5–2,0 mkg) festziehen.
- Anschließend Bremssystem entlüften.

Bremsschlauch auswechseln

- Rad abnehmen.
- Rohranschlußmutter lösen und Schlauchhalter am Haltewinkel entfernen.
- Bremsschlauch vom Bremszylinder lösen.
- Neuen Bremsschlauch so einbauen, daß er ohne Drall durchhängt (Anzugsdrehmoment 15–20 Nm (1,5–2,0 mkg)
- Nach dem Einbau bei entlastetem Rad prüfen (Wagen angehoben), ob der Schlauch allen Radbewegungen folgt, ohne irgendwo anzuscheuern.

Achtung: Bremsschläuche nicht mit Öl oder Petroleum in Berührung bringen, nicht lackieren oder mit Unterbodenschutz besprühen.

Bremsflüssigkeitsbehälter

Der Vorratsbehälter für die Bremsflüssigkeit sitzt unter der vorderen Haube. Er hat zwei Kammern, je eine für jeden Bremskreis. Der Schraubverschluß hat eine Belüftungsbohrung, die nicht verstopft sein darf.

Der Vorratsbehälter ist durchscheinend, so daß der Bremsflüssigkeitsstand jederzeit von außen überwacht werden kann. Der Flüssigkeitsstand soll immer zwischen der „min."-Markierung und der umlaufenden Kante liegen. Nur neue Original-Audi-/VW-Bremsflüssigkeit nachfüllen.

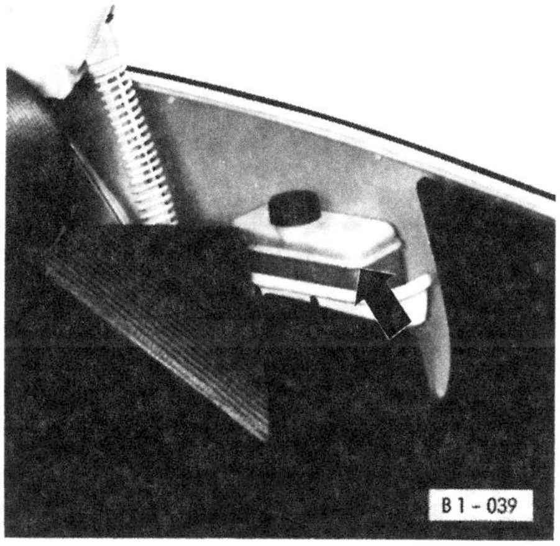

- Durch die Abnutzung der vorderen Scheibenbremsen entsteht ein geringfügiges Absinken der Bremsflüssigkeit. Das ist normal.
- Sinkt die Bremsflüssigkeit jedoch innerhalb kurzer Zeit stark ab, ist das ein Zeichen für Bremsflüssigkeitsverlust.
- Die Leckstelle muß dann sofort ausfindig gemacht werden. In der Regel liegt es an verschlissenen Manschetten in den Radbremszylindern. Sicherheitshalber sollte die Überprüfung der Anlage von einer Fachwerkstatt durchgeführt werden.

Bremsanlage entlüften

Nach jeder Reparatur an der Bremse, bei der die Anlage geöffnet wurde, kann Luft in die Druckleitungen eingedrungen sein. Dann ist das Bremssystem zu entlüften. Luft ist auch dann in den Leitungen, wenn beim Treten auf das Bremspedal der Bremsdruck sich schwammig anfühlt. In diesem Fall muß die Undichtigkeit beseitigt und die Bremsanlage entlüftet werden.

Die Bremsanlage wird durch Pumpen mit dem Bremspedal entlüftet, dazu ist eine zweite Person notwendig.

Beim Umgang mit Bremsflüssigkeit ist folgendes zu beachten.

- Bremsflüssigkeit ist giftig und ätzend. Sie darf deshalb nicht mit dem Autolack in Berührung kommen.
- Bremsflüssigkeit ist hygroskopisch, das heißt, sie nimmt aus der Luft Feuchtigkeit auf. Bremsflüssigkeit deshalb nur in geschlossenen Behältern aufbewahren.
- Bremsflüssigkeit, die schon einmal im Bremssystem verwendet wurde, darf nicht wieder verwendet werden. Auch beim Entlüften der Bremsanlage nur neue Original-Audi-/VW-Bremsflüssigkeit verwenden.
- Die Bremsflüssigkeit in der Anlage soll alle zwei Jahre gewechselt werden.

Entlüften

Muß die ganze Anlage entlüftet werden, jeden Radbremszylinder (bzw. Bremssattel) einzeln entlüften. Das ist immer dann der Fall, wenn Luft in jeden einzelnen Bremszylinder gedrungen ist. Falls nur ein Radbremszylinder erneuert bzw. überholt wurde, genügt das Entlüften des betreffenden Radzylinders.

Die Reihenfolge des Entlüftens: 1. Radbremszylinder hinten rechts, 2. Radbremszylinder hinten links, 3. Schwimmrahmensattel vorn rechts, 4. Bremssattel vorn links.

- Staubkappe vom Entlüfterventil des Bremszylinders abnehmen, sauberen Schlauch aufstecken, anderes Schlauchende in eine mit Bremsflüssigkeit halbvoll gefüllte Flasche stecken.
- Von einer Hilfsperson Bremspedal so oft niedertreten lassen („pumpen"), bis sich im Bremssystem Druck aufgebaut hat. Zu spüren am wachsenden Widerstand beim Betätigen des Pedals.
- Ist genügend Druck vorhanden, Bremspedal ganz durchtreten. Fuß auf dem Bremspedal halten.
- Entlüfterventil am Bremszylinder etwa eine halbe Umdrehung mit Maulschlüssel öffnen. Ausfließende Bremsflüssigkeit in der Flasche sammeln. Darauf achten, daß sich das Schlauchende in der Flasche ständig unterhalb des Flüssigkeitsspiegels befindet.

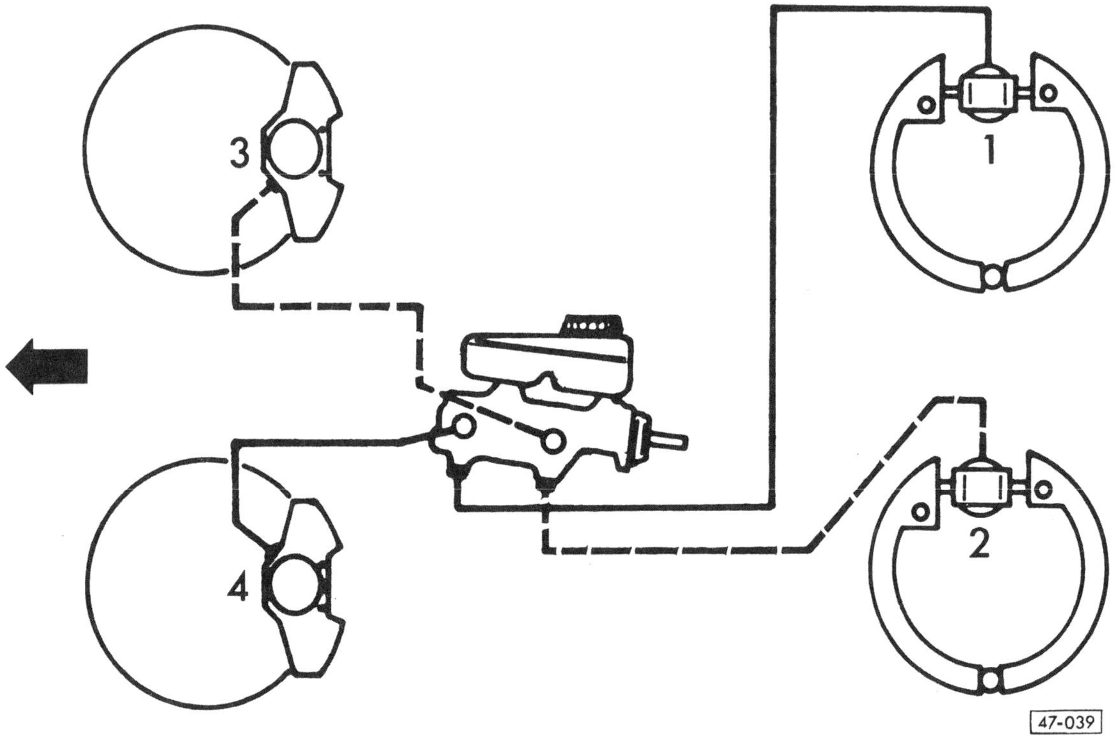

- Sobald der Flüssigkeitsdruck nachläßt, sofort Entlüfterventil schließen.

- Pumpvorgang wiederholen, bis sich Druck aufgebaut hat. Bremspedal niedertreten, Fuß auf dem Bremspedal lassen, Entlüfterschraube öffnen, bis der Druck nachläßt, Entlüfterschraube schließen.

- Entlüftungsvorgang an einem Bremszylinder so lange wiederholen, bis sich in der Bremsflüssigkeit, die in die Entlüfterflasche strömt, keine Luftblasen mehr zeigen.

- Nach dem Entlüften Schlauch von Entlüfterschraube abziehen, Staubkappe auf Ventil stecken.

- Die anderen Radbremszylinder auf die gleiche Weise entlüften.

Achtung: Während des Entlüftens ab und zu den Ausgleichbehälter beobachten. Der Flüssigkeitsspiegel darf nicht zu weit sinken, sonst wird über den Ausgleichbehälter Luft angesaugt. **Immer nur neue Bremsflüssigkeit nachgießen!**

- Nach dem Entlüften ist der Ausgleichbehälter bis zur Markierung „max“ aufzufüllen.

Die Handbremse

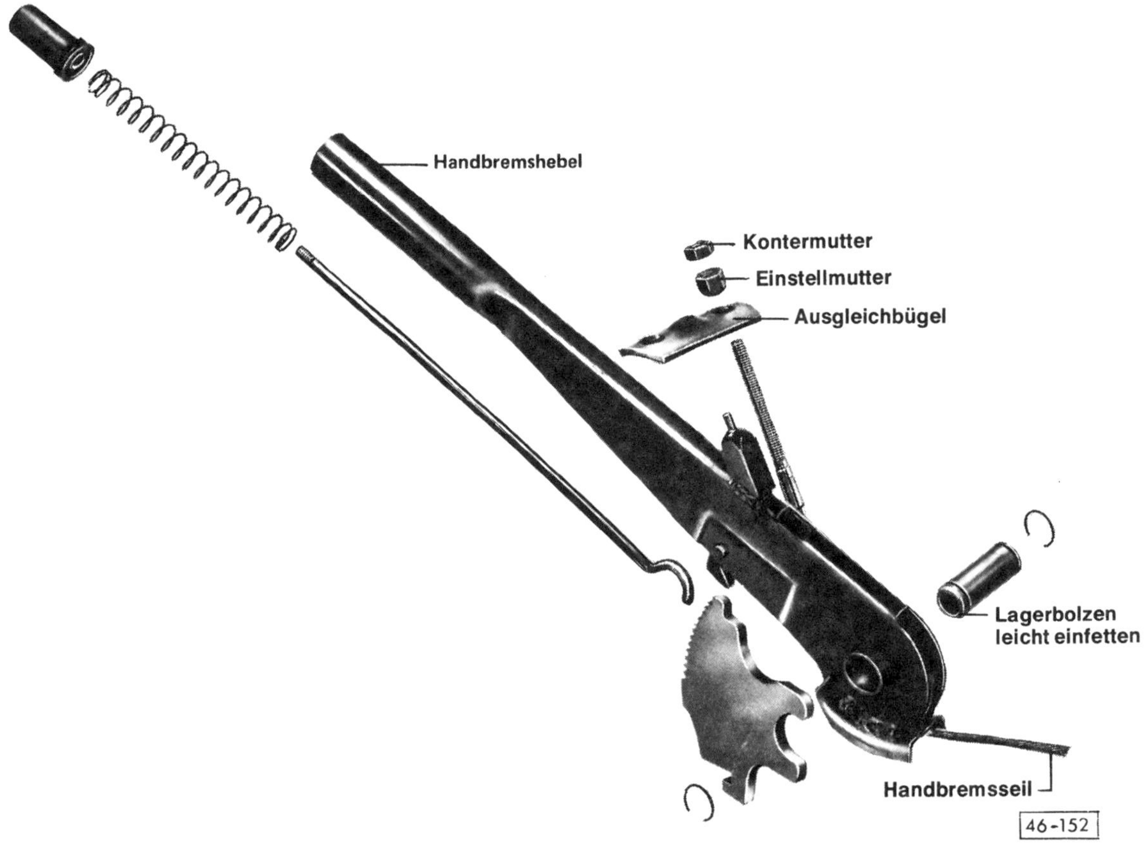

Handbremshebel aus- und einbauen

Ausbau

- Vordersitze ausbauen.
- Gummistulpe für Handbremshebel und hinteren Fußbodenbelag herausnehmen.
- Konter- und Nachstellmutter für Bremsseile abschrauben und Ausgleichbügel abnehmen, dabei Gewindestück des Bremsseils mit Schraubenzieher festhalten.

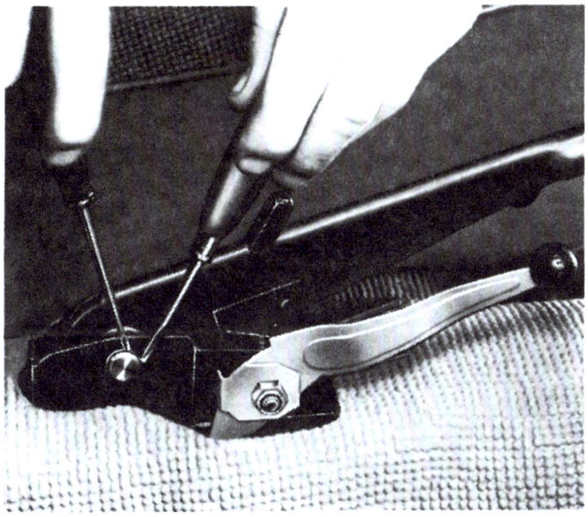

- Einen Sicherungsring vom Lagerbolzen des Handbremshebels abnehmen und Lagerbolzen austreiben.
- Handbremshebel – ohne den Druckknopf zu betätigen – so weit nach hinten drücken, bis er sich zusammen mit dem Zahnbogen nach oben herausnehmen läßt.
- Auf den Druckknopf drücken, der Zahnbogen fällt dann heraus.

Einbau

- Zahnbogen so in den Handbremshebel einsetzen, daß seine Aussparung über der Lagerbuchse des Lagerbolzens liegt und das Zahnsegment in die Sperrklinke faßt. Dabei auf richtigen Sitz der Sperrklinkennase achten.
- Handbremshebel von oben in die Halterung des Rahmentunnels einsetzen. Dabei die beiden Bremsseilenden links und rechts an den Kurvenstücken entlangführen.

Achtung: Beim Einsetzen des Hebels muß der Zahnbogen so liegen, daß seine vordere Aussparung in die Kante des Rahmentunnelbleches eingreift.

- Lagerbolzen und alle Gelenke mit Mehrzweckfett schmieren. Lagerbolzen einbauen, Sicherungsring aufsetzen.
- Bremsseile am Ausgleichbügel befestigen, Handbremse einstellen.

Bremsseil aus- und einbauen

Ausbau

- Bremstrommel hinten ausbauen, siehe Seite 102.
- Hintere Bremsbacken ausbauen, siehe Seite 131.
- Bremsseil am Bremshebel der Bremsbacke aushängen und Halter des Bremsseiles vom Bremsträger abschrauben.
- Kappe am Handbremshebel abnehmen.
- Konter- und Nachstellmutter am Handbremsseil abschrauben, dabei Gewindestück des Bremsseiles mit Schraubenzieher festhalten.
- Handbremshebel ausbauen.
- Bremsseil nach hinten aus der Führung herausziehen.

Einbau

- Bremsseil in Führung einschieben, Bremsseil-Halter am Bremsträger anschrauben.
- Bremsseil am Bremshebel der Bremsbacke einhängen, Bremse komplettieren, siehe Seite 131.
- Bremstrommel einbauen, siehe Seite 102.
- Bremsseil um das Kurvenstück des Handbremshebels legen. Handbremshebel einbauen.
- Hinterradbremse einstellen, siehe Seite 126.
- Handbremse einstellen.

Handbremse einstellen

- Wagen hinten aufbocken.
- Schutzkappe des Handbremshebels nach vorn stülpen.
- Kontermuttern für Bremsseile am Handbremshebel lösen.
- Handbremshebel 4 Zähne anziehen. Ab Fahrgestell-Nr. 1 122474 196 bis 1 122961 362: 6 Zähne.

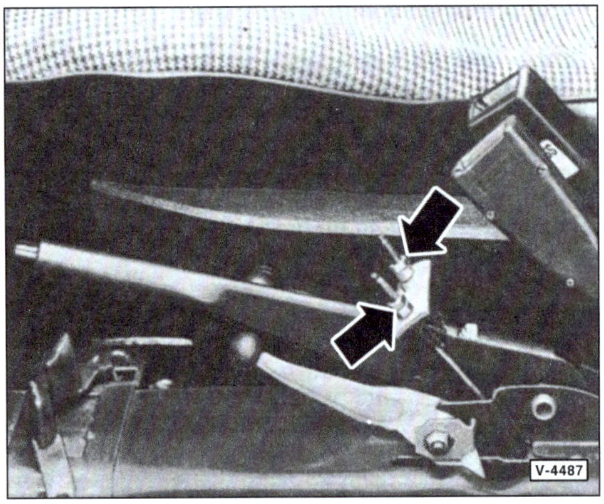

- Handbremsseile einzeln mit den Nachstellmuttern am Ausgleichbügel so weit anziehen, bis sich die Hinterräder gerade noch von Hand durchdrehen lassen. Beim Anziehen der Muttern Handbremsseil mit Schraubenzieher festhalten.
- Handbremshebel lösen und prüfen, ob sich beide Räder von Hand frei durchdrehen lassen, gegebenenfalls Seil lösen.
- Nachstellmuttern kontern, Schutzkappe für Handbremshebel einbauen, Wagen abbocken.
- Fahrzeug ablassen.

Hinterradbremse einstellen

- Fahrzeug hinten aufbocken.
- Schutzkappe vom Bremsträgerblech abnehmen.

- Nachstellritzel der Druckstange mit Schraubendreher durch das Loch im Bremsträger drehen, bis der Bremsbelag an der Bremstrommel anliegt. Beim Einstellen das Rad immer von Hand drehen, bis es festsitzt.
- Nachstellritzel wieder langsam zurückdrehen, bis sich das Rad frei von Hand durchdrehen lässt.
- Anschließend 2. Bremsbacke, wie beschrieben, einstellen.
- Schutzkappe am Bremsträgerblech aufsetzen.
- Fahrzeug ablassen.

Störungstabelle Bremse

Störung	Ursache	Abhilfe
Leerweg des Bremspedals zu groß	● Bremsbacken teilweise oder völlig abgenutzt	Bremsbeläge nachstellen oder Beläge erneuern
	● Ein Bremskreis ausgefallen	Bremskreise auf Flüssigkeitsverlust prüfen
	Speziell bei Scheibenbremse:	
	● Lüftspiel der Bremsbeläge zu groß (nur bei neuen Bremssätteln bzw. nach längerem Stillstand des Wagens möglich)	Bremsbeläge ausbauen. Etwas dünnere Beläge einsetzen. Am Bremspedal pumpen, hierdurch Kolben herausdrücken. Dann Kolben zurückdrücken. Bremsbeläge wieder einbauen
Bremspedal läßt sich weit und federnd durchtreten	● Luft im Bremssystem	Bremse entlüften
	● Zu wenig Bremsflüssigkeit im Ausgleichbehälter	Neue Original-Audi-/VW-Bremsflüssigkeit nachfüllen. Bremse entlüften
Bremswirkung läßt nach und Bremspedal läßt sich durchtreten	● Undichte Leitung	Leitungsanschlüsse nachziehen oder Leitung erneuern
	● Beschädigte Manschette im Haupt- oder Radbremszylinder	Manschette erneuern. Beim Hauptbremszylinder Innenteile ersetzen
	Speziell bei Scheibenbremse:	
	● Stationärer Gummidichtring beschädigt	Bremssattel überholen
Schlechte Bremswirkung trotz hohen Fußdrucks	● Bremsbeläge verölt	Bremsbeläge erneuern
	● Ungeeigneter Bremsbelag	Beläge erneuern. Original-Audi-/VW-Beläge verwenden
	Speziell bei Scheibenbremse:	
	● Bremsbeläge abgenutzt. Belagplatten stehen an der Spreizfeder an	Bremsbeläge erneuern

Störung	Ursache	Abhilfe
Bremse zieht einseitig	● Unvorschriftsmäßiger Reifendruck, Bereifung ungleichmäßig abgefahren	Reifendruck prüfen und berichtigen Abgefahrene Reifen ersetzen
	● Bremsbeläge verölt	Bremsbeläge erneuern
	● Verschiedene Bremsbelagsorten auf einer Achse	Beläge erneuern. Original-Audi-/VW-Beläge verwenden
	● Schlechtes Tragbild der Bremsbeläge	Bremsbeläge austauschen
	Speziell bei Scheibenbremse:	
	● Verschmutzte Bremssattelschächte	Sitz- und Führungsflächen der Bremsbeläge im Bremssattel reinigen
	● Korrosion in den Bremssattelzylindern	Bremssattel erneuern
	● Bremsbelag ungleichmäßig verschlissen	Bremsbeläge erneuern (beide Räder)
	Speziell bei Trommelbremse:	
	● Kolben in den Radbremszylindern schwergängig	Radbremszylinder instandsetzen
Bremse zieht von selbst an	● Ausgleichsbohrung im Hauptbremszylinder verstopft	Hauptbremszylinder reinigen und Innenteile erneuern
	● Spiel zwischen Betätigungsstange und Hauptbremszylinderkolben zu gering	Spiel prüfen
Bremsen erhitzen sich während der Fahrt	● Ausgleichsbohrung im Hauptbremszylinder verstopft	Hauptbremszylinder reinigen und Innenteile erneuern
	● Spiel zwischen Betätigungsstange und Hauptbremszylinder zu gering	Spiel prüfen
	Speziell bei Scheibenbremse:	
	● Drosselbohrung im Spezial-Bodenventil verstopft	Hauptbremszylinder reinigen, Innenteile ersetzen und Bremsflüssigkeit erneuern
	Speziell bei Trommelbremse:	
	● Bremsbacken-Rückzugfedern erlahmt	Rückzugfeder erneuern
Bremsen rattern	● Ungeeigneter Bremsbelag	Beläge erneuern. Original-Audi-/VW-Beläge verwenden
	Speziell bei Scheibenbremse:	
	● Radlagerspiel zu groß	Spiel richtig einstellen
	● Bremsscheibe stellenweise korrodiert	Scheibe mit Schleifklötzen sorgfältig glätten
	Speziell bei Trommelbremse:	
	● Bremsbeläge verschlissen, Nieten stehen vor	Beläge erneuern. Original-Audi-/VW-Beläge verwenden
	● Bremstrommel unrund	Bremstrommel ausdrehen, gegebenenfalls ersetzen

Störung	Ursache	Abhilfe
Bremsbeläge lösen sich nicht von der Bremsscheibe	**Speziell bei Scheibenbremse:**	
	● Korrosion in den Bremssattelzylindern	Bremssattel überholen, eventuell austauschen
Bremse quietscht	● Oft auf atmosphärische Einflüsse (Luftfeuchtigkeit) zurückzuführen	Keine Abhilfe erforderlich, und zwar dann, wenn Quietschen nach längerem Stillstand des Wagens bei hoher Luftfeuchtigkeit auftrat, sich aber nach den ersten Bremsungen nicht wiederholt
	Speziell bei Scheibenbremse:	
	● Ungeeigneter Bremsbelag	Beläge erneuern. Original-Audi-/VW-Beläge verwenden
	● Bremsscheibe läuft nicht parallel zum Bremssattel	Anlagefläche des Bremssattels prüfen
	Speziell bei Trommelbremse:	
	● Ungeeigneter Bremsbelag	Beläge erneuern
	● Lose Belagniete. Belag liegt nicht satt auf	Beläge erneuern
	● Bremse verschmutzt	Radbremsen reinigen
	● Rückzugfedern zu schwach	Rückzugfedern erneuern
Ungleichmäßiger Belag-Verschleiß	**Speziell bei Scheibenbremse:**	
	● Ungeeigneter Bremsbelag	Belag erneuern, Original-Audi-/VW-Belag verwenden
Keilförmiger Bremsbelag-Verschleiß	**Speziell bei Scheibenbremse:**	
	● Bremsscheibe läuft nicht parallel zum Bremssattel	Anlagefläche des Bremssattels prüfen
Bremse pulsiert	**Speziell bei Scheibenbremse:**	
	● Radlagerspiel zu groß	Radlager auswechseln
	● Seitenschlag oder Dickentoleranz der Bremsscheibe zu groß	Schlag und Toleranz prüfen. Scheibe nacharbeiten oder ersetzen
	● Bremsscheibe läuft nicht parallel zum Bremssattel	Anlagefläche des Bremssattels prüfen
	Speziell bei Trommelbremse:	
	● Bremstrommeln durch ungleichmäßiges Anziehen der Radschrauben verzogen	Radschrauben mit vorgeschriebenem Drehmoment anziehen
	● Anlagefläche des Scheibenrades an der Bremstrommel nicht plan, dadurch Verzug der Bremstrommel	Es kann versucht werden, die Scheibenräder untereinander auszutauschen. Besser: Bremstrommel mit angeschraubtem Rad auf einer geeigneten Drehbank ausdrehen

Räder und Reifen

Der VW Käfer ist serienmäßig mit Rädern der Größe $4^1/_2$ J x 15 und Reifen in der Dimension 5.60–15 oder 6.00–15 bzw. 155 SR 15 bestückt.

Alle Scheibenränder sind als sogenannte Hump-Felgen ausgestattet. Der Hump ist ein in die Felgenschulter eingepreßter Wulst, der auch bei extrem scharfer Fahrt verhindert, daß der schlauchlose Reifen von der Felge gedrückt wird.

Achtung: Werden Leichtmetallräder montiert, so sind in der Regel längere Radschrauben notwendig. In keinem Fall die Radschrauben verwechseln, da sonst Schäden an der Bremse auftreten.

Auswuchten der Räder

Die serienmäßigen Räder werden im Werk ausgewuchtet. Das Auswuchten ist notwendig, um unterschiedliche Gewichtsverteilung und Materialungenauigkeiten auszugleichen.

Im Fahrbetrieb macht sich die Unwucht durch Trampel- und Flattererscheinung bemerkbar.

Solche Unwuchterscheinungen können mit der Zeit Achslagerschäden hervorrufen, außerdem kann es zum Aufschwingen der ganzen Karosserie kommen. Das macht sich vor allem durch eine Unruhe am Lenkrad bemerkbar.

Räder grundsätzlich alle 15000 km und nach jeder Reifenreparatur auswuchten lassen, da sich durch Abnutzung und Reparatur die Gewichts- und Materialverteilung am Reifen ändert.

Reifenverschleiß

Die Reifen ausgewuchteter Räder nutzen sich bei gewissenhaftem Einhalten des vorgeschriebenen Luftdrucks und bei fehlerfreier Radeinstellung und Stoßdämpferfunktion auf der gesamten Lauffläche annähernd gleichmäßig ab. Im übrigen läßt sich keine generelle Aussage über die Lebensdauer bestimmter Reifenfabrikate machen, denn die Lebensdauer hängt von sehr unterschiedlichen Faktoren ab:

- Fahrbahnoberfläche
- Reifenluftdruck
- Fahrweise
- Witterung

Vor allem sportliche Fahrweise, scharfes Anfahren und starkes Bremsen fördern den schnellen Reifenverschleiß.

Achtung: Die Rechtsprechung verlangt, daß Reifen lediglich bis zu einer Profiltiefe von 1,6 mm abgefahren werden dürfen, und zwar müssen die Profilrillen auf der gesamten Lauffläche noch mindestens 1,6 mm Tiefe aufweisen. Es empfiehlt sich jedoch, sicherheitshalber die Reifen bereits bei einer Mindestprofiltiefe von 3 mm auszutauschen.

Ungewöhnlicher Reifenverschleiß

Ungleichmäßiger Reifenverschleiß ist zumeist die Folge zu geringen oder zu hohen Luftdrucks und kann auf Fehler in der Radeinstellung oder Radauswuchtung sowie auf mangelhafte Stoßdämpfer, Felgen oder Bremstrommeln zurückzuführen sein.

In erster Linie ist auf vorschriftsmäßigen Luftdruck zu achten, wobei spätestens alle vier Wochen eine Prüfung vorgenommen werden sollte.

Achtung: Luftdruck nur bei kühlen Reifen prüfen. Der Luftdruck steigt nämlich mit zunehmender Erhitzung bei schneller Fahrt an. Dennoch ist es völlig falsch, aus erhitzten Reifen Luft abzulassen.

Bei zu hohem Luftdruck wird die Laufflächenmitte mehr abgenutzt, da der Reifen an der Lauffläche durch den hohen Innendruck mehr gewölbt ist.

Bei zu niedrigem Luftdruck liegt die Lauffläche an den Reifenschultern stärker auf, und die Laufflächenmitte wölbt sich nach innen durch – dadurch stärkerer Reifenverschleiß der Reifenschultern.

Falsche Radeinstellung und Unwucht ergeben jeweils typische Reifenverschleißbilder, auf die in der Reifen-Störungstabelle hingewiesen wird.

Der richtige Reifenluftdruck

Reifenabmessungen	Reifenfülldruck in bar			
	halbe Nutzlast		volle Nutzlast	
	vorn	hinten	vorn	hinten
5.60 – 15 e PR 6.00 – 15 L 4 PR	1,1	1,9	1,3	1,9
155 SR 15	1,3	1,9	1,3	1,9

Bei Verwendung von Winterreifen ist der Luftdruck vorn und hinten um 0,2 bar Überdruck anzuheben. Dies gilt auch für Diagonalreifen und längere Autobahnfahrten mit hohen Geschwindigkeiten.

Austauschen der Räder

Es ist nicht ratsam, Räder ohne zwingenden Grund zu wechseln, da bei häufigem An- und Abschrauben der Räder (in der Praxis zumeist ohne Drehmomentschlüssel und somit ohne Gewähr für gleichmäßig festes Anziehen der Schraubenbolzen) Verspannungen der Bremstrommeln auftreten können. Es empfiehlt sich, den Wagen so lange zu fahren, bis sich die vorderen Räder der Verschleißgrenze nähern. Dann:

- Vorn zwei neue Reifen aufziehen bzw. Ersatzrad montieren und einen neuen Reifen aufziehen;
- Hinten die besten alten Reifen montieren (unter Beibehaltung der bisherigen Drehrichtung).

Es ist nicht zweckmäßig, bei einem Austausch der Räder die Drehrichtung der Reifen zu ändern, da sich die Reifen nur unter vorübergehend stärkerem Verschleiß der veränderten Drehrichtung anpassen.

Achtung: Das Anzugsdrehmoment beträgt für alle Schrauben 130 Nm (13,0 mkg).

Schneeketten

Da die Winterreifen mit Spikes verboten wurden und die neuen Haftreifen nicht das bieten können, was die Spikereifen boten, kommt der Schneekette für den Winterbetrieb wieder größere Bedeutung zu. Auf allen Modellen dürfen nur feingliedrige Schneeketten verwendet werden, die auf der Reifenfläche und an der Reifeninnenseite nicht mehr als 15 mm auftragen. Es empfiehlt sich, nur die von VW/Audi empfohlenen Ketten zu verwenden. Diese Ketten sind geprüft und entsprechen den VW-Forderungen. Mit Schneeketten darf nicht schneller als 50 km/h gefahren werden. Auf schnee- und eisfreien Straßen sind die Schneeketten abzunehmen, da sie sonst sehr schnell verschleißen.

Störungstabelle Reifen

Abnutzung	Ursache
Stärkerer Reifenverschleiß auf beiden Seiten der Lauffläche	Zu niedriger Luftdruck
Stärkerer Reifenverschleiß in der Mitte der Lauffläche, über den gesamten Umfang	Zu hoher Luftdruck
Auswaschungen der Profilseite	Statische und dynamische Unwucht des Rades. Eventuell zu großer Seitenschlag der Felge, zu großes Spiel im Radlager oder in den Achsgelenken
Auswaschungen in der Mitte des Reifenprofils	Statische Unwucht des Rades. Eventuell Folge von zu großem Höhenschlag
Starke Abnutzung an einzelnen Stellen in der Mitte der Lauffläche	Blockierspuren von Vollbremsungen. Eventuell unrunde Bremstrommel, die ein Blockieren bei stets derselben Radstellung begünstigt
Schuppenförmige oder sägezahnähnliche Abnutzung des Profils. In krassen Fällen mit Gewebebrüchen verbunden, die nach einiger Zeit nach außen sichtbar werden	Überbelastung des Wagens. Innenseite der Reifen auf Gewebebrüche untersuchen!
Gummizungen an den seitlichen Profilkanten	Fehlerhafte Radeinstellung. Reifen radiert. Bei Hinterrädern auch Zustand der Stoßdämpfer prüfen!
Gratbildung an einer Profilseite des Vorderrades	Falsche Radeinstellung. Reifen radiert. Häufiges Fahren auf stark gewölbter Fahrbahn. Schnelle Kurvenfahrt
Stoßbrüche im Reifenunterbau. Anfangs nur im Inneren des Reifens sichtbar	Überfahren von kantigen Steinen, Schienenstößen und ähnlichem bei hohen Geschwindigkeiten

Die Karosserie

Beim VW Käfer sind Rahmen und Aufbau miteinander verschraubt. Beide Baugruppen haben tragende Funktionen und ergeben zusammen einen verwindungssteifen, stabilen Fahrzeugkörper, an dem Kotflügel, Trittbretter, Türen, Hauben und Stoßstangen angeschraubt sind.

Der Aufbau ist auf den Rahmen aufgesetzt und an den Anlageflächen mit einer Gummidichtung gegen den Rahmen abgedichtet. Bei schweren Schäden kann der komplette Aufbau vom Rahmen abgenommen werden.

Das Instandsetzen schwerer Schäden am Aufbau oder Rahmen ist mit Heimwerkermitteln nicht ratsam, da Richt-, Trenn- und Schweißarbeiten von erfahrenen Fachleuten ausgeführt werden müssen, wenn das Ergebnis befriedigen soll. Dagegen können Montagearbeiten an defekten Anbauteilen mit verhältnismäßig einfachen Mitteln durchgeführt werden.

Kotflügel vorn aus- und einbauen

Ausbau

- Radschrauben lösen, Wagen aufbocken und Vorderrad abschrauben.
- Stoßfänger abschrauben und Dichtung für Stoßfängerträger vom Kotflügel abnehmen.

Achtung: Bei Fahrzeugen mit Blinkleuchten im Stoßfänger vorher Blinkleuchten ausbauen.

- Scheinwerfer und Blinkleuchten ausbauen und Kabel aus der Scheinwerfermulde herausziehen. Schutzhülle für Blinker aus dem Kotflügeldurchbruch entfernen.

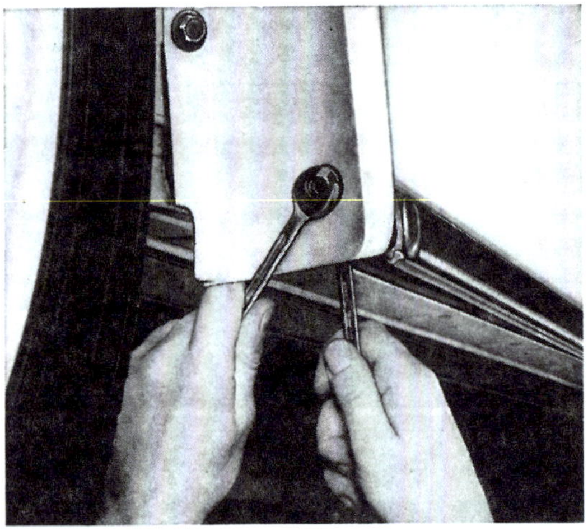

- Sechskantschraube mit Mutter zwischen Kotflügel und Einsteigverkleidung abschrauben. Sechskantschrauben der Kotflügelbefestigung abschrauben.
- Kotflügel und Keder abnehmen.

Einbau

- Keder für Kotflügel auf Brauchbarkeit prüfen, nötigenfalls erneuern.
- Gewindebohrungen für Befestigungsschrauben des Kotflügels nötigenfalls nachschneiden, Schrauben ölen.
- Kotflügel ansetzen, alle Schrauben von Hand einschrauben. Dann Keder einsetzen und Schrauben festziehen.
- Gummischeibe zwischen Kotflügel und Einsteigverkleidung gegebenenfalls erneuern.
- Blinkleuchte, wo vorhanden, am Kotflügel anschrauben, elektrische Leitungen anschließen.
- Scheinwerfer einbauen und einstellen.
- Stoßstange einbauen, wo vorhanden, Blinkleuchten einsetzen.
- Rad anschrauben, Wagen abbocken, Radschrauben mit 130 Nm (13,0 mkg) festziehen.

Kotflügel hinten aus- und einbauen

Ausbau

- Radschrauben lösen, Wagen hinten aufbocken und Hinterrad abnehmen.
- Schlußbrems-Blinkleuchte abschrauben und Kabelstrang nach hinten herausziehen.
- Hinteren Stoßfänger mit Stoßfängerträger abschrauben und Abdichtung für Stoßfängerträger abnehmen.
- Sechskantschrauben für Kotflügel und Trittbrett herausschrauben.

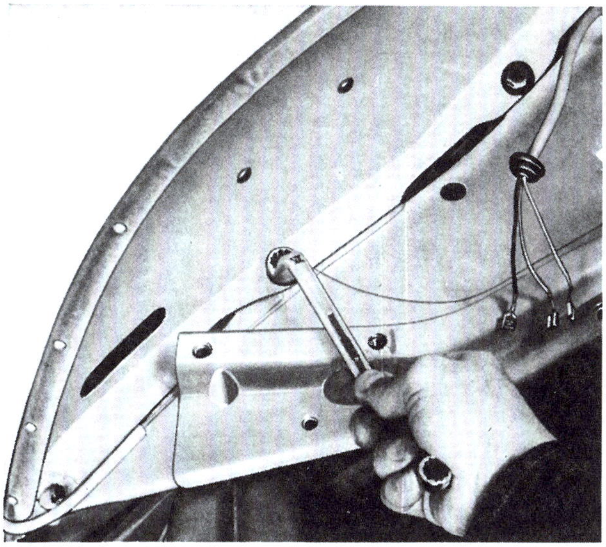

- Kotflügel und Keder abnehmen.

Einbau

- Keder für Kotflügel auf Brauchbarkeit prüfen, nötigenfalls erneuern.
- Gewindebohrungen für Befestigungsschrauben des Kotflügels nötigenfalls nachschneiden, Schrauben ölen.
- Kotflügel ansetzen, Schrauben von Hand eindrehen, Keder einsetzen und Schrauben festziehen. Auf richtige Lage des Keders beim Anschrauben des Kotflügels achten.

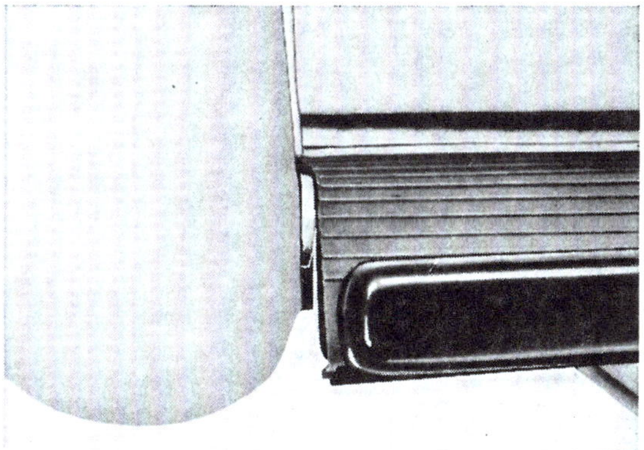

- Gummischeibe zwischen Kotflügel und Einsteigverkleidung gegebenenfalls erneuern.
- Abdichtung für Stoßfängerträger in den Ausschnitt des Kotflügels hineindrücken. Beim Anschrauben des hinteren Stoßfängers ist auf einwandfreien Sitz der Gummiabdichtung zu achten.
- Schlußbrems-Blinkleuchte anschrauben. Auf einwandfreien Zustand und Sitz der Gummidichtung zwischen Brems-Schlußlichtgehäuse und Kotflügel achten, nötigenfalls Dichtung erneuern. Elektrische Leitungen anschließen. Funktion der Leuchten überprüfen.
- Rad anschrauben, Wagen abbocken, Radschrauben mit 130 Nm (13,0 mkg) festziehen.

Vordere Haube aus- und einbauen

Ausbau

- Links und rechts mit Reißnadel Haube und Scharnier markieren (erleichtert beim Wiedereinbau der alten Haube die Stellung der Haube zum Scharnier).

- Haube öffnen. Vorderen Windlauf (Bereich vor der Frontscheibe) abdecken, um Beschädigungen beim Abnehmen der Haube zu vermeiden. Helfer hinzuziehen, der beim Abschrauben der Haube behilflich ist. Je zwei Befestigungsschrauben von der Haube herausdrehen und Haube abnehmen.

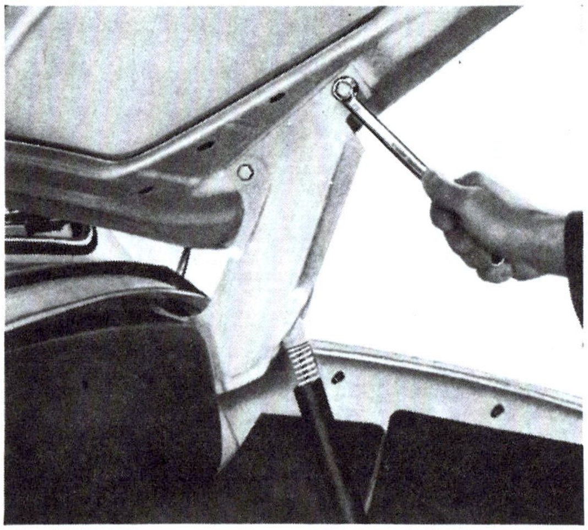

Einbau

- Wenn dieselbe Haube wieder eingebaut wird: Markierung von Haube und Scharnier in Deckung bringen.

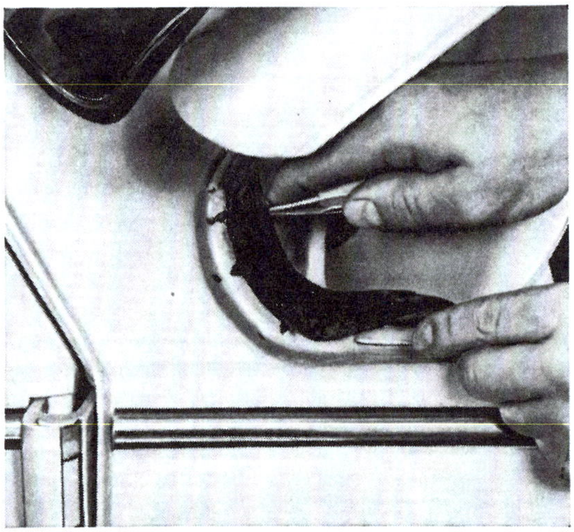

- Auf guten Sitz und Zustand der Gummidichtung achten; eventuell neue Dichtung anbringen.

- Haube an den Scharnieren lose anschrauben und durch Verschieben in den Langlöchern einpassen. Schrauben festziehen.

- Durch mehrmaliges Öffnen und Schließen prüfen, ob die Haube im Haubenschloß einrastet. Eventuell Schloß-Oberteil nachstellen.

Haubenschloß vorn aus- und einbauen

Ausbau

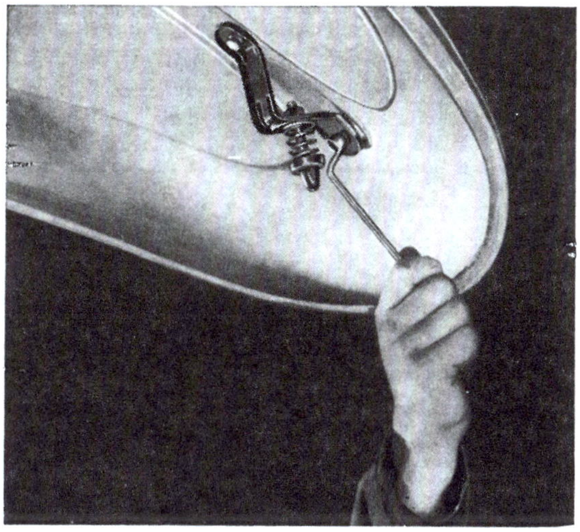

- Am Deckelschloß-Oberteil: Zwei Sechskantschrauben herausschrauben. Griff mit Unterlagen und Deckelschloß-Oberteil abnehmen.

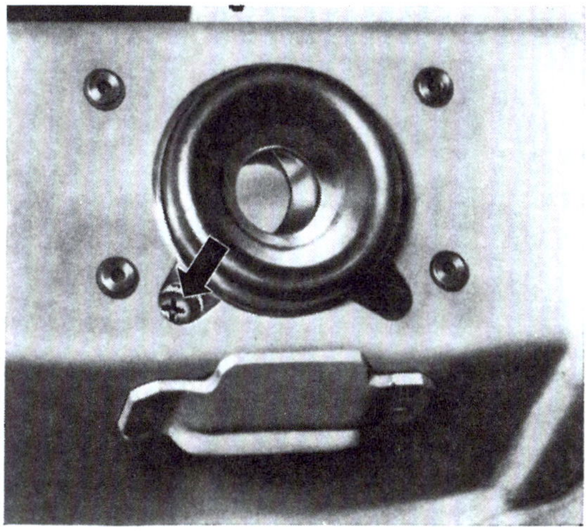

- Im Durchbruch des Schlosses Klemmschraube für Schließhaken lösen. Vier Poppnieten mit einem Flachmeißel abmeißeln. Deckelschloß-Unterteil nach unten herausziehen.

Einbau

- Das Deckelschloß ist so konstruiert, daß bei einem Reißen des Deckelschloßzuges automatisch der Sperr-Riegel, der den Zapfen des Schloßträgers bei geschlossenem Deckel blockiert, zurückspringt. Der Zapfen liegt dann frei, und der Deckel kann geöffnet werden.

- Schloßzug mit der Klemmschraube provisorisch am Schließhaken anschrauben. Unterteil mit dem Schloßträgerblech vernieten oder verschrauben.

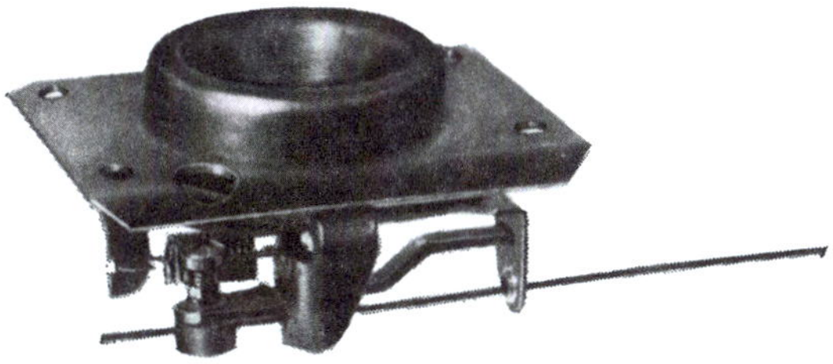

- Klemmschraube lösen, Schloßzug straff ziehen und festschrauben. Schloßzug hinter der Klemmschraube umbiegen.
- Deckelschloß-Oberteil: Griff mit Unterlage auf die Haube legen. Drücker des Sicherungshakens in den Deckelgriff einschieben. Sechskantschrauben mit Unterlegscheiben einschrauben.

- Sitz des Schlosses und Länge des Schloßzapfens durch mehrmaliges Öffnen und Schließen prüfen. Zapfenlänge nach Lösen der Kontermutter durch Hinein- oder Herausschrauben des Zapfens berichtigen.

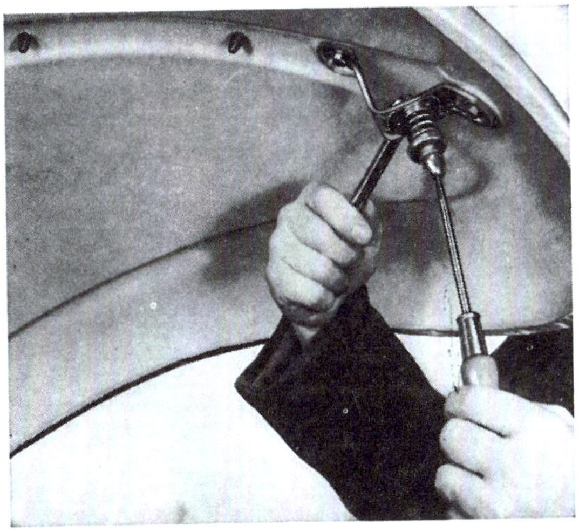

- Einstellung des Schloßzuges prüfen, eventuell Zug nachstellen und überstehendes Drahtende umbiegen. Schloßhaken und Schloßzapfen leicht einfetten.

Hintere Haube aus- und einbauen

Ausbau

- Luftfilter vom Motor abnehmen und Ansaugstutzen sorgfältig abdecken.
- Kabel der Kennzeichenleuchte abklemmen und von der Haube abnehmen.
- Je zwei Befestigungsschrauben aus den Haubenscharnieren herausschrauben und Haube entgegen der Federspannung nach oben herausziehen. Dabei Dekkelfeder aus der oberen Aussparung aushaken.

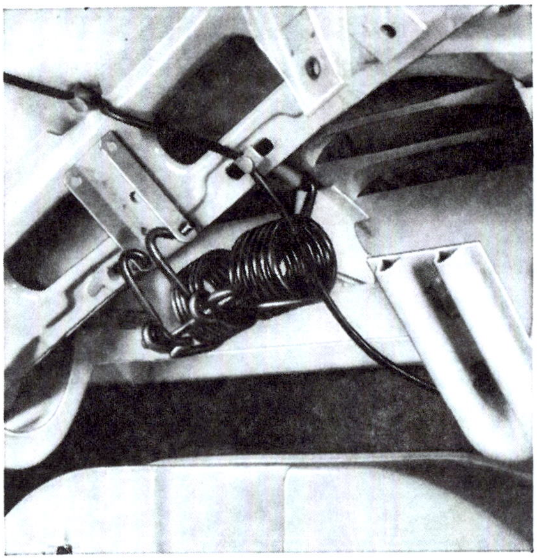

Einbau

- Gummidichtung überprüfen, gegebenenfalls ersetzen. Damit die neue Dichtung nicht verrutschen kann, sind die Enden der Führungsschienen etwas zu stauchen.

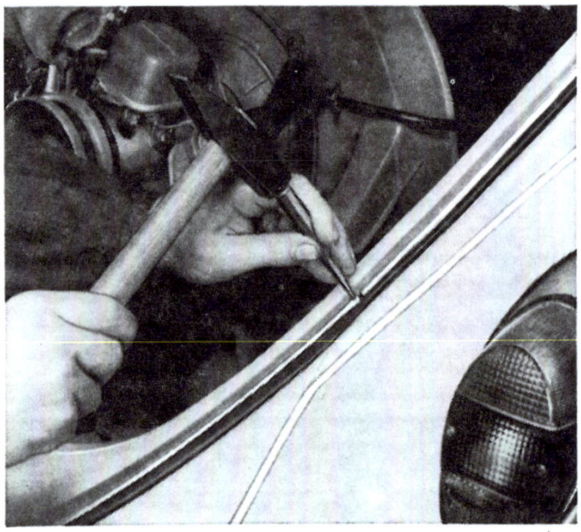

- Haube an einem Scharnier nur locker anheften. Haube schräg halten und in dieser Stellung die Feder im Lager einsetzen. Haube etwas nach oben drücken und am zweiten Scharnier locker anschrauben.
- Haube in den Langlöchern so verschieben, daß eine gleichmäßige Auflage und Abdichtung gewährleistet ist. Anschließend Befestigungsschrauben anziehen und durch mehrmaliges Öffnen und Schließen prüfen, ob die Haube im Haubenschloß einrastet.

Haubenschloß hinten aus- und einbauen

Ausbau

- Drei Schrauben auf der Innenseite der Haube abschrauben. Schloß mit einer Hand festhalten und Griff herausziehen.

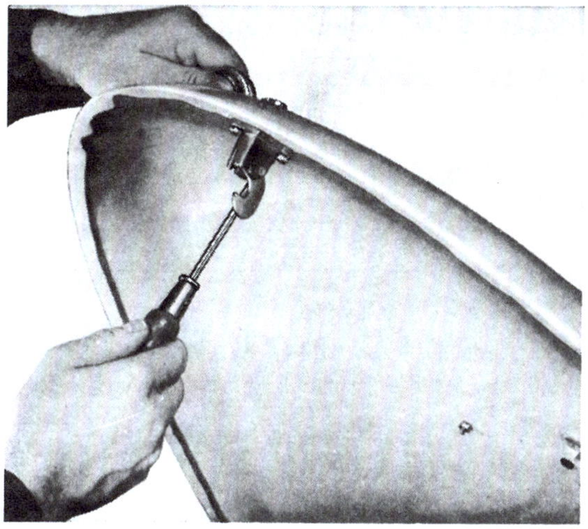

Einbau

- Schloß, Griff und Unterlage prüfen, gegebenenfalls ersetzen.
- Das Schloß auf der Unterseite der Haube einsetzen und Haubengriff mit Unterlage von oben aufsetzen. Haubenschloß mit Griff zusammenschrauben.
- Einwandfreien Sitz des Haubenschlosses durch mehrmaliges Öffnen und Schließen der Haube prüfen, eventuell Schloß durch Verschieben des Schließbleches in den Langlöchern anpassen.

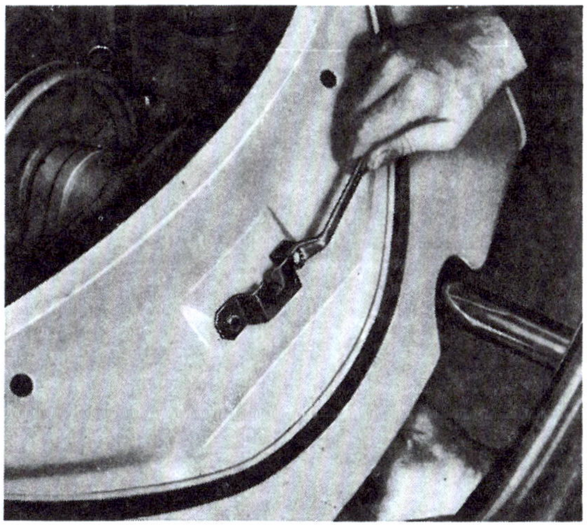

Schiebedach: Wasserabläufe kontrollieren

Das in den Kurbeldach-Ausschnitt eintretende Wasser fließt durch Wasserablaufschläuche in den vorderen und hinteren Dachholmen nach unten ab.

- Die vorderen Wasserablaufschläuche können nach Öffnen des Daches von oben mit Preßluft oder einem biegsamen Stahldraht gereinigt werden.
- Die hinteren Wasserablaufschläuche können nach Abnehmen der Ausstiegverkleidung, ebenfalls mit Preßluft oder einem biegsamen Stahldraht, von unten gereinigt werden.
- Falls neue Wasserablaufschläuche eingebaut werden müssen, ist darauf zu achten, daß auf keinen Fall ein Knick entsteht. Die neuen Schläuche werden eingezogen und mit Universalkleber an den Wasserablaufrohren festgeklebt.

Abdichtung des Schiebedachs erneuern

- Wenn die Abdichtung des Kurbeldachs schadhaft geworden ist, kann sie erneuert werden. Im Dachausschnitt werden die vorhandenen Dichtungen entfernt und durch neue ersetzt. Die lange Leiste ist vorn und seitlich, die kurze Leiste hinten im Dachausschnitt mit Universalkleber anzukleben. Die hintere, kurze Dichtung soll so eingeklebt werden, daß sie um die hinteren Rundungen des Dachausschnitts greift. Die vordere wird so eingesetzt, daß zwischen den Dichtungen kein Zwischenraum bleibt.
- Die Gummidichtung des Kurbeldachs kann bei ausgebautem Dach erneuert werden. Die alte Dichtung ist abzuziehen, die neue mit Universalkleber anzukleben.

Tür aus- und einbauen

Ausbau

- Türfeststeller an der Scharniersäule lösen.

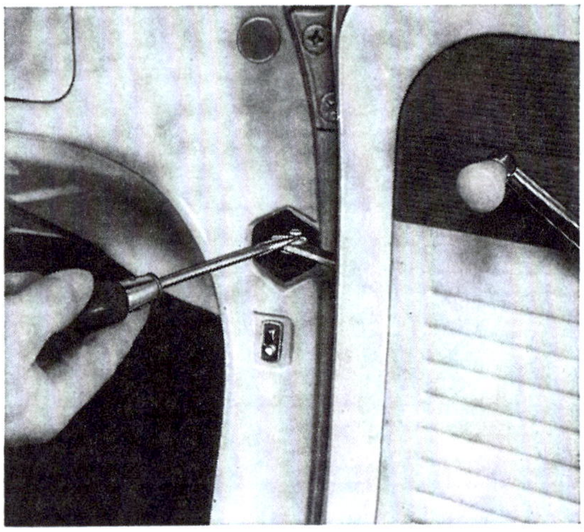

- Scharnier und Rahmen mit Reißnadel markieren (Pfeile).

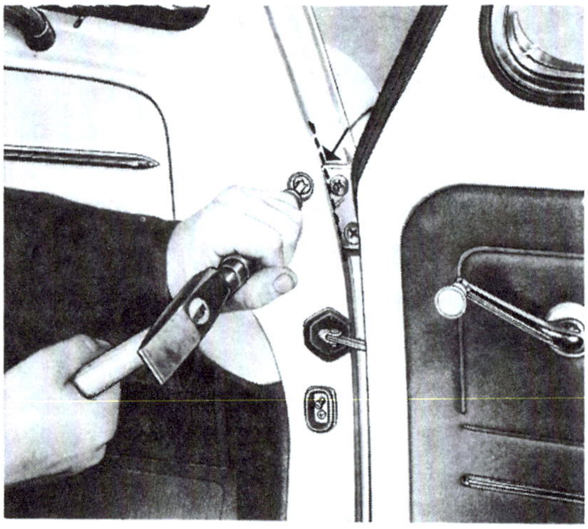

- Abdeckpfropfen für die Befestigungsschrauben herausnehmen. Kreuzschlitzschrauben zunächst mit einem Schlagschraubenzieher lockern, dann herausschrauben. Tür abnehmen.
- Soll die Tür lediglich abgenommen oder ein Scharnierbolzen erneuert werden, so ist der Bolzen möglichst mit einem Ausdrücker zu entfernen, da beim Heraustreiben mit Dorn und Hammerschlägen Scharnier oder Karosserie verformt werden können.

Einbau

- Türdichtung prüfen, eventuell neue Dichtung mit Universalkleber einkleben.
- Schließplatte an der Schloßsäule abschrauben (zum besseren Einpassen der Tür). Tür anschrauben und einpassen. Markierungen von Scharnier und Rahmen in Deckung bringen. Die Tür soll mit gleichmäßigem Abstand nach allen Seiten im Türausschnitt liegen und mit der übrigen Karosserie fluchten.

Achtung: Die Türscharniere werden zunächst locker an die Gewindeplatte angeschraubt, die sich im unteren und oberen Haltebock verschieben läßt. Tür anpassen, anschließend Schrauben festziehen.

- Schließplatte wieder anschrauben und einstellen.
- Kunststoff-Pfropfen aus Scharnier herausziehen und Scharnier mit Fettpresse schmieren.
- Anlageflächen von Schloßfalle und Schließplatte dünn mit Vaseline oder Molybdändisulfid-Paste fetten.

Schließplatte einstellen

Läßt sich das Klappern der Tür nicht durch Nachstellen der Schließplatte beheben, ist es nicht unbedingt erforderlich, die Schließplatte auszutauschen. In vielen Fällen genügt es, zwischen Schließkeil und Schließplatte eine ca. 0,5 bis 1,5 mm starke Blechunterlage einzulegen.

- Dazu zwei Senkschrauben aus dem abgewinkelten Teil der Schließplatte herausschrauben. Blechunterlage einlegen und zusammen mit dem Schließkeil verschrauben.

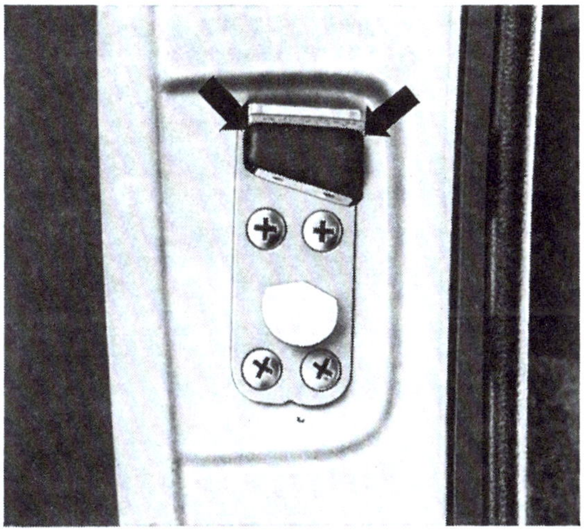

- Schließplatte ausbauen und Tür (wie auf Seite 150 links oben beschrieben) ausrichten.
- Schließplatte nach den Mittenmarkierungen auf der Schloßsäule ausrichten, Schließplatte anschrauben und gegebenenfalls einstellen.

Eine falsche Einstellung der Schließplatte läßt sich folgendermaßen korrigieren:

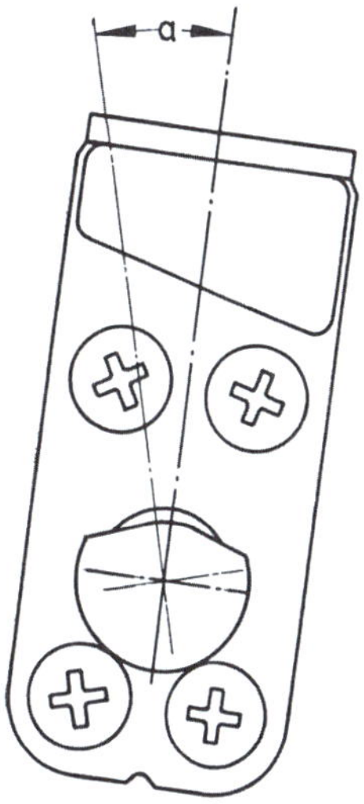

- Schließt die Tür zu stramm und ist die Drucktaste schwergängig, dann ist die Schließplatte zu weit nach innen geneigt und muß um das Maß „a“ korrigiert werden.

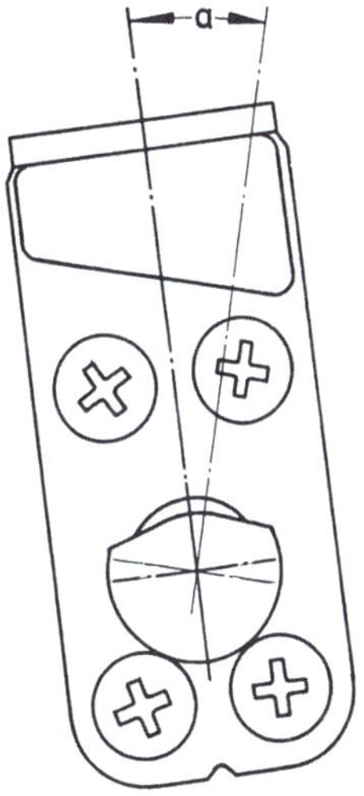

- Rastet die Tür beim Zuschlagen nicht in die Endstellung ein, sondern springt in die Sicherheitsstellung zurück, dann ist die Schließplatte oben zu weit nach außen geneigt und ist um das Maß „a“ zu korrigieren.
- Sackt die Tür beim Öffnen ab und läuft sie nicht parallel aus dem Türausschnitt, dann ist die Schließplatte zu hoch eingestellt. – Schließplatte nach unten versetzen.
- Rastet die Tür beim Zuschlagen lediglich in die Sicherheitsstellung ein und springt aus der Endstellung wieder heraus, dann ist die Schließplatte zu tief eingestellt. – Schließplatte nach oben versetzen.

Türverkleidung aus- und einbauen

Ausbau

- Griffschale für die Innenbetätigung mit einem Schraubenzieher ausdrücken und Kreuzschlitzschraube der Rosette für Innenbetätigung herausschrauben.

- Fensterkurbel abschrauben. Hierzu die Kunststoffabdeckung der Kurbel abdrücken und Schlitzschraube herausschrauben. Fensterkurbel abziehen.
- Türverkleidung von der Türinnenhaut abnehmen (mit Schraubenzieher abdrücken). **Achtung:** Auf der Beifahrerseite (wo vorhanden, auch auf der Fahrerseite) hakt das Halteblech der Armlehne in die Lasche des Armlehnenträgers. Türverkleidung beim Abnehmen etwas nach oben abziehen.

Einbau

- Türinnenhaut leicht mit Universalkleber bestreichen und PVC Folie ankleben. **Achtung:** Die Folie muß im unteren Bereich in den Fensterschacht gezogen werden.
- Türverkleidung einbauen. – **Achtung:** Türverkleidung mit dem Halteblech der Armlehne (wo vorhanden) in die Lasche des Armlehnenträgers einhängen.
- Fensterkurbel so anschrauben, daß sie bei geschlossenem Seitenfenster senkrecht nach unten steht. Abdeckung aufdrücken.
- Innenbetätigung für Schloß anschrauben und Griffschale eindrücken.

Fensterheber / Fenster und Führungsschienen aus- und einbauen

Ausbau

- Türverkleidung ausbauen.
- Vier Sechskantschrauben an der Fensterhebeschiene herausschrauben. Türfenster nach oben schieben. Fünf Sechskantschrauben für Fensterheber und eine Sechskantschraube für Schwenkfenster am Türinnenblech abschrauben.

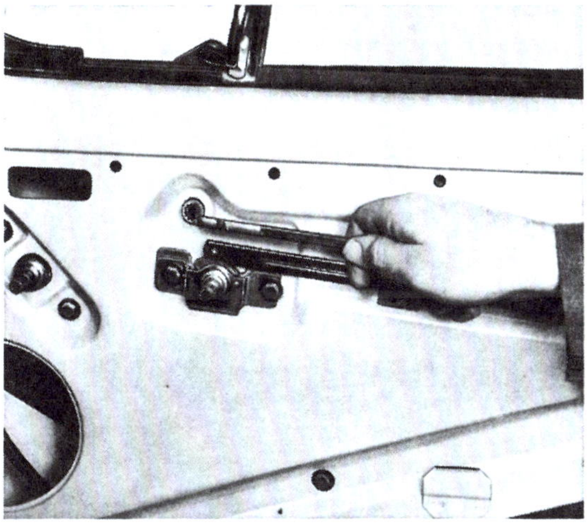

- Fensterheber zur Türaußenhaut drücken und nach unten herausziehen. Türfenster herunterziehen, etwas verkanten und aus der Tür herausnehmen.

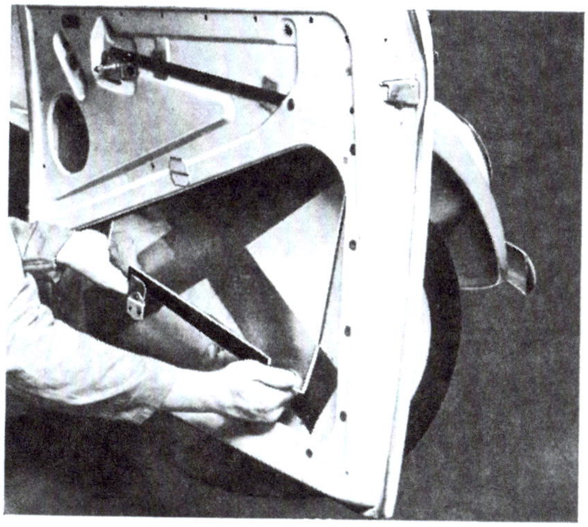

- Falls erforderlich: Zierrahmen für Türfenster mit Gummidichtung ausbauen. Es empfiehlt sich, die Klammern des Zierrahmens von hinten herauszudrücken. Gummidichtung für Türfensterschacht an der Türinnenhaut ausbauen. Hintere Fensterführung nach oben aus dem Fensterschacht herausziehen. Die Fensterführungsschiene läßt sich nach Herausschrauben einer Sechskantschraube vom Lagerbock nach unten herausnehmen.

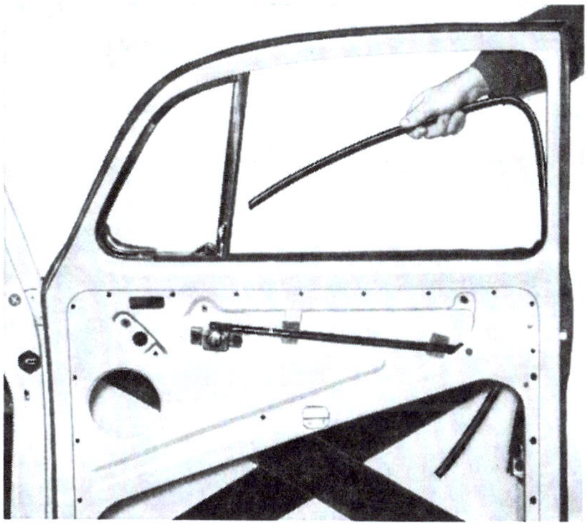

- Kreuzschlitzschraube am oberen Türfensterrahmen und Sechskantschraube im Bereich der Fernbetätigung an der Türinnenhaut herausschrauben und vordere Fensterführungsschiene mit Drehfensterrahmen herausnehmen.

Einbau

- Fensterführungsschienen, Fensterführungen und Halteklammern prüfen, gegebenenfalls ersetzen. Die hintere Fensterführung wird in einem geraden, fertig zugeschnittenen Stück geliefert. Sie ist vor dem Einbau entsprechend zu biegen und in die Halteklammern des Türfensterrahmens und der hinteren Fensterführungsschiene einzudrücken.

Achtung: Wurde die Fensterhebeschiene von der Fensterscheibe abgenommen, muß sie in einem Abstand von ungefähr 80 mm (a) – von der geraden Führungsseite her gesehen – wieder eingesetzt werden.

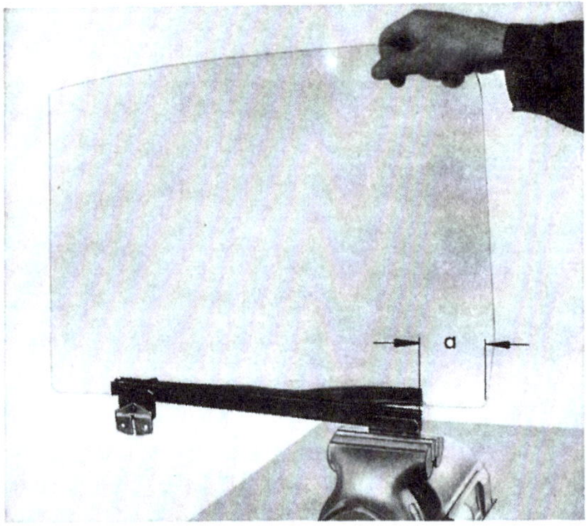

- Seilzug des Fensterhebers vor dem Einbau leicht mit Universalfett einstreichen. Auf festen Sitz der Dämpfungsstreifen in der Tür und auf freie Ablaufbohrungen im Türboden achten.

- Vordere Fensterführungsschiene mit Drehfensterrahmen einsetzen und festschrauben. Türfenster von unten in die Fensterführungen einsetzen und nach oben schieben. Fensterheber einsetzen und an der Türinnenhaut festschrauben. – **Achtung:** Sollte der Fensterheber im Bereich der Fernbetätigung nicht an der vorderen Fensterführungsschiene durchgeschoben werden können, muß das Drehfenster etwas herausgehoben werden.

- Türfenster nach unten schieben und Fensterhebeschiene links und rechts lose am Fensterheber anschrauben. Türfenster einige Male öffnen und schließen, danach Sechskantschrauben der Fensterhebeschiene fest anziehen.

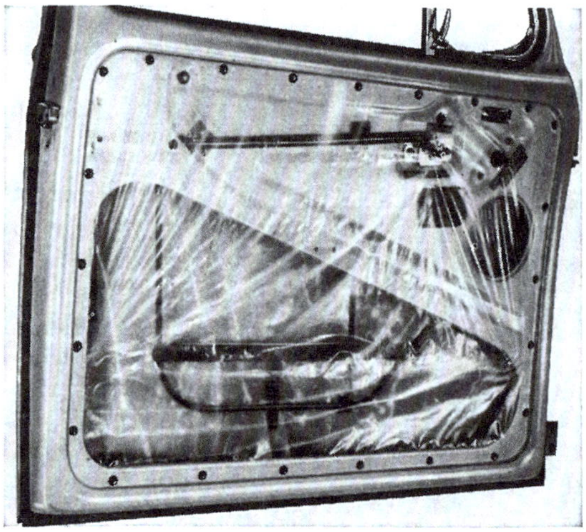

- PVC-Folie mit Universalkleber auf die Türinnenhaut aufkleben. Türverkleidung anbringen.

Türgriff / Schließzylinder aus- und einbauen

Ausbau

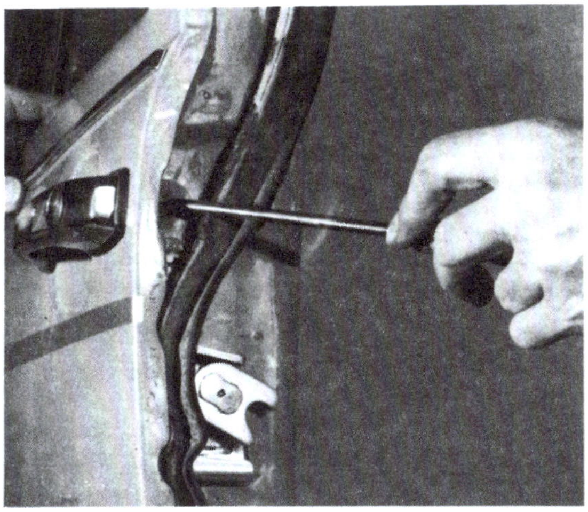

- Kreuzschlitzschraube im Bereich des Türschlosses herausschrauben. Türgriff nach vorn ziehen und herausnehmen.
- Zum Ausbau des Schließzylinders muß der Schlüssel in das Schloß gesteckt werden, da sonst die Schließplättchen rausfallen.

- Schraube aus Schließzylinder herausschrauben, Lage der Feder merken, Winkelstück und Feder abnehmen. Schließzylinder herausziehen.
- Falls der Schlüssel aus dem Schließzylinder herausgezogen werden soll, Schließzylinder mit Isolierband umwickeln.

Einbau

- Schlüssel in Schließzylinder stecken, Feder aufsetzen und Federenden über Kreuz gegen den Anschlag bringen, Winkelstück aufsetzen und festschrauben.
- Türgriff in die Tür einsetzen, nach hinten schieben, Kreuzschlitzschraube einschrauben.

Windschutz-/Seitenscheibe erneuern

- Falls die alte Gummidichtung wieder verwendet wird, Dichtung von Scheibenresten befreien.
- Gummidichtung um die Scheibe legen. Falls Zierrahmen vorhanden, Zierrahmen in Gummidichtung eindrücken.

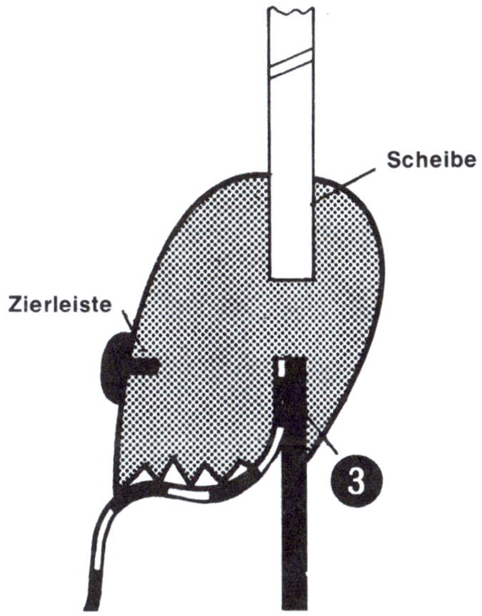

- In die Gummirille (3) Kabel oder Paketschnur einlegen. Dabei die Gummidichtung mit einem mittleren Schraubenzieher spreizen und Kabel rundherum eindrücken. Das Kabel muß tief in der Rinne liegen. Die Enden des Kabels sollen in der Mitte der Scheibe liegen.

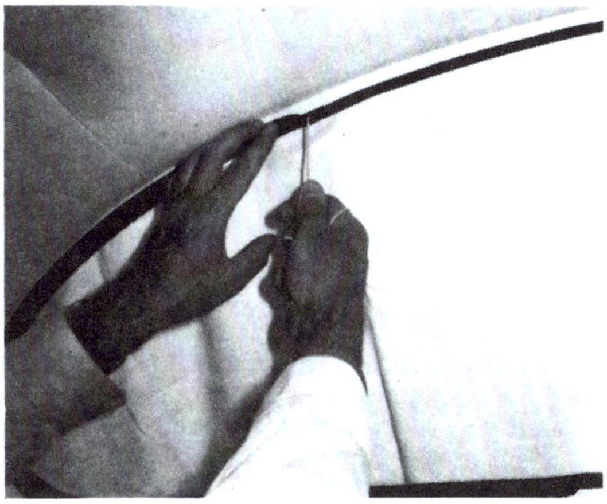

- Scheibe einsetzen und Kabel langsam herausziehen (siehe Foto), dabei muß sich die Gummilippe um den Blechsteg legen.
- Während das Kabel von der Wageninnenseite langsam herausgezogen wird, muß eine zweite Person mit der flachen Hand von außen auf die Scheibe schlagen, damit diese angepreßt wird.

Die elektrische Anlage

Die elektrische Anlage (Gleichstrom) des VW Käfer hat eine Betriebsspannung von 12 Volt.

Als Stromerzeuger dient ein Drehstrom- oder Gleichstrom-Generator mit einer Einrichtung zur Spannungs- und Ladestromregelung. Der Vorteil einer Drehstromlichtmaschine liegt darin, daß sie schon bei Motor-Leerlaufdrehzahl die Batterie lädt. Der Generator wird von der Motorkurbelwelle über einen Keilriemen angetrieben. Die nicht von den Verbrauchern benötigte Energie fließt in die Batterie und wird dort gespeichert.

Die wichtigsten Verbraucher der elektrischen Anlage sind:

Anlasser
Zündanlage
Beleuchtungseinrichtungen mit Blinkanlage
Scheibenwischeranlage
Instrumente
Signalhorn
Innenbeleuchtung
Zubehör: Heckscheibenheizung, Frischluftgebläsemotor, Radio usw.

Zur Beleuchtungs- und Blinkeinrichtung gehören die beiden Scheinwerfer, die vorderen Blinkleuchten, die Blink-, Brems- und Schlußleuchten und die Kennzeichenleuchte.

Die Scheibenwisch- und -waschanlage besteht aus dem Scheibenwischermotor, dem Antriebsgestänge und den beiden Scheibenwischern. Die Scheibenwaschanlage arbeitet pneumatisch. Der Scheibenwaschbehälter im Kofferraum ist über eine Schlauchleitung mit den beiden Spritzdüsen verbunden.

Zur Instrumentierung gehören Geschwindigkeitsmesser, Kraftstoffanzeige, Kilometerzähler und Kontrolleuchten für Öldruck, Ladestrom der Lichtmaschine, Fernlicht und Blinklicht.

Der Anlasser ist in seiner Bauart ein Schubschraubtrieb-Anlasser mit einer Leistung von 0,7 PS.

Die Zündanlage besteht im wesentlichen aus der Zündspule, dem Zündverteiler, den Zündkabeln und den vier Zündkerzen.

Sämtliche Sicherungen sind in einem Gehäuse links unter der Armaturentafel zusammengefaßt.

Wartung

Die elektrische Anlage erfordert in gewissen Abständen die Überprüfung verschiedener Aggregate. Die Überprüfungen sollten nicht vernachlässigt werden, denn von der elektrischen Anlage hängt die Betriebssicherheit des Fahrzeugs ab.

Im Rahmen der Diagnose und Wartung werden überprüft und gegebenenfalls eingestellt, erneuert bzw. ergänzt:

- Der Schließwinkel im Zündverteiler (Kontaktabstand).
- Die Zündkerzen.
- Der Flüssigkeitsstand in der Batterie.
- In größeren Abständen (etwa alle 50000 km) sind die Schleifkohlen der Lichtmaschine und des Anlassers zu prüfen.

Wichtig: Bei allen Arbeiten an der elektrischen Anlage Minus-Kabel von der Batterie abnehmen.

Batterie aus- und einbauen

Ausbau

- Hintere Sitzbank hochklappen oder herausnehmen.
- Schutzdeckel des Pluspols nach oben klappen.
- Wo vorhanden, Stecker für Diagnose-Prüfkabel abziehen.
- Zuerst Massekabel, dann Pluskabel abklemmen.
- Haltemutter für Batterie mit Steckschlüssel abschrauben.

Achtung: Batterien dürfen nicht in den Hausmüll gelangen, da sie giftige Substanzen enthalten.

Hinweis:
Wenn Sie eine neue Autobatterie kaufen, nehmen Sie die Altbatterie zum Händler mit. Sonst müssen Sie Pfand für die neue Batterie bezahlen.

Einbau

- Vor dem Einbau Batterie-Pole blank kratzen, geeignet ist dazu eine Messingdrahtbürste. **Achtung:** Die Batteriepole dürfen **nicht** gefettet werden.
- Batterie einsetzen, Batterie festschrauben.
- Zuerst Pluskabel, dann Massekabel anschließen. Die Verbindung zwischen Masseband und Aufbau muß metallisch blank sein.

Batterie prüfen

Batterie sichtprüfen

- Gehäuse der Batterie auf Beschädigungen sichtprüfen. Bei beschädigtem Gehäuse kann ätzende Batteriesäure auslaufen und die umliegenden Bauteile beschädigen.
- Bei beschädigtem Gehäuse Batterie schnellstmöglich ersetzen und umliegende Bauteile mit Seifenlauge und viel Wasser abwaschen.

Batterie/Batterieklemmen auf festen Sitz prüfen

Eine lockere Batterie hat eine verkürzte Lebensdauer durch Rüttelschäden und vermindert außerdem die Crash-Sicherheit des Fahrzeuges. Lockere Batterieanschlüsse können einen Kabelbrand oder Funktionsstörungen in der elektrischen Anlage nach sich ziehen.

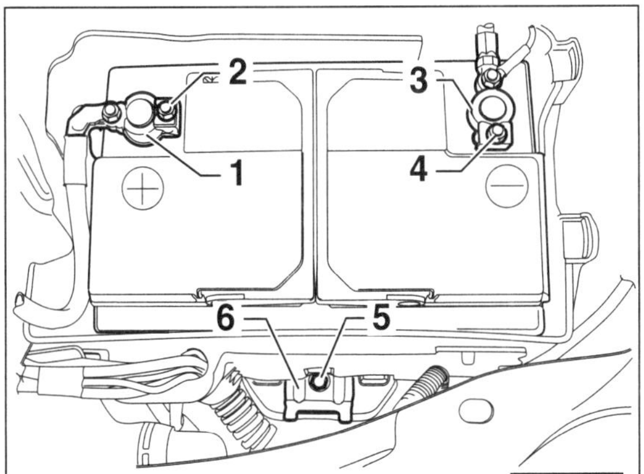

N27-0277

- Batterie kräftig hin- und herbewegen.
- Sitzt die Batterie lose, Batterie-Haltebügel –6– mit Batterie-Befestigungsschraube –5– und **25 Nm** festziehen.

Achtung: Falls die Batterie-Plusklemme locker ist, muss vor dem Festziehen der Plusklemme wegen Kurzschlussgefahr die Masseklemme an der Batterie abgeklemmt werden. Nachdem die Plusklemme festgezogen ist, Massekabel wieder anklemmen.

- Batterieklemmen –1– und –3– hin- und herbewegen und festen Sitz prüfen, gegebenenfalls Befestigungsmuttern –2– und –4– nachziehen. Anzugsdrehmoment: **5 Nm**.
- Gegebenenfalls Batteriedeckel zurückklappen und einrasten.

Batteriepole reinigen

Batteriepole auf Korrosion überprüfen. Korrosion an den Batteriepolen zeigt sich in Form von weißen oder gelblichen pulverartigen Ablagerungen an den Polen.

- Batterie ausbauen, siehe entsprechendes Kapitel.
- Zur Entfernung von Korrosion Batteriepole mit einer Lösung aus Wasser und Soda bestreichen. Es kommt zu einer chemischen Reaktion mit Blasenbildung und einer braunen Verfärbung an den Polen.
- Gegebenenfalls Batteriepole mit einem Polreiniger oder einer Drahtbürste, zum Beispiel HAZET 4650-4, von Korrosionsrückständen reinigen.
- Nach Abklingen dieser Reaktion Batteriepole und Batterie mit klarem Wasser abwaschen und Batterie abtrocknen.
- Batterie einbauen, siehe entsprechendes Kapitel.

Ruhespannung prüfen

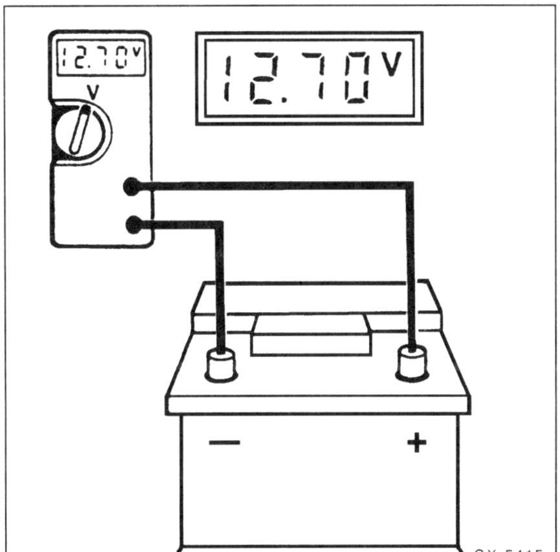

SX-5415

Der Batterie-Zustand wird durch Messen der Spannung mit einem Voltmeter zwischen den Batteriepolen überprüft.

- Batterie vom Stromnetz abklemmen, siehe Kapitel »Batterie aus- und einbauen«.
- Vor der Prüfung muss die Batterie mindestens zwei Stunden abgeklemmt sein.
- Voltmeter an die Batteriepole anschließen und Spannung messen.
- **Beurteilung des Spannungsmesswertes:**

12,5 Volt oder darüber:	Batterie in gutem Zustand.
11,6 – 12,4 Volt:	Batterie laden.
unter 11,6 Volt:	Batterie tiefentladen, Batterie laden oder ersetzen.

- Batterie anklemmen. Zuerst Batterie-Pluskabel (+) und dann Batterie-Massekabel (–) bei ausgeschalteter Zündung anklemmen.

Batterie unter Belastung prüfen

- Voltmeter an die Batteriepole anschließen. Anschlusskabel nicht abklemmen.
- Motor durch Helfer starten lassen und Spannung ablesen.
- Während des Startvorganges darf bei einer vollen Batterie die Spannung nicht unter 10 Volt (bei einer Säuretemperatur von ca. +20° C) abfallen.
- Bricht die Spannung sogar zusammen, dann ist von einer defekten Batterie auszugehen.

Störungsdiagnose Batterie

Störung	Ursache	Abhilfe
Abgegebene Leistung ist zu gering, Spannung fällt stark ab.	Batterie entladen.	■ Batterie nachladen.
	Ladespannung zu niedrig.	■ Spannungsregler prüfen, gegebenenfalls austauschen.
	Anschlussklemmen lose oder oxydiert.	■ Anschlussklemmen reinigen, Klemmenmuttern anziehen.
	Masseverbindungen Batterie/Motor/ Karosserie sind schlecht.	■ Masseverbindung überprüfen, gegebenenfalls metallische Verbindungen herstellen oder Schraubverbindungen festziehen. Korrodierte Schrauben durch verzinnte ersetzen.
	Zu große Selbstentladung der Batterie.	■ Batterie austauschen.
	Batterie tiefentladen	■ Batterie mit geringer Stromstärke laden. Falls die abgegebene Leistung immer noch zu gering ist, Batterie austauschen.
	Batterie verbraucht, aktive Masse der Platten ausgefallen.	■ Batterie austauschen.
Nicht ausreichende Ladung der Batterie.	Fehler an Generator, Spannungsregler oder Leitungsanschlüssen.	■ Generator und Spannungsregler überprüfen, gegebenenfalls Generator austauschen.
	Keilriemen locker, Spannvorrichtung defekt.	■ Spannvorrichtung prüfen, gegebenenfalls Keilriemen ersetzen.
	Zu viele Verbraucher angeschlossen.	■ Stärkere Batterie einbauen; eventuell auch leistungsstärkeren Generator verwenden.

Der Generator

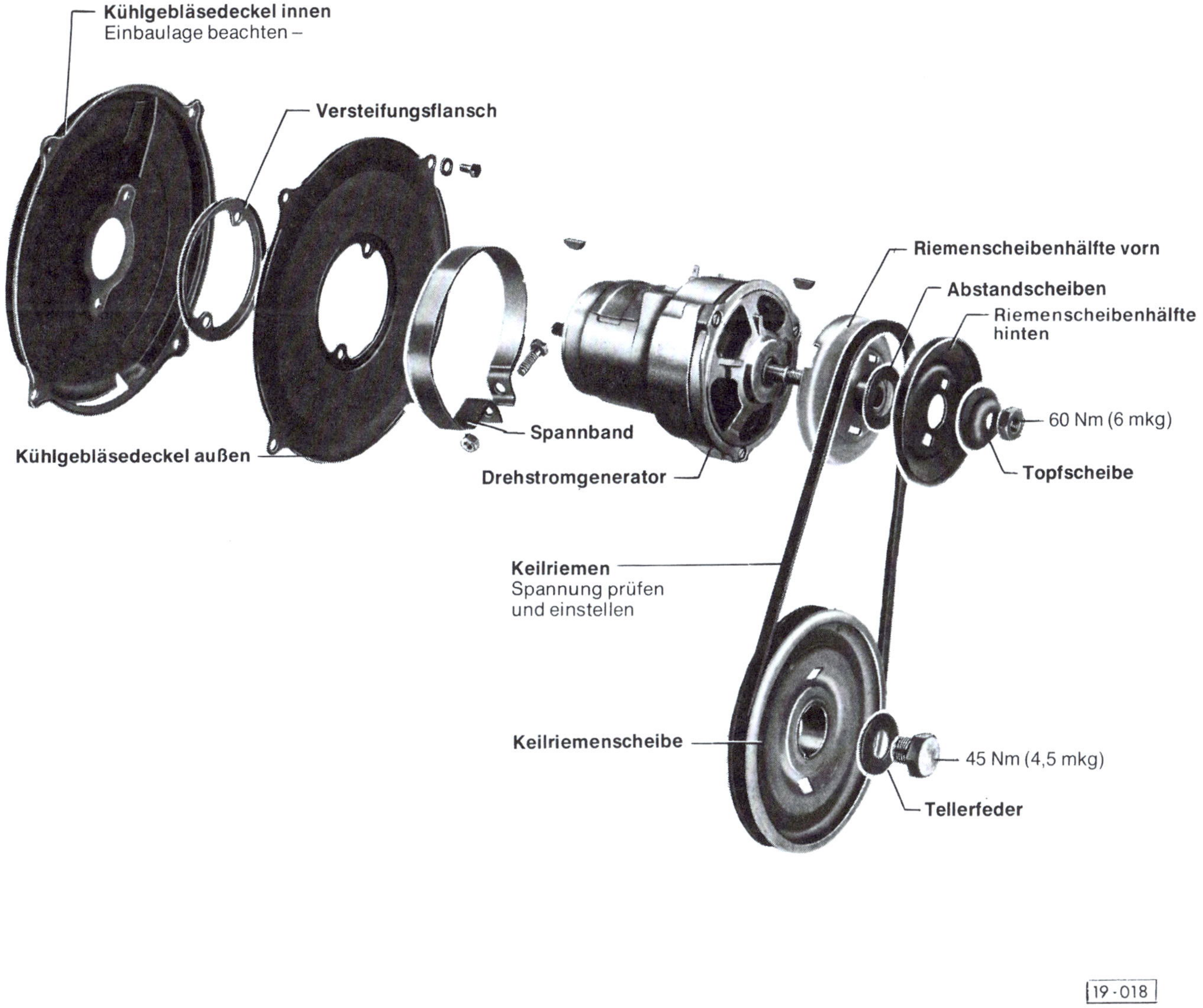

Generator aus- und einbauen

Ausbau

- Keilriemen ausbauen.
- Vergaser ausbauen, siehe Seite 57.
- Schraube unten rechts am Gebläsekasten herausschrauben.
- 4 Schrauben am Kühlgebläsedeckel herausschrauben.
- Spannband für Generator lösen.
- Kühlgebläsegehäuse mit Montierhebel hochdrücken und Generator herausnehmen.
- Kühlgebläse- und -Gebläsedeckel abschrauben.

Einbau

19–025

- Drehstromgenerator mit Kühlgebläsedeckeln und Versteifungsflansch so zusammenbauen, daß der Kühllufteinlaßschlitz (Pfeil) des inneren Deckels beim Einbau in das Gebläsegehäuse nach unten zeigt.
- Abstand des Kühlgebläserades vom Kühlgebläsedeckel prüfen. Je nach Bedarf Abstandscheiben zwischen Nabe und Gebläserad einbauen. Die übrigen Scheiben sind zwischen Federscheibe und Gebläserad zu legen. Der Abstand „a" beträgt ca. 1,8 mm.

Achtung: Beim Zusammenbau von Lichtmaschine und Gebläserad muß darauf geachtet werden, daß der aufgebogene Rand der Federscheibe zur Spezialmutter weist.

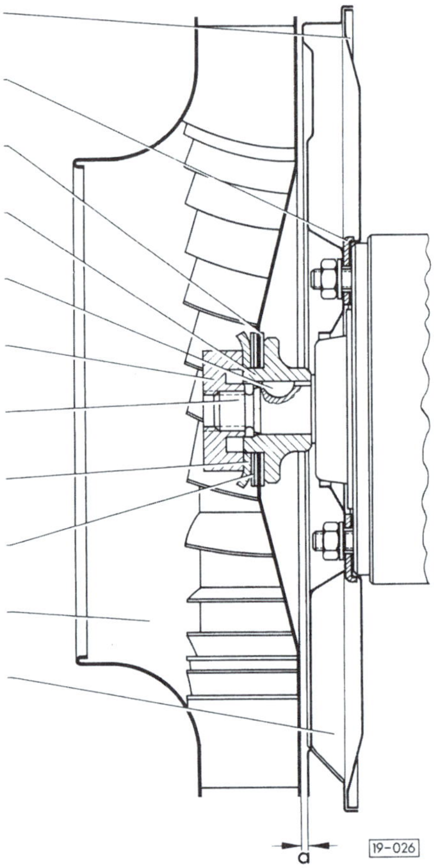

19–026

- Generator einsetzen und mit 4 Schrauben am Gebläsekasten befestigen.
- Schraube unten rechts in Gebläsekasten reindrehen.
- Spannband für Generator befestigen.
- Keilriemen auflegen und spannen.
- Vergaser einbauen, siehe Seite 57.

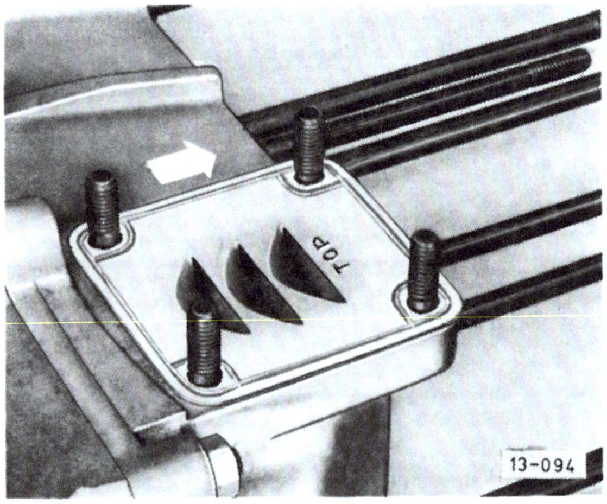

13–094

- Falls der Lichtmaschinenträger ausgebaut wurde, darauf achten, daß die Bezeichnung „Top" auf dem Ölabweisblech nach oben und zum Zylinderkopf zeigt.

Keilriemen ersetzen / spannen

Ausbau

- Schraubenzieher oben in Ausschnitt von Riemenscheibe stecken und Sechskantmutter an der Riemenscheibe abschrauben.
- Keilriemen abnehmen.

Einbau

- Keilriemen vor Einbau prüfen. Eingerissene oder zerschlissene Keilriemen erneuern.

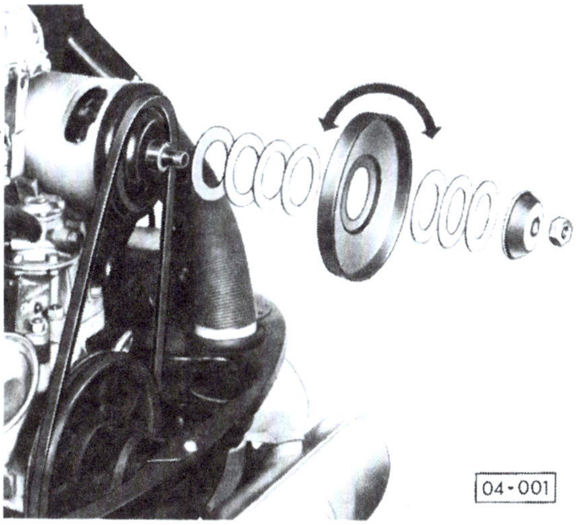

- Abstandscheiben der Riemenspannung entsprechend anordnen.
- Die Spannung des Keilriemens ist durch Anordnung von mehr oder weniger Abstandscheiben zwischen den Riemenscheibenhälften einzustellen.
- Durch Herausnehmen von Scheiben wird die Spannung erhöht, durch Einfügen von Scheiben zwischen die Riemenscheibenhälften verringert.

Achtung: Alle nicht zwischen den Riemenscheibenhälften eingelegten Abstandscheiben sind zwischen hinterer Riemenscheibenhälfte und Mutter anzuordnen. Die Gesamtzahl der Scheiben muß auf der Nabe erhalten bleiben.

- Beim Festziehen der Mutter Riemenscheibe mit Schraubenzieher am Verdrehen hindern. **Achtung:** Die hintere Riemenscheibenhälfte hat eine Aussparung, die in die Ausbuchtung der vorderen Riemenscheibe eingreifen muß.
- Keilriemenspannung prüfen. Der neue Keilriemen darf sich bei richtiger Vorspannung in der Mitte mit dem Daumen nur noch etwa 5 mm durchdrücken lassen und der gelaufene Keilriemen etwa 10 mm.

Störungstabelle Generator

Störung: Die Kontrollampe für Drehstromgenerator brennt nicht bei eingeschalteter Zündung (Motor noch nicht gestartet)

Ursache	Abhilfe
Kontrollampe durchgebrannt	Batterie-Masseband abklemmen, Kontrollampe ersetzen Batterie-Masseband anklemmen
Unterbrechung in der Leitung vom Generator (D+) zur Kontrollampe (61)	Zündung einschalten, mit einer Prüfleitung den Anschluß 61 der Kontrollampe gegen Masse legen. Wenn die Kontrollampe brennt, Unterbrechung in Leitung von D+ zur Kontrollampe beseitigen
Unterbrechung in Leitung vom Generator zu Kontrollampe	Blaue Leitung (D+) am Generator abziehen. Mit einer Prüfleitung die abgezogene Leitung gegen Masse legen. Wenn die Lampe brennt, Leitung ersetzen
Kohlebürsten verschlissen	Spannungsregler ausbauen, Kohlebürsten ersetzen
Unterbrechung in Erregerwicklung Plusdioden haben Kurzschluß	Läufer ersetzen

Störung: Kontrollampe für Drehstromgenerator verlöscht nicht bei Drehzahlsteigerung

Ursache	Abhilfe
Leitung zwischen Generator (D+) und Kontrollampe hat Masseschluß	Blaue Leitung am Generator abziehen. Zündung einschalten. Wenn die Lampe brennt, blaue Leitung zwischen Generator und Steckverbindung achtfach ersetzen. Brennt die Kontrollampe bei abgezogener Leitung nicht: Drehstromgenerator und Spannungsregler prüfen
Leitung zwischen Steckverbindung achtfach (T6) und Kontrollampe hat Masseschluß	Steckverbindung achtfach (T6) trennen. Zündung einschalten. Wenn die Lampe brennt: Leitung zwischen Steckverbindung und Kontrollampe ersetzen. Brennt die Lampe nicht: Hauptleitungsstrang ersetzen
Spannungsregler defekt	Spannungsregler von Fachwerkstatt überprüfen lassen

Anlasser aus- und einbauen

Der Anlasser sitzt hinten rechts am Getriebe.

Ausbau

- Batterie-Massekabel abklemmen.
- Wagen hinten aufbocken.
- Beide Leitungen (Klemme 30 und Klemme 50) am Anlasser abklemmen.
- Beide Befestigungsschrauben des Anlassers herausschrauben. Die obere Schraube vom Motorraum her (hinter dem Gebläsekasten) festhalten.

Einbau

- Buchse für Anlasser mit Mehrzweckfett einstreichen.
- Lange Befestigungsschraube in die Bohrung des Zwischenlagers stecken und zusammen mit dem Anlasser in das Getriebegehäuse einsetzen, beide Schrauben festziehen.
- Anlageflächen des Zwischenlagers am Getriebegehäuse mit VW-Dichtungsmasse D3 abdichten.
- Beide elektrischen Leitungen am Anlasser anschließen.

Anlasser zerlegen

Es ist wenig sinnvoll, den Anlasser mit Heimwerkermitteln zu zerlegen, da eine Überprüfung der Wicklungen und des Kollektors nur vom Fachmann durchgeführt werden kann. Überdies sollte ein defekter Anlasser komplett ausgetauscht werden.

Störungen am Anlasser

Wenn ein Anlasser nicht durchdreht, ist zunächst zu prüfen, ob an der Klemme 50 des Magnetschalters (Steuerleitung) die zum Einziehen benötigte Spannnung von mindestens 7 Volt vorhanden ist. Liegt die Spannung unter dem genannten Wert, dann müssen die Leitungen, die zum Anlasserstromkreis gehören, nach dem Stromlaufplan überprüft werden. Ob der Anlasser bei voller Batteriespannung einzieht, kann folgendermaßen geprüft werden.

- Wagen aufbocken, Zündung einschalten.
- Mit einer Leitung (mindestens 4 mm^2) die Klemmen 30 und 50 am Anlasser überbrücken.

Spurt der Anlasser dabei einwandfrei ein, so liegt der Fehler in der Leitungsführung zum Anlasser. Wenn der Anlasser nicht einspurt, muß er im ausgebauten Zustand überprüft werden.

Störungstabelle Anlasser

Störung	Ursache	Abhilfe
Anlasser dreht sich nicht beim Betätigen des Zündanlaßschalters	● Batterie entladen	Batterie laden
	● Klemmen 30 und 50 am Anlasser überbrücken: Anlasser läuft an. Leitung 50 zum Zündanlaßschalter unterbrochen, Zündanlaßschalter defekt	Unterbrechung beseitigen, defekte Teile ersetzen
	● Kabel oder Masseanschluß ist unterbrochen	Batteriekabel und Anschlüsse prüfen
	● Ungenügender Stromdurchgang infolge lockerer oder oxydierter Anschlüsse	Batteriepole und -klemmen reinigen Stromsichere Verbindungen zwischen Batterie, Anlasser und Masse herstellen
	● Spannung am Anschluß für Feldwicklung am Magnetschalter messen. Spannung nicht vorhanden	Magnetschalter ersetzen
	● Spannung an Klemme 50 des Anlassers zu gering (mindestens 7 V)	Spannung am Zündanlaßschalter messen. Keine Spannung: Zündanlaßschalter ersetzen
	● Keine Spannung am Anschluß für Feldwicklung des Magnetschalters	Magnetschalter ersetzen
Anlasser dreht sich zu langsam und zieht den Motor nicht durch	● Batterie entladen	Batterie laden
	● Ungenügender Stromdurchgang infolge lockerer oder oxydierter Anschlüsse	Batteriepole und -klemmen reinigen, Anschlüsse festziehen
	● Kohlen klemmen	Kohlen und Führungen der Bürstenhalter reinigen
	● Kohlen abgenutzt	Kohlen ersetzen
	● Kollektor verschmutzt	Kollektor reinigen
	● Kollektor riefig oder verbrannt	Anlasseranker ersetzen
	● Anker oder Feldspulen defekt	Anlasser instandsetzen
Anlasser spurt ein und zieht an, Motor dreht sich nicht oder nur ruckweise	● Ritzelgetriebe defekt	Ritzelgetriebe ersetzen Zahnkranz nacharbeiten, falls erforderlich, Schwungrad erneuern
Ritzelgetriebe spurt nicht aus	● Ritzelgetriebe oder Steilgewinde verschmutzt bzw. beschädigt	Ritzelgetriebe reinigen ggf. ersetzen
	● Magnetschalter defekt	Magnetschalter ersetzen

Die Zündanlage

Die Zündanlage erzeugt für jeden Zylinder des Motors im richtigen Augenblick den Zündfunken. Dieser setzt das angesaugte Kraftstoffluftgemisch in Brand.

Die Zündanlage besteht aus

- der Zündspule
- dem Verteiler mit Unterbrecher und automatischer Zündzeitpunkt-Verstellung
- den Zündkerzen

In der Zündspule wird die Batteriespannung (12 Volt) auf 15000 bis 20000 Volt umgeformt.

Der Zündverteiler hat die Aufgabe, mit Hilfe der Unterbrecherkontakte die Zündspannung in der Zündspule zu induzieren und die in der Zündspule erzeugte Zündspannung über den Zündverteiler-Läufer zu der jeweils richtigen Zündkerze zu leiten.

An den Zündkerzen-Elektroden springt der Zündfunke über, der das Kraftstoffluftgemisch im Zylinder entzündet.

Wartung der Zündanlage

Für einwandfreien Motorlauf kommt es auf einen guten Zustand der Unterbrecherkontakte an. Auf den Kontaktflächen bilden sich im Laufe der Zeit Abbrandstellen, die im fortgeschrittenen Stadium die Startwilligkeit des Motors beeinträchtigen. Stark verbrannte Kontakte müssen deshalb erneuert werden (spätestens alle 20000 km). **Achtung:** Unterbrecherkontakte mit dem schwarz eingefärbten Gleitstück halten 30000 km. Eine Überprüfung erfolgt alle 10000 km.

Bei Wartungsarbeiten muß das Gleitstück am Unterbrecherhebel mit etwas Mehrzweckfett geschmiert werden.

Die Zündkerzen sollen alle 20000 km erneuert werden. Die Zündkerzen von Hand einschrauben und dann nicht zu stramm anziehen.

Der Verteilerkopf, der Hochspannungs-Anschluß an der Zündspule und die Zündkabel sollen trocken gehalten werden, um Kriechströme zu vermeiden.

Zündspule prüfen

Eine genaue Prüfung der Zündspule ist nur mit einem Zündspulen-Prüfgerät möglich. Steht kein Prüfgerät zur Verfügung, kann folgendermaßen geprüft werden:

- Hochspannungskabel aus der Mitte des Verteilerkopfes herausziehen und in einer Entfernung von etwa 10 mm gegen Masse halten. Beim Durchdrehen des Motors mit dem Anlasser müssen Funken vom Leitungsende überspringen.
- Springt kein Funke über, zunächst Spannung mit Voltmeter an Klemme 15 der Zündspule bei eingeschalteter Zündung überprüfen. Sie muß mindestens 9 Volt betragen.
- Liegt die Spannung über dem genannten Wert, mit einem Voltmeter oder einer einfachen Prüflampe an Klemme 1 der Zündspule prüfen, ob bei **geschlossenen** Unterbrecherkontakten **keine** Spannung und bei **geöffneten** Kontakten Spannung vorhanden ist. Die geschlossenen Kontakte (Motor mit Anlasser durchdrehen) können mit einem Schraubenzieher abgehoben werden.
- Wenn bei geöffneten Unterbrecherkontakten das Voltmeter nicht ausschlägt oder die Prüflampe nicht aufleuchtet, Zündspule austauschen.

Kondensator prüfen

- Der Kondensator (sitzt außen am Zündverteiler) ist zum Erreichen der erforderlichen Zündspannung von wesentlichem Einfluß. Er vermindert gleichzeitig die Funkenbildung beim Öffnen der Unterbrecherkontakte und damit den vorzeitigen Abbrand.
- Ein defekter Kondensator macht sich durch stark verbrannte Unterbrecherkontakte, durch schwache Zündfunken oder durch Startschwierigkeiten bemerkbar. Defekte Kondensatoren sind außerordentlich selten.

Der Kondensator kann nur mit teuren Meßgeräten exakt geprüft werden. In den meisten Fällen genügt jedoch eine Sichtprüfung oder – probehalber – der Einbau eines neuen Kondensators.

Sichtprüfung

- Zündverteilerkappe abnehmen. Kontakte mit Schraubenzieher abheben. Wenn die Kontakte blaue Abbrandstellen aufweisen, deutet dies auf einen defekten Kondensator hin. Grauer oder schwarzer Abbrand ist normal.
- Motor bei abgenommener Zündverteilerkappe von Hilfsperson starten lassen. Während des Startens den Unterbrecherkontakt beobachten. Wenn ständig starke Funken zwischen den Kontakten auftreten, ist dies ein Hinweis auf einen defekten Kondensator. Schwache, nicht ständig auftretende Funken sind normal.

Der Zündverteiler

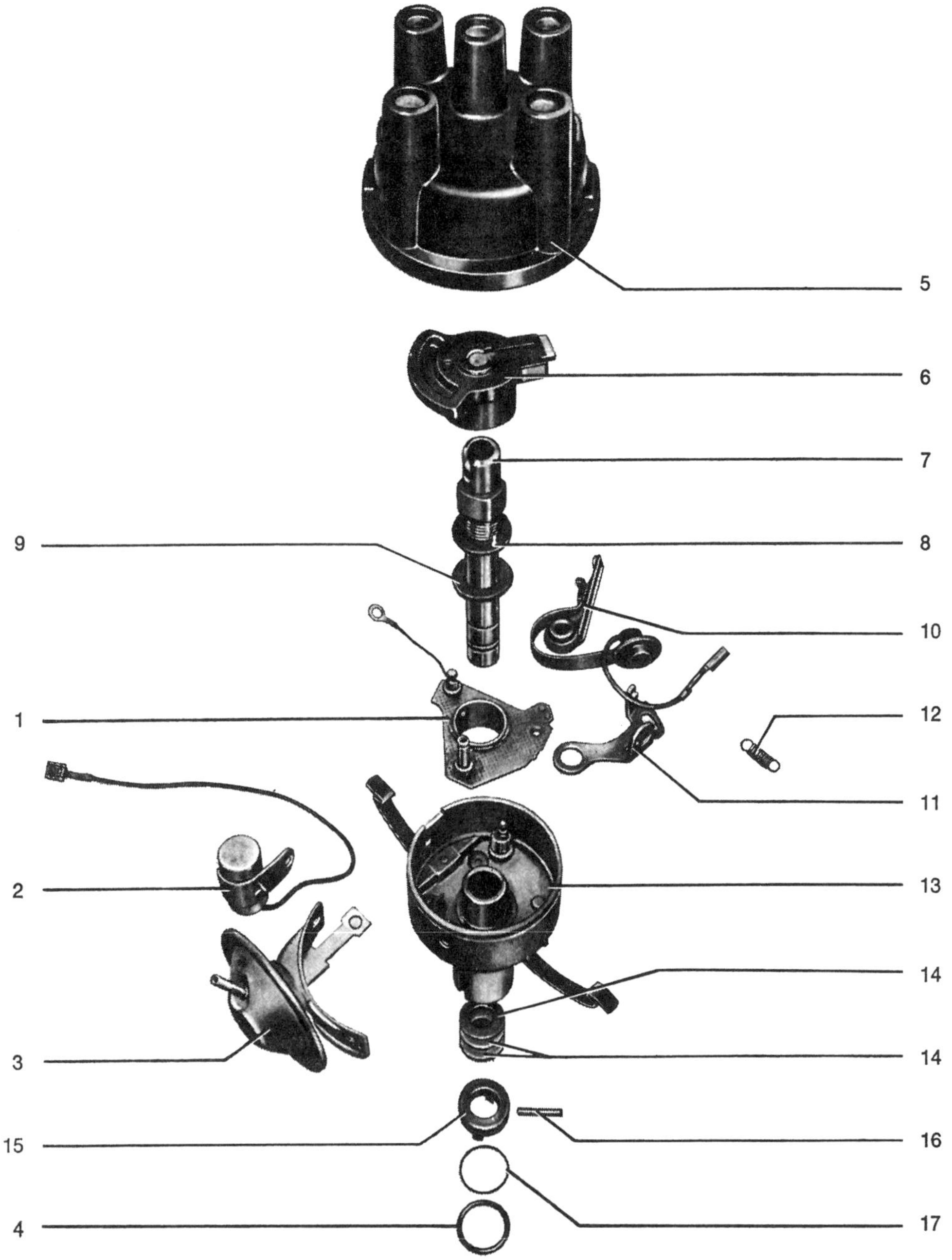

1	Verstellplatte	7	Verteilerwelle	13	Verteilergehäuse
2	Kondensator	8	Abstandscheibe	14	Abstandscheiben
3	Unterdruckdose	9	Abstandscheibe	15	Mitnehmer
4	Dichtring	10	Unterbrecherkontakt	16	Splint
5	Verteilerkappe	11	Unterbrecherkontakt	17	Sicherungsring
6	Verteilerläufer	12	Rückzugfeder		

Zündverteiler aus- und einbauen

Ein kompletter Ausbau des Zündverteilers ist nur bei größeren Reparaturen oder beim Zerlegen des Motors erforderlich. Der Unterbrecherkontakt läßt sich auch bei eingebautem Zündverteiler auswechseln.

Ausbau

- An der Verteilerkappe mit Schraubenzieher Klemmen abdrücken und Verteilerkappe abnehmen.
- Unterdruckschlauch am Zündverteiler abziehen.
- Leitung an Klemme 1 der Zündspule abziehen.
- Befestigungsmutter für den Halter des Zündverteilers am Kurbelgehäuse abschrauben. Zündverteiler herausziehen.

Einbau

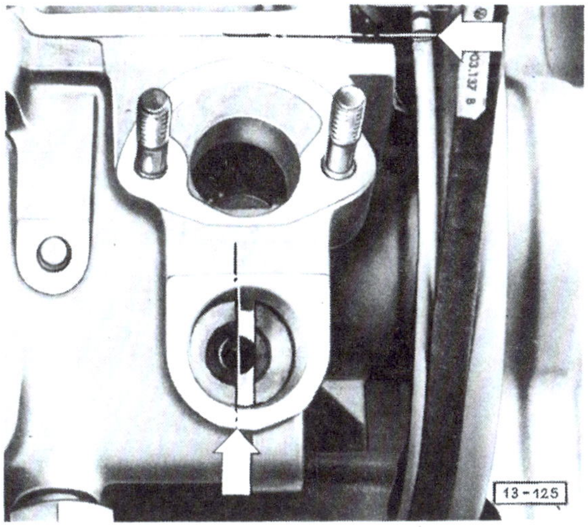

- Beim Einbau des Zündverteilers muß der 1. Zylinder im Zündzeitpunkt stehen. Dabei steht der mittenversetzte Schlitz der Zündverteiler-Antriebswelle quer zur Motorlängsachse und ist zur Riemenscheibe hin versetzt (unterer Pfeil).
- Motor am Keilriemen so verdrehen, daß sich die Zündzeitpunktmarke auf der Riemenscheibe mit den Trennfugen des Motorgehäuses deckt (Pfeil rechts).

- Beim Einsetzen des Zündverteilers die Zündverteilerwelle am Verteilerfinger so verdrehen, daß die Mitte des Fingers auf die Markierung für den 1. Zylinder auf dem Verteilergehäuserand zeigt. Beim Einsetzen des Zündverteilers paßt sich das Kupplungsstück der Welle nach leichtem Hin- und Herdrehen in den Schlitz der Verteiler-Antriebswelle ein.
- Zündverteiler festziehen.
- Unterdruckschlauch am Zündverteiler aufstecken, Leitung an Klemme 1 der Zündspule anschließen.
- Unterbrecherkontakt einstellen.
- Zündzeitpunkt einstellen.

Zündverteiler-Antriebswelle aus- und einbauen

Ausbau

- Zündverteiler ausbauen.
- Benzinpumpe ausbauen, siehe Seite 66.
- Schraubenfeder aus der Antriebswelle herausnehmen.

- Antriebswelle mit Spezialauszieher unter Linksdrehung herausziehen.
- Scheiben unter der Antriebswelle vorsichtig herausnehmen. Bei eingebautem Motor geht das am besten mit einem Magnet, am ausgebauten Motor durch Drehen des Motors um 180°. Eventuell Drahthaken biegen und Scheiben sichern, damit sie nicht in den Motor fallen.

Einbau

Vor dem Einbau sind die Laufflächen für den Pumpenstößel sowie die Schrägverzahnung auf Verschleiß zu prüfen. Verschlissene Scheiben erneuern.

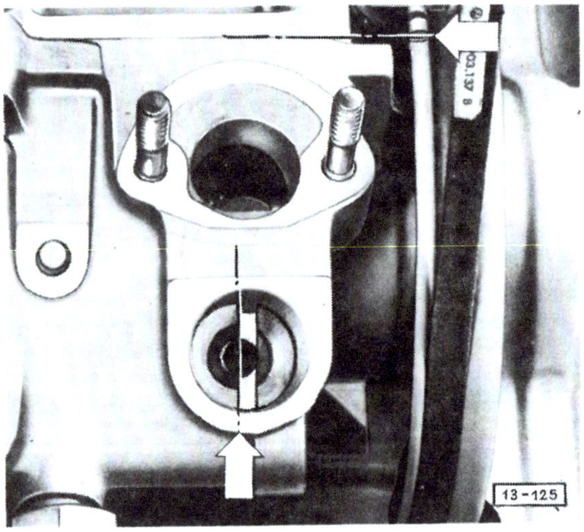

- Zylinder 1 auf Zündzeitpunkt stellen. Hierzu Kurbelwelle am Keilriemen so verdrehen, bis die Zündzeitpunktmarke auf der Riemenscheibe mit den Trennfugen der Motor-Gehäusehälften fluchtet (rechter Pfeil).

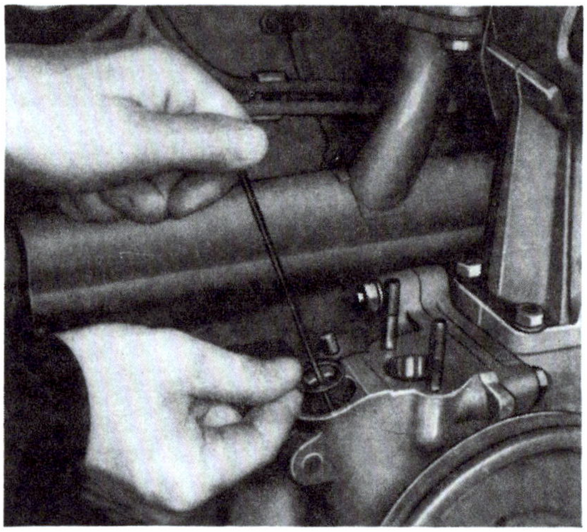

- Scheiben unter der Antriebswelle mit Hilfe eines Schraubenziehers vorsichtig einsetzen.
- Antriebswelle so einsetzen, daß der mittenversetzte Schlitz im Kopf der Antriebswelle quer zur Längsachse des Motors liegt und das kleinere Segment zur Riemenscheibe zeigt (unterer Pfeil).

- Distanzfeder mit einem Stück Schweißdraht einsetzen.
- Kraftstoffpumpe einbauen, siehe Seite 66.
- Zündverteiler einbauen.

Unterbrecherkontakt ersetzen

Im Laufe der Zeit bilden sich an den Unterbrecherkontakten Abbrandstellen, die sich als kleine Höcker und Krater bemerkbar machen. Außerdem nutzt sich das Kunststoffgleitstück ab, wodurch sich der Kontaktabstand verringert. Die Folge: schwache Zündfunken. Alle 20000 km ist der Unterbrecherkontakt auszuwechseln. **Achtung:** Unterbrecherkontakt mit schwarz eingefärbtem Gleitstück hält 30000 km.

Ausbau

- Zündverteilerkappe abnehmen, Verteilerläufer abziehen.

- Steckverbindung (c) abziehen, Befestigungsschraube (a) herausdrehen, Unterbrecherkontakt abnehmen.

Einbau

- Lagerung des Unterbrecherkontaktes mit einem Tropfen Öl schmieren.
- Unterbrecherkontakt einsetzen. Nockengleitbahn und Kunststoffgleitstück mit etwas Mehrzweckfett schmieren.
- Versehentlich auf die Kontaktfläche gelangtes Öl oder Fett sorgfältig entfernen. Kontaktflächen müssen plan zueinander liegen.
- Kabel für Unterbrecherkontakt aufstecken.
- Unterbrecherkontakt (Schließwinkel) einstellen.
- Zündverteiler mit Verteilerläufer komplettieren.
- Zündverteilerkappe auf Risse und Spuren von Kriechströmen untersuchen. Defekte Kappe austauschen. Zündverteilerkappe innen und außen säubern.
- Auf einwandfreien Sitz und Zustand der Schleifkohle achten, Zündverteilerkappe aufsetzen.
- Zündzeitpunkt einstellen.

Schließwinkel prüfen

Für eine exakte Einstellung der Unterbrecherkontakte benutzen die Werkstätten ein Schließwinkel-Meßgerät. Dieses Gerät bietet auch den Vorteil, daß bei leicht abgebrannten Kontaktflächen der Schließwinkel dennoch exakt eingestellt werden kann. Bei Verwendung eines Schließwinkel-Meßgerätes Gerät nach Bedienungsanleitung anschließen.

Prüfen mit Schließwinkel-Meßgerät:

- Motor anlassen und mit etwa 1000 U/min laufen lassen. Schließwinkel ablesen.
- Anschließend Motor mit etwa der doppelten Drehzahl laufen lassen. Der Zeiger des Schließwinkel-Meßgerätes darf nicht mehr als ± 1° vom vorher angezeigten Wert abweichen. Größere Abweichungen deuten auf Verschleiß der Verteilerwelle hin. In einem solchen Fall ist der Zündverteiler zu ersetzen.
- **Gemessenen Wert mit Sollwert vergleichen:**
  Sollwert 44° – 50° (50% – 56%)
  Verschleißgrenze 42° – 58° (46% – 64%)

Das bedeutet, daß **neue** Unterbrecherkontakte auf den Sollwert einzustellen sind und daß **gelaufene** Unterbrecherkontakte nicht nachzustellen sind, solange der Schließwinkel innerhalb der Verschleißgrenze liegt.

Schließwinkel einstellen

- Verteilerkappe abnehmen, Verteilerläufer abziehen.
- Befestigungsschraube (a) am Unterbrecherkontakt lösen. Bei Anlaßdrehzahl (Motor mit Anlasser durchdrehen) Kontaktabstand mit Schraubenzieher verändern, bis das Meßinstrument den richtigen Schließwinkel anzeigt (44° – 50°).
- Befestigungsschraube anziehen und prüfen, ob sich der Schließwinkel dabei nicht unzulässig verändert hat.
- Zündverteiler komplettieren und Schließwinkel nochmals bei laufendem Motor kontrollieren.
- Zündzeitpunkt einstellen!

Unterbrecherkontakt/Schließwinkel mit Fühlerblattlehre einstellen

Falls kein Schließwinkelmeßgerät zur Verfügung steht, kann der Unterbrecherkontakt auch mit einer Fühlerblattlehre eingestellt werden.

- Zündverteilerkappe und Verteilerläufer abnehmen.
- Kurbelwelle am Lichtmaschinenriemen so weit verdrehen, bis ein Nocken der Zündverteilerwelle den Unterbrecherhebel vollständig abhebt. (Nocken der Zündverteilerwelle und Kunststoffgleitstück des Unterbrecherhebels müssen im höchsten Punkt aneinanderstoßen.)
- Kontaktabstand mit einer Fühlerblattlehre – 0,4 mm – messen. Die Lehre muß sich bei richtig eingestelltem Abstand stramm zwischen den Kontakt schieben lassen. Bei Kontakten mit Abbrand nur am Rand messen – in der Mitte würde der Abstand durch die Höckerbildung zu groß.
- Falls der Abstand zu groß oder zu klein ist, Befestigungsschraube („a", Abbildung 74/693) leicht lösen. Mir Schraubenzieher Unterbrecherkontakt verschieben, bis die Fühlerblattlehre stramm zwischen die Kontakte paßt. Dabei muß das Kunststoffgleitstück des Unterbrecherhebels gegen einen Nocken der Zündverteilerwelle stoßen.
- Befestigungsschraube „a" festziehen.
- Kurbelwelle verdrehen (und damit die Zündverteilerwelle), bis der Unterbrecherhebel voll abhebt. Kontaktabstand nochmals mit Fühlerblattlehre kontrollieren, Kontakt gegebenenfalls einstellen.
- Zündverteiler mit Verteilerläufer und Verteilerkappe komplettieren. Zündzeitpunkt einstellen.

Achtung: Zwischen den Kontaktflächen darf kein Öl oder Fett sein. Sonst springt der Motor nicht an!

Zündzeitpunkt einstellen

Zum Einstellen des Zündzeitpunktes werden ein Drehzahlmesser und eine Zündblitzpistole benötigt.

- Vor dem Einstellen des Zündzeitpunktes Unterbrecherkontakt einstellen.
- Die Motoröltemperatur soll 30° – 70° C betragen.
- Zündblitzpistole nach Bedienungsanleitung anschließen.
- **Unterdruckschlauch – je nach Modell (siehe Tabelle) – von der Unterdruckdose des Zündverteilers abziehen.**

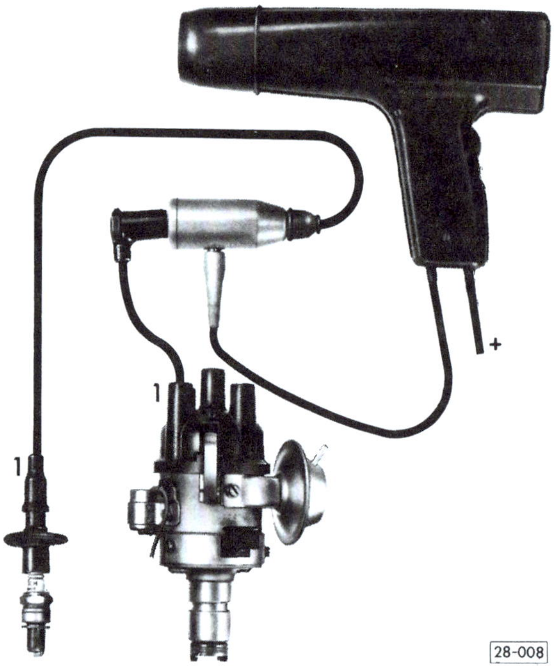

- Drehzahlmesser nach Bedienungsanleitung anschließen.
- Motor mit 800–900 U/min laufen lassen. **Beim Einstellen der Zündung muß in jedem Fall die Drosselklappe im Vergaser geschlossen sein. Auf keinen Fall darf zur Drehzahlerhöhung die Drosselklappe geöffnet werden.**

Achtung: Auf der Keilriemenscheibe befinden sich bis zu 3 Markierungen. Welche Markierung richtig ist, steht in der Tabelle „Zündzeitpunkt". In dieser Tabelle ist auch vermerkt, ob der Unterdruckschlauch beim Einstellen des Zündzeitpunktes von der Unterdruckdose des Zündverteilers abgezogen werden muß. Damit beim Einstellen des Zündzeitpunktes keine Fehler gemacht werden, sollte die richtige Einstellkerbe vorher auf der Riemenscheibe mit weißer Kreide markiert werden.

- Zündzeitpunktmarke auf der Keilriemenscheibe anblitzen. Bei richtig eingestellter Zündung muß die Markierung auf der Keilriemenscheibe mit der Motorgehäusetrennfuge übereinstimmen.

Achtung: Wenn beim Anblitzen die Zündzeitpunktkerbe nicht stillsteht, sondern springt, können folgende Fehler vorhanden sein:

a) Gleitstück am Unterbrecherhebel trocken (schmieren)
b) Unterbrecherplatte ausgeschlagen, gegebenenfalls mit Neuteil vergleichen.

- Falls der Zündzeitpunkt nicht stimmt, Klemmschraube am Zündverteiler lösen und Zündverteiler langsam verdrehen, während bei laufendem Motor die Markierung mit der Zündblitzpistole angeblitzt wird.
- Wenn die Zündzeitpunktmarke auf der Riemenscheibe mit der Motorgehäusetrennfuge übereinstimmt, Klemmschraube am Zündverteiler festziehen. Nochmals Zündzeitpunkteinstellung bei laufendem Motor überprüfen, gegebenenfalls berichtigen.
- Falls abgezogen, Unterdruckschlauch auf Unterdruckdose aufschieben.

Steht keine Zündblitzpistole zur Verfügung, kann die Zündung behelfsmäßig mit einer Prüflampe eingestellt werden. Diese Einstellung sollte allerdings **umgehend** mit einer Stroboskoplampe überprüft werden.

Zündzeitpunkt mit Prüflampe einstellen

- Vor dem Einstellen des Zündzeitpunktes Unterbrecherkontakt prüfen bzw. einstellen.
- Zum Einstellen des Zündzeitpunktes wird eine Prüflampe benötigt.
- Prüflampe an Klemme 1 der Zündspule und an Masse anschließen. Die Lampe leuchtet im Zündmoment auf.
- Kappe vom Zündverteiler abnehmen.
- Zündung einschalten. Kurbelwelle am Keilriemen so weit verdrehen, bis die entsprechende Markierung (siehe Zündzeitpunkttabelle) auf der Keilriemenscheibe mit den Trennfugen des Motorgehäuses fluchtet und der Verteilerläufer zur Markierung für den 1. Zylinder auf dem Rand des Verteilergehäuses zeigt.
- Klemmschraube am Zündverteiler lösen.
- Wenn die Lampe bei Übereinstimmung der Markierungen von Keilriemenscheibe, Motortrennfuge und Verteilerfinger nicht aufleuchtet, Verteiler im Uhrzeigersinn drehen, bis Unterbrecherkontakt geschlossen ist. Dann langsam nach links drehen, bis der Kontakt zu öffnen beginnt und die Lampe aufleuchtet.
- Klemmschraube am Verteiler festziehen und Zündeinstellung nochmals überprüfen.
- Der Zündzeitpunkt ist richtig eingestellt, wenn bei langsamem Drehen der Kurbelwelle in Laufrichtung die Lampe genau in dem Augenblick aufleuchtet, in dem die entsprechende Kerbe der Keilriemenscheibe mit der Einstellfläche am Motorgehäuse (Trennfuge) fluchtet und der Verteilerfinger auf die Markierung auf dem Verteilergehäuserand zeigt.

Achtung: Die Zündeinstellung mit der Prüflampe dient nur der behelfsmäßigen Einstellung der Zündung. Zündeinstellung in jedem Fall mit Stroboskoplampe überprüfen.

- Zündverteilerkappe aufsetzen.

Zündzeitpunkte ab 1960

Typ	Motor-Nummer von bis	Zünd- zeitpunkt	Markierung	Drehzahl U/min	Bemerkung
1/1200	5 000 000 – D 0 095 049	10° vor o.T.			
	D 0 095 050 – D 0 675 000	7,5° vor o.T.	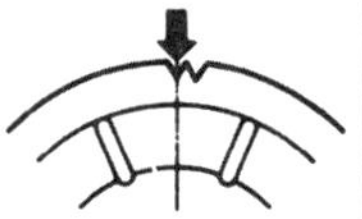		
	D 0 675 001 – D 1 268 062	0°	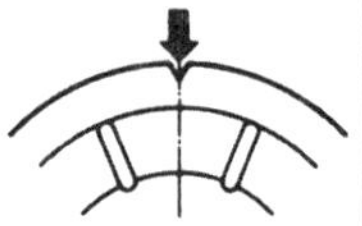		Unterdruckschlauch **abgezogen**
	Motorkennbuchstabe D 1 268 063 – Zündverteiler: 043 905 205 K ab 1. 8. 75	7,5° vor o.T.	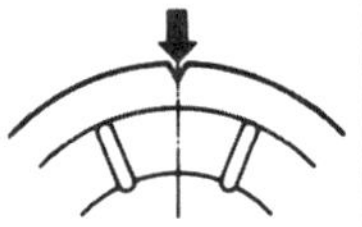		
1/1300	F 0 000 001 – F 2 140 820	7,5° vor o.T.		850 ± 50	
1/1300 [1]	AB 0 313 345 – AB 999 999 AR 000 001 –	5° **nach** o.T.	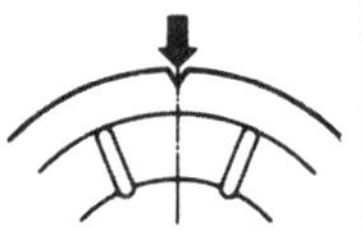		Unterdruckschläuche **aufgesteckt**
1/1300	AB 0 313 346 –	7,5° vor o.T.			Unterdruckschlauch **abgezogen**
1/1500	H 0 204 001 – H 1 259 314	7,5° vor o.T.	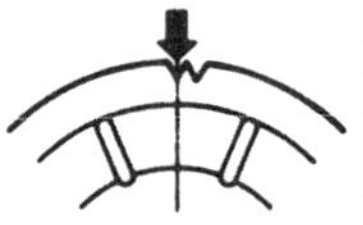		Unterdruckschlauch **abgezogen**
1/1500 [2] 1/1600	H 0 879 927 – H 1 124 669 B 6 000 001 – B 6 440 900	0°	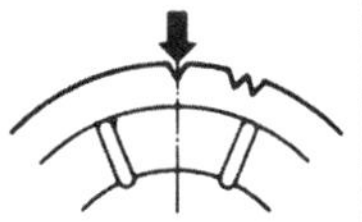		Unterdruckschlauch **abgezogen**
1/1600 [1] 1/1600 [1] 1/1600 [1] 1/1600 [1]	AD 000 001 – AD 279 999 AE 000 001 – AE 999 999 AK 000 001 – AH 000 001 –	5° **nach** o.T.	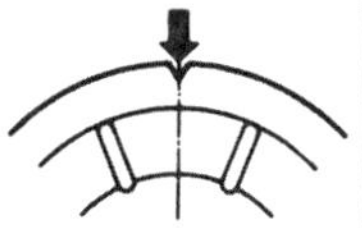		Unterdruckschläuche **aufgesteckt**
1/1600 1/1600 1/1600 1/1600	AD 280 000 – AD 999 999 AK 120 009 – AH 090 024 – AS 000 001 –	7,5° vor o.T.			Unterdruckschlauch **abgezogen**

[1] Doppeldosen-Zündverteiler [2] Wählautomatik

Die Zündkerzen

Die Zündkerze besteht aus der Mittel-Elektrode, dem Isolator mit Gehäuse und der Masse-Elektrode. Die Masse-Elektrode ist gasdicht im Isolator befestigt, der Isolator ist fest mit dem Gehäuse verbunden. Zwischen Mittel- und Masse-Elektrode springt der Zündfunke über, der das Kraftstoffluftgemisch entzünden soll. Von der Zündkerze hängen Startbereitschaft, Leerlaufverhalten, Beschleunigung und Höchstgeschwindigkeit ab. Man sollte deshalb nicht ohne Grund von dem vom Werk vorgeschriebenen Zündkerzentyp abweichen, der durch die Wärmewert-Kennzahl bestimmt wird. Die Wärmewert-Kennzahl gibt den Grad der Wärmebelastbarkeit einer Zündkerze im Motor unter bestimmten Betriebsbedingungen an. Die Zündkerzen für den Motor sind so ausgewählt, daß sie möglichst unter allen Fahrbedingungen die Selbstreinigungstemperatur erreichen. Je niedriger die Wärmewert-Kennzahl einer Zündkerze ist, desto höher ist ihr Widerstand gegen Glühzündungen und desto kleiner ist ihr Widerstand gegen Verschmutzung. Je höher die Wärmewert-Kennzahl der Zündkerze ist, desto kleiner ist ihr Widerstand gegen Glühzündungen und desto höher ist ihr Widerstand gegen Verschmutzung.

Die Wärmewert-Kennzahl ist im Zündkerzencode enthalten. Der Code schlüsselt sich wie folgt auf:

Bosch-Zündkerze

Beispiel W R 7 D C
① ② ③④ ⑤

① W = Gewinde M 14 × 1,25 mit Flachdichtsitz, SW 21; F = Gewinde M 14 × 1,25 mit Flachdichtsitz, SW 16; M = Gewinde M 18 × 1,5 mit Flachdichtsitz, SW 25; H = Gewinde M 14 × 1,25 mit Kegeldichtsitz SW 16; D = Gewinde M 18 × 1,5 mit Kegeldichtsitz, SW 21. SW = Schlüsselweite.

② R = Mit Widerstand, zur Entstörung. Die Funktion der Zündanlage wird dadurch nicht beeinflußt.

③ Wärmewert-Kennzahl. Die Wärmewertskala wird von 06 („kalt") bis 13 („warm") angegeben. Dabei entspricht die Kennzahl 7 dem alten Wärmewert 175 (frühere Bezeichnung), 6 – 200,5 – 225 usw.

④ A = Gewindelänge 12,7 mm, normale Funkenlage; B = Gewindelänge 12,7 mm, vorgezogene Funkenlage; C = Gewindelänge 19 mm, normale Funkenlage; D = Gewindelänge 19 mm, vorgezogene Funkenlage.

⑤ Elektrodenwerkstoff der Mittelelektrode: Cr-Ni-Legierung, C = Ni-Cu-Verbund-Mittelelektrode, S = Silber-Mittelelektrode, P = Platin-Mittelelektrode, O = Standard-Zündkerze mit verstärkter Mittelelektrode.

Durch den Kupferkern (Cu) in der Mittelelektrode und noch mehr durch die Silber-Mittelelektrode wird die Wärmeleitfähigkeit und damit die Wärmebelastbarkeit erhöht. Der Vorteil der Zündkerze mit Platin-Mittelelektrode liegt in hoher Zündwilligkeit sowie geringem Verschleiß und größerem Wärmewertbereich.

Beru-Zündkerze

Beispiel 18 K 7 B U
① ② ③④ ⑤

① Gewindedurchmesser in mm, hier M 18.
② Konstruktionsmerkmal, z. B. K für Konussitz, R für Entstörwiderstand.
③ Wärmewert-Kennzahl (wie bei Bosch).
④ Gewindelänge (wie bei Bosch).
⑤ Elektrodenwerkstoff, z. B. U für Kupferkern. Eine Zündkerze mit Silber-Mittelelektrode hat die Bezeichnung RS, z. B. RS 35.

Von dem vom Werk empfohlenen Wärmewert sollte nur abgegangen werden, wenn die Betriebsbedingungen erheblich von den normalen Bedingungen abweichen und Betriebsstörungen auftreten. Sind die Kerzen ständig verrußt, erreichen sie also nicht die Selbstreinigungstemperatur (nur Kurzstreckenverkehr), ist eine Zündkerze mit der nächsthöheren Wärmewert-Kennzahl empfehlenswert. Wenn der Motor ausschließlich Vollgas gefahren wird, kann eine Zündkerze mit nächstniedriger Wärmewert-Kennzahl erforderlich werden.

Wartung und Prüfung

Die Zündkerzen sollen in Abständen von etwa 10000 km herausgeschraubt und auf Aussehen, Elektrodenabstand und einwandfreies Arbeiten geprüft werden. Der Elektrodenabstand vergrößert sich während des Betriebes durch Abbrand. Bei zu großem Abstand kann die Kerze aussetzen. Der Abstand wird mit einer Fühlerblattlehre geprüft und gegebenenfalls durch Biegen der Masse-Elektrode eingestellt. Der Elektrodenabstand soll bei allen Zündkerzen 0,6 mm bis 0,8 mm betragen. Verschmutzte Zündkerzen können (behelfsmäßig) mit einer Messing-Drahtbürste oder (besser!) mit einem Sandstrahlgerät gereinigt werden. Der Isolierkörper soll auch außen sauber und trocken sein, um Kriechströme zu vermeiden.
Um das Anspringen des Motors bei großer Kälte zu erleichtern, kann der Elektrodenabstand vorübergehend auf 0,5 mm verringert werden.

Zündkerzen alle 20000 km ersetzen und mit 20 Nm festziehen.

Die richtige Zündkerzen für alle Käfer-Modelle:

Hersteller	BERU	BOSCH	CHAMPION	NGK
Zündkerze	14-7 AU *	W 8 AC	L 86 CC	B 5 HS

*) 1,3 l/44 PS: 14-8 AU

Achtung: Die technische Entwicklung geht ständig weiter. Es kann sein, daß inzwischen für einzelne Motoren andere Zündkerzenwerte gelten. Daher empfiehlt es sich, vor einem Neukauf die aktuellen Zündkerzenwerte bei der Fachwerkstatt zu erfragen.

Die Beleuchtungsanlage

Zur Beleuchtungsanlage zählen: Hauptscheinwerfer, Heckleuchten, Bremsleuchten, Rückfahrscheinwerfer, Kennzeichenleuchte, Blinkleuchten, Innenleuchte und Instrumentenbeleuchtung.

Scheinwerfer / Scheinwerferlampe aus- und einbauen

Normale Glühlampen unterliegen dem Verschleiß. Etwa alle zwei Jahre sollten sie ausgewechselt werden, auch wenn sie noch intakt sind.

Vor dem Auswechseln der Glühlampen Schalter des betreffenden Verbrauchers ausschalten. **Achtung:** Glaskolben nicht mit bloßen Fingern anfassen. Der Fingerabdruck würde verdunsten und sich – aufgrund der Wärme – auf dem Reflektor niederschlagen und diesen erblinden lassen.

Ausbau

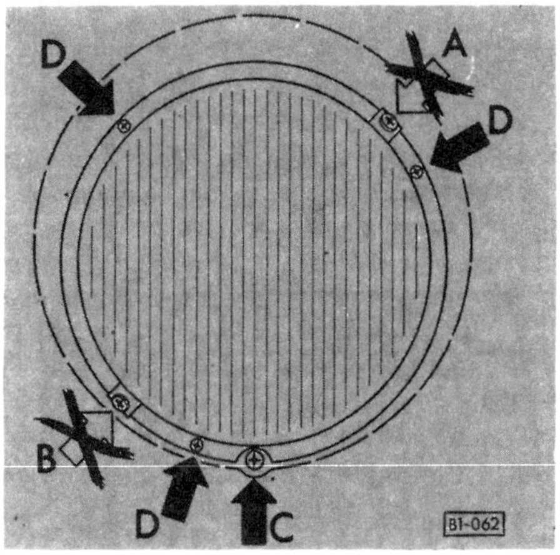

- Scheinwerfer ausbauen. Hierzu Abdeckring abnehmen. Schraube C herausdrehen. Abdeckring zuerst in der Nähe der Befestigungsschraube abdrücken, dann von der gegenüberliegenden Haltenase abheben.
- 3 Befestigungsschrauben – D – herausdrehen und Tragring mit Scheinwerfereinsatz herausnehmen. **Achtung:** Nicht an den Einstellschrauben A und B drehen.
- Zum Auswechseln der Scheinwerferlampe Dreifachstecker abziehen, Gummikappe abnehmen.

E

- Normalscheinwerfer (E): Verschlußring nach links drehen und abnehmen.

F

- Halogenscheinwerferlampe (F): Federdrahtbügel aushaken und abklappen.

Einbau

- Defekte Lampe gegen neue Lampe gleicher Ausführung auswechseln. Der Lampenteller muß sicher in die Reflektorfassung einrasten.
- Normalscheinwerferlampe (E): Verschlußring gegen den Reflektor drücken und bis zum Anschlag nach rechts drehen.
- Halogenscheinwerferlampe (F): Federdrahtbügel einhaken.
- Gummikappe aufdrücken, Dreifachstecker aufstecken.
- Scheinwerfer einbauen. Hierzu Tragring mit Scheinwerfereinsatz anschrauben.
- Abdeckring befestigen. Zuerst Schraube ansetzen, dann Ring über die Nase in der Scheinwerfermulde heben und Schraube festziehen.
- Sicherheitshalber Scheinwerfereinstellung überprüfen lassen.

Standlichtlampe auswechseln

Ausbau

- Scheinwerfer ausbauen.
- Lampe mit Fassung aus dem Reflektor ziehen.
- Lampe leicht in die Fassung drücken, nach links drehen und herausnehmen.

Einbau

- Defekte Lampe gegen Lampe gleicher Ausführung auswechseln. Lampe in Fassung drücken und nach rechts drehen.
- Fassung bis zum Anschlag in den Reflektor drücken.
- Scheinwerfer einbauen.

Heckleuchtenlampe auswechseln

- Gummidichtung auflegen und Lampenglas nicht zu fest anschrauben.

Ausbau

- Kreuzschlitzschrauben im Lampenglas so weit herausdrehen, bis die Schrauben aus den Gewinden des Gehäuses herausgeschraubt sind – Schrauben nicht ganz herausziehen.
- Lampenglas zusammen mit dem Rahmen und der Gummidichtung abnehmen.
- Lampe durch leichten Druck und anschließende Linksdrehung herausnehmen.

Einbau

- Neue Lampen einsetzen. **Achtung:** Glaskolben nicht mit den Fingern anfassen.

  Oben – Blinklichtleuchte
  Mitte – Brems- und Schlußlichtlampe (Zweifadenbirne)
  Unten – Rückfahrleuchte

- Lampen so einsetzen, daß sich ihre beiden kleinen Stifte an der Lampenfassung in die Nuten der Lampenträgeröffnungen einwandfrei einführen lassen.

Achtung: Die Brems-Schlußlichtlampe hat an der Lampenfassung zwei verschieden große Stifte – die Lampe läßt sich also nur in einer Stellung in die Öffnung des Lampenträgers einsetzen!

- Lampen leicht hineindrücken und rechtsherum drehen.

Innenleuchte aus- und einbauen

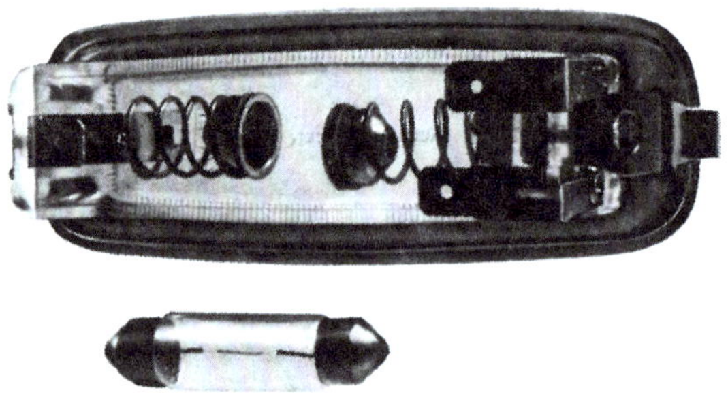

Ausbau

- Batterie-Minuskabel abklemmen.
- Schraubenzieher vorn zwischen Innenleuchte und Dachhimmel schieben und Leuchte heraushebeln.
- Innenleuchte aus der Öffnung des Dachholms herausziehen und Lampe zwischen den beiden federbelasteten Kontakthütchen herausnehmen.

Einbau

- Neue Lampe einsetzen und auf festen Sitz zwischen den Kontakthütchen achten.
- Leuchte zuerst mit den Haltenocken ansetzen und hineindrücken bis die Klemmfeder einrastet.
- Batterie anschließen.

Blinkleuchte vorn und Kennzeichenlampe aus- und einbauen

Ausbau

- Leuchtglas abschrauben.
- Defekte Lampe in den Halter drücken, nach links drehen und herausziehen.

Einbau

- Neue Lampe einsetzen und nach rechts drehen.
- Leuchtglas nicht zu fest anschrauben und auf richtigen Sitz der Dichtung achten.

Scheinwerfer einstellen

Für die Verkehrssicherheit ist die richtige Einstellung der Scheinwerfer von großer Bedeutung. Die exakte Einstellung der Scheinwerfer ist nur mit einem Spezialeinstellgerät möglich. Es wird deshalb in diesem Buch nur aufgezeigt, welche Bedingungen zum richtigen Scheinwerfer-Einstellen erfüllt sein müssen.

- Reifen müssen den vorgeschriebenen Fülldruck aufweisen.
- Das unbeladene Fahrzeug muß mit 70 kg (eine Person) in der Mitte der hinteren Sitzbank belastet werden.
- Die Scheinwerfer dürfen nur bei Abblendlicht eingestellt werden. Das Neigungsmaß beträgt 10 cm auf 10 m Entfernung.

Sicherungen auswechseln

Der Sicherungskasten befindet sich – von einem durchsichtigen Kunststoffdeckel abgedeckt – links unter dem Armaturenbrett.

- Die Zusatzsicherung für die Heckscheibenheizung sitzt unter der Rücksitzbank.
- Die Sicherung für die Rückfahrleuchten befindet sich im Motorraum am Gebläsegehäuse.
- Die Sicherung für die Eberspächer-Zusatzheizung ist im vorderen Kofferraum am Heizgerät angeschraubt.
- Wenn ein elektrischer Verbraucher ausgefallen ist, zuerst Sicherung überprüfen.
- Vor dem Wechsel der Sicherung immer zuerst den betreffenden Verbraucher ausschalten.
- Eine durchgebrannte Sicherung erkennt man am durchgeschmolzenen Metallstreifen.
- Nur neue Sicherung **gleicher Sicherungsstärke** zwischen die Federklemmen einsetzen. Der Metallstreifen soll nach vorn zeigen. Die Sicherung muß fest zwischen den Klemmen sitzen. Gegebenenfalls Federklemmen nachbiegen und mit Schmirgelpapier reinigen.

Die Armaturen

Beim VW 1303 sind die elektrischen Schalter in einem Schalttafeleinsatz zusammengefaßt, beim VW 1200 sind die Schalter im Armaturenbrett eingelassen.

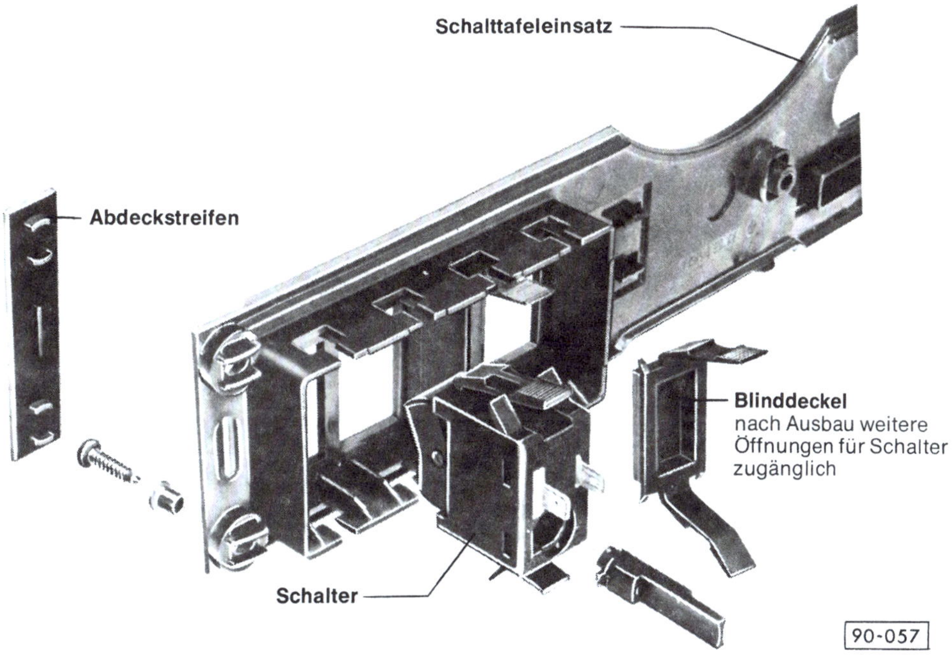

Schalttafeleinsatz aus- und einbauen

(VW 1303)

Ausbau

- Batterie-Masseband abklemmen.

- Mit Schraubenzieher Abdeckstreifen ausclipsen und Kreuzschlitzschrauben herausdrehen. Schalttafeleinsatz nach vorn herausziehen.
- Schalter zum Ausbau ausrasten.

Einbau

- Schalter einsetzen und auf vollständiges Einrasten der Haltenasen achten.
- Schalttafeleinsatz einsetzen und mit 2 Kreuzschlitzschrauben festziehen. Abdeckstreifen für Kreuzschlitzschrauben aufdrücken.
- Batterie-Masseband anklemmen.

Zeituhr aus- und einbauen

(VW 1303)

Ausbau

- Batterie-Masseband abklemmen.

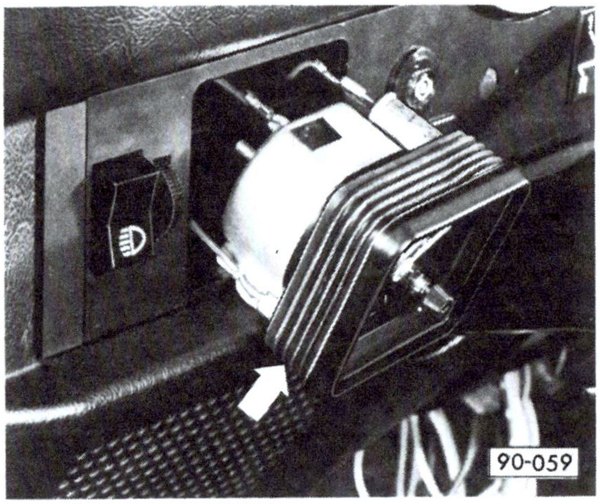

- Zeituhr mit der Hand aus dem Schalttafeleinsatz herausziehen. Die Uhr wird durch eine Gummimanschette (Pfeil) gehalten. Beim Ausbau kein Werkzeug verwenden.
- Elektrische Leitungen von Zeituhr abziehen.

Einbau

- Elektrische Leitungen an Zeituhr anschließen.
- Zeituhr von Hand eindrücken.
- Batterie-Massekabel anklemmen.

Tachometer aus- und einbauen

(VW 1303)

Ausbau

- Schalttafeleinsatz ausbauen, siehe Seite 177.

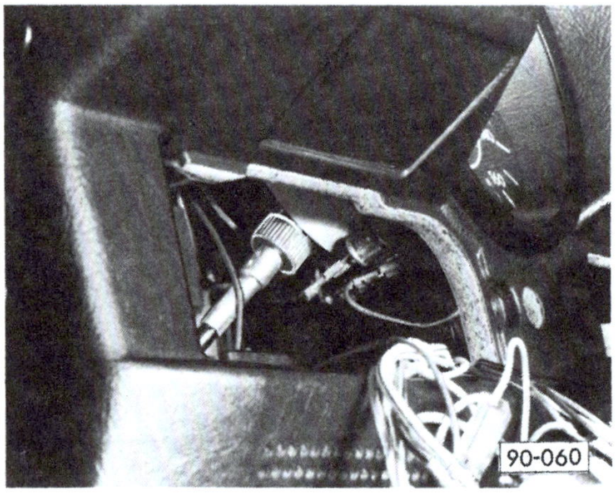

- Antriebswelle für Geschwindigkeitsmesser vom Durchbruch in der Schalttafel her abschrauben.

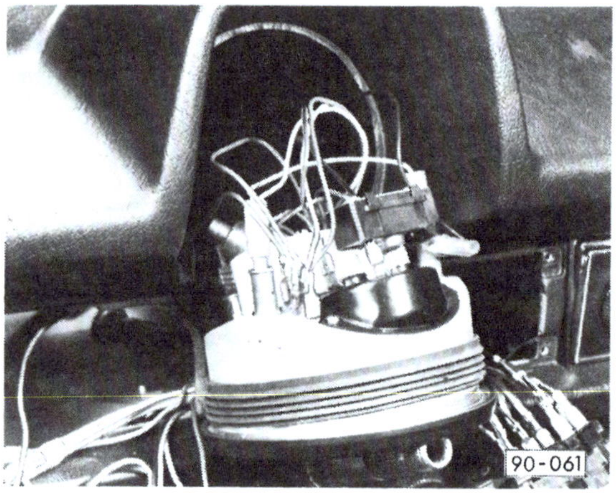

- Tacho von hinten aus der Schalttafel herausdrücken. Der Tacho wird durch eine Gummimanschette gehalten.
- Elektrische Leitungen zum Tacho mit Klebeband kennzeichnen und abziehen. Tacho herausnehmen.

Einbau

- Tacho einsetzen, elektrische Leitungen entsprechend der Markierung aufstecken, Tacho von Hand in die Schalttafel eindrücken.
- Tachowelle anschrauben, Schalttafeleinsatz einbauen.
- Batterie-Masseband anklemmen.

Tachometer aus- und einbauen

(VW 1200)

Ausbau

- Batterie-Massekabel abklemmen.

- Abdeckung im vorderen Kofferraum für die Schalttafel abnehmen.
- Linken Frischluft-Leitungsstutzen ausbauen.
- Kabel abklemmen und Lampenfassungen für Tachometerbeleuchtung und Kontrolleuchten aus dem Tachometer herausziehen (Kabel und Lampenfassungen kennzeichnen!).
- Antriebswelle nach Lösen der Überwurfmutter herausziehen.
- Zwei Kreuzschlitzschrauben am Tachometer lösen und Tachometer durch Linksdrehen aushaken und herausnehmen.

Einbau

- Tacho einsetzen und mit Kreuzschlitzschrauben festziehen.
- Lampen einsetzen und elektrische Leitungen entsprechend der Kennzeichnung aufstecken.
- Tachowelle aufschrauben, Batterie-Massekabel anschließen.

Tachometer-Antriebswelle aus- und einbauen

Ausbau

- Batterie-Masseband abklemmen.
- Radkappe des linken Vorderrades abnehmen.

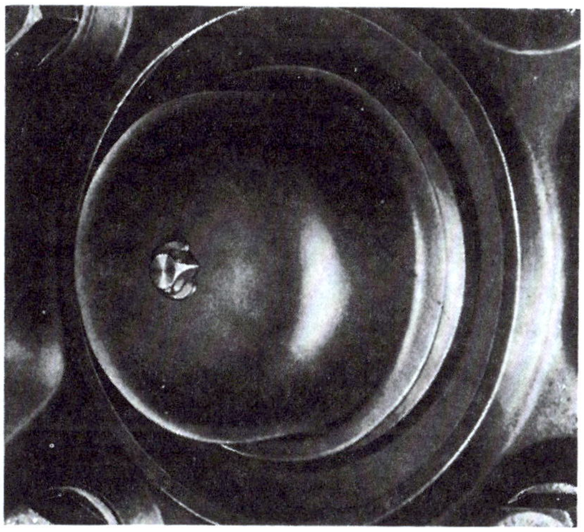

- Sprengring bzw. Splint an Tachowellenvierkant mit Schraubenzieher abhebeln.
- Antriebswelle aus dem Achsschenkel herausziehen.
- Vorderen Kofferraum öffnen und Abdeckungen des Kofferraumes herausnehmen.
- Antriebswelle durch die Gummitülle des Seitenteiles nach innen ziehen.
- Überwurfmutter am Tacho abschrauben und Antriebswelle aus dem Tachometer herausziehen.

Einbau

- Antriebswelle mit neuer Gummitülle in den Achsschenkel einsetzen. Welle nicht verbiegen oder abknicken.
- Antriebswelle zum Tacho hin verlegen. Darauf achten, daß die Welle weder geknickt noch zu stark gebogen wird. Auch darf sie bei keiner Radstellung irgendwo am Aufbau oder an Fahrwerkteilen anstreifen.
- Antriebswelle mit Sprengring am Nabendeckel sichern.
- Antriebswelle an Tachometer anschrauben.
- Batterie-Massekabel anklemmen.

Bremslichtschalter prüfen

In dem Tandem-Hauptbremszylinder ist für den vorderen und hinteren Bremskreis je ein Bremslichtschalter eingebaut.

- Der Tandem-Hauptbremszylinder sitzt vorn am F hebelwerk im Radhaus.
- Linkes Rad lösen, Wagen vorn aufbocken, Rad abschrauben.
- Leitungen am Bremslichtschalter des vorderen Bremskreises abziehen, Zündung einschalten und Fußbremse betätigen: Die Bremsleuchten müssen aufleuchten.
- Leitungen des Bremslichtschalters für den vorderen Bremskreis wieder aufstecken und die Leitungen am Bremslichtschalter für den hinteren Bremskreis abziehen, Fußbremse betätigen: Die Bremsleuchten müssen wieder aufleuchten.

  Leuchten die Bremsleuchten bei einer der beiden Prüfungen nicht auf, so muß der gerade angeschlossene Bremslichtschalter ausgewechselt werden.

Bremslichtschalter aus- und einbauen

- Batterie-Massekabel abklemmen, linkes Rad abschrauben.
- Leitungen kennzeichnen, abziehen und Schalter herausschrauben, dabei heraustropfende Bremsflüssigkeit mit einem Lappen auffangen.

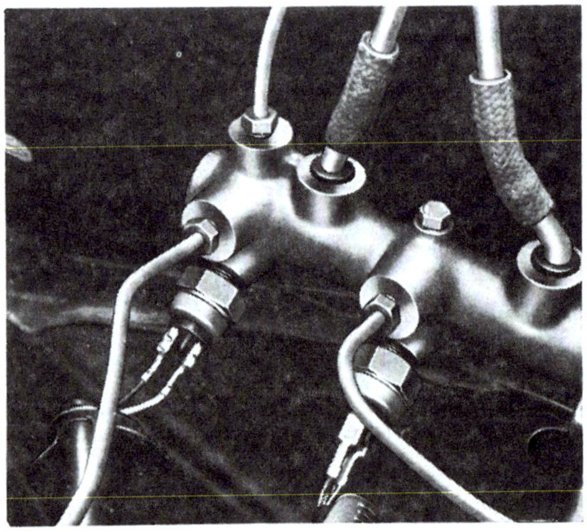

- Neuen Bremslichtschalter einschrauben (2–2,5 kpm) und Leitungen entsprechend der Kennzeichnung anklemmen.
- **Achtung:** Nach Einbau des Schalters entsprechenden Bremskreis entlüften.
- Batterie anklemmen.
- Bremslicht überprüfen.

Scheibenwischerschalter aus- und einbauen

Ausbau

- Batterie-Massekabel abklemmen und Scheibenwaschbehälter öffnen.

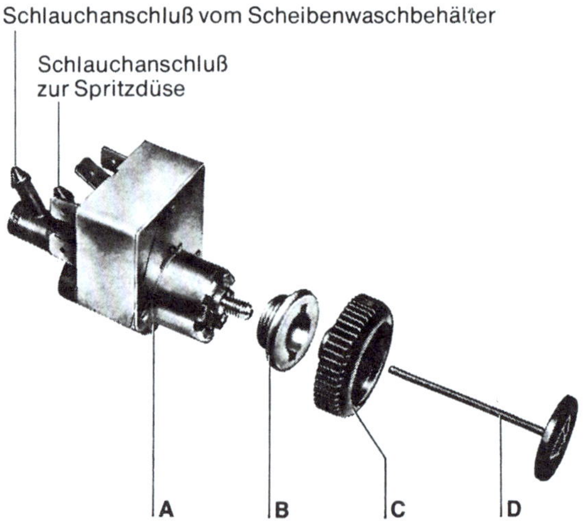

A Schalter
B Verschraubung
C Drehknopf
D Auslöseknopf für Wascherventil

- Drehknopf durch Linksdrehen abschrauben und zusammen mit dem Auslöseknopf für Waschventil abnehmen.
- Spezialverschraubung mit Spitzzange oder Schraubenzieher und leichten Hammerschlägen herausdrehen.
- Schalter nach vorn durchdrücken und vorn vom Kofferraum aus nach Abnehmen der Abdeckung Schläuche und Leitungen (kennzeichnen) vom Scheibenwischerschalter abziehen.

Einbau

- Wasserschläuche entsprechend der Abbildung auf Schalter schieben. **Achtung:** Schläuche nicht vertauschen.
- Elektrische Leitungen entsprechend der Kennzeichnung aufstecken.
- Schalter einbauen und mit Mutter festziehen. Drehknopf aufschrauben, Auslöseknopf aufschieben.
- Scheibenwaschbehälter mit Wasser füllen und Luftdruckschlauch des Reserverades anschließen.
- Batterie anklemmen und Anlage auf Funktion prüfen.

Lenkradschloß / Zündanlaßschalter aus- und einbauen

(VW 1200)

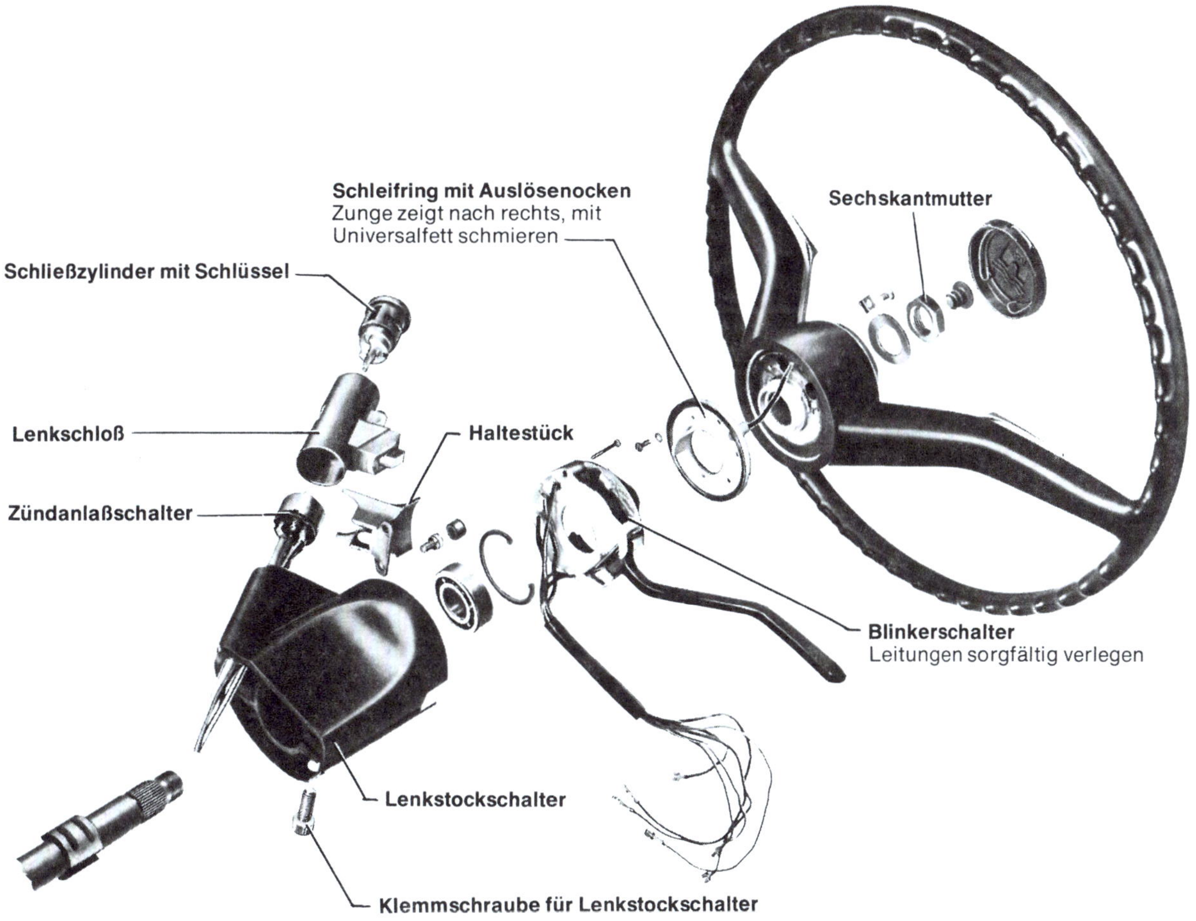

94-019

Ausbau

- Lenkrad ausbauen, siehe Seite 110.
- Blinkerschalter lösen und etwas herausziehen.
- Haltestück ausbauen.

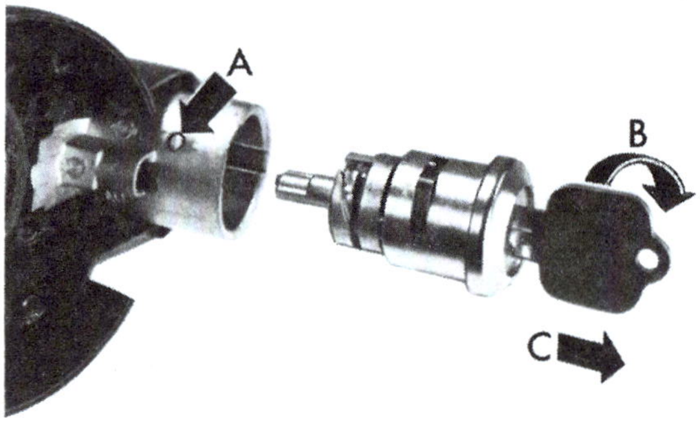

94-020

- Zum Ausbau des Schließzylinders Zündschlüssel in Stellung „Fahrt" drehen, Schließzylinder zusammen mit Lenkanlaßschloß herausziehen. Dabei die Leitungen nachschieben. Durch die Öffnung (Pfeil A) mit Stahldraht die Haltefeder des Zylinders herunterdrücken. Schlüssel aus Haltestellung etwa eine Schlüsselmaterialstärke nach rechts drehen (Pfeil B). Schlüssel mit Schließzylinder (Pfeil C) herausziehen.
- Falls der komplette Zündanlaßschalter ausgewechselt werden soll:

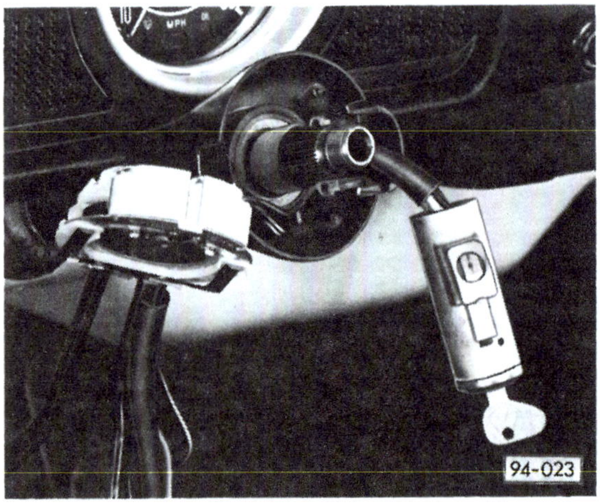

- Zündschlüssel in Stellung „Fahrt" drehen, Schließzylinder zusammen mit Lenkschloß und Anlaßschalter herausziehen.
- Leitungen für Zündanlaßschalter hinten an der Schalttafel abklemmen (vorher kennzeichnen).

Einbau

- Neuen Zündanlaßschalter in das Schloß einsetzen und befestigen.

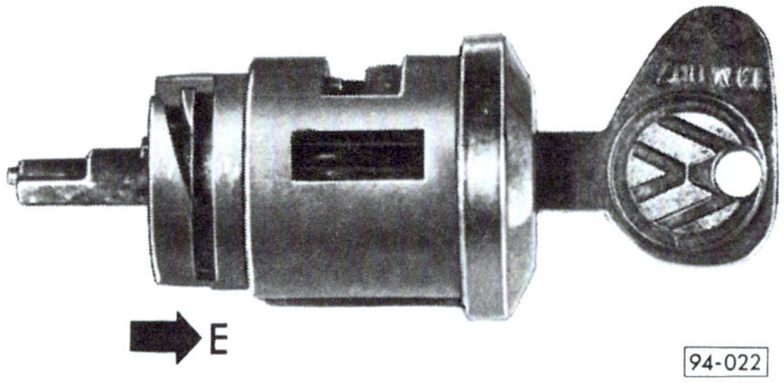

94-022

- Schließzylinder einbauen. Hierzu Mitnehmer gegen den Schlüssel drücken (Pfeil E). Mit eingestecktem Schlüssel Schließzylinder in „Haltestellung" bringen (linker Anschlag). Schlüssel herausziehen. Anschließend Schließzylinder ohne Schlüssel in das Schloßteil einknöpfen.

Achtung: Als Ersatzteil wird der Zündanlaßschalter mit den Leitungslängen für Rechtslenker-Fahrzeuge und mit den Leitungen für Summer und Parkleuchte geliefert. Je nach Modell Leitung für Summer bzw. Parkleuchte am Ende des Isolierschlauches abschneiden und isolieren.

- Den Zusammenbau Schließzylinder, Lenkschloß und Anlaßschalter in den Lenkstockschalter einschieben. Schließzylinder muß in Stellung „Halt" stehen.
- Leitungen sorgfältig durch das Gehäuse des Lenkstockschalters führen.
- Isolierschlauch um die Leitungsstränge vom Zündanlaßschalter und Blinkerschalter legen und mit Isolierband befestigen.
- Den gesamten Leitungsstrang durch die Tülle hinter die Schalttafel führen.
- Haltestück einbauen. Isolierkappen auf die Befestigungsschrauben stecken, Blinkerschalter wieder befestigen. Schrauben mit Lack sichern.
- Schließzylinder und Blinkerschalter auf Funktion prüfen. Dazu Räder in Geradeausstellung bringen, damit der Sperrbolzen nicht einrastet, Zündschlüssel abziehen.
- Lenkrad einbauen, siehe Seite 110.
- Batterie-Massekabel anschließen.

Scheibenwischerarm ersetzen

(VW 1200)

Ausbau

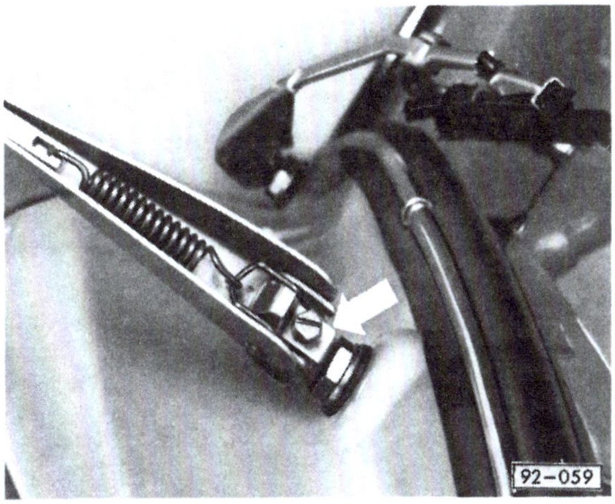

● Scheibenwischerarm hochklappen, Klemmschraube lösen und Scheibenwischerarm abnehmen.

Einbau

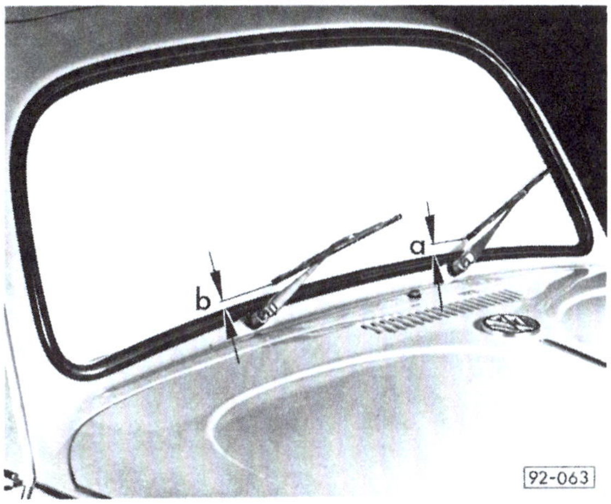

a = 15 mm, b = 12 mm

● Scheibenwischerarm aufsetzen und so ausrichten, daß sich der Abstand, wie in der Abbildung gezeigt, ergibt. Klemmschraube nicht zu stramm anziehen.

Scheibenwischergummi ersetzen

● Scheibenwischerblatt abnehmen.

● An der geschlossenen Seite des Wischgummis beide Stahlschienen mit Kombizange zusammendrücken (siehe Abbildung), seitlich aus der oberen Klammer herausnehmen und Gummi komplett mit Schienen aus den restlichen Klammern des Wischerblattes herausziehen.

92-015

● Neues Wischgummi in die unteren Klammern des Wischerblattes einknöpfen.

● Beide Schienen so in die erste Rille des Wischgummis einführen, daß Aussparungen der Schienen zum Gummi zeigen und in Gumminasen der Rille einrasten.

● Beide Stahlschienen und Gummi mit Kombizange wieder zusammendrücken und so in obere Klammer einsetzen, daß Klammernasen beidseitig in Haltenuten (Pfeil) des Wischgummis einrasten.

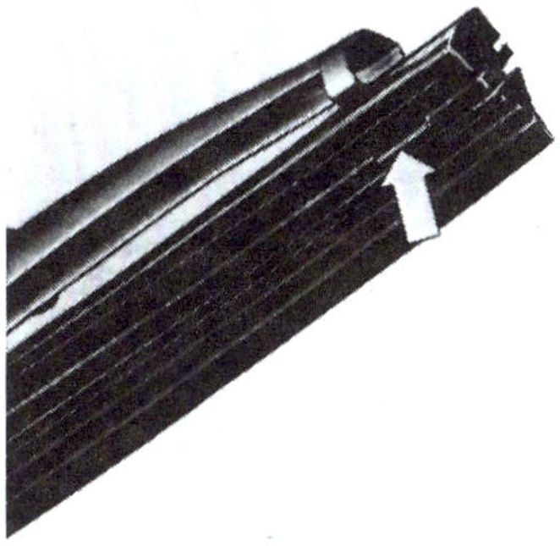

92-016

Scheibenwischeranlage aus- und einbauen

(VW 1200)

Ausbau

- Batterie-Masseband abklemmen.
- Wischerarme ausbauen.

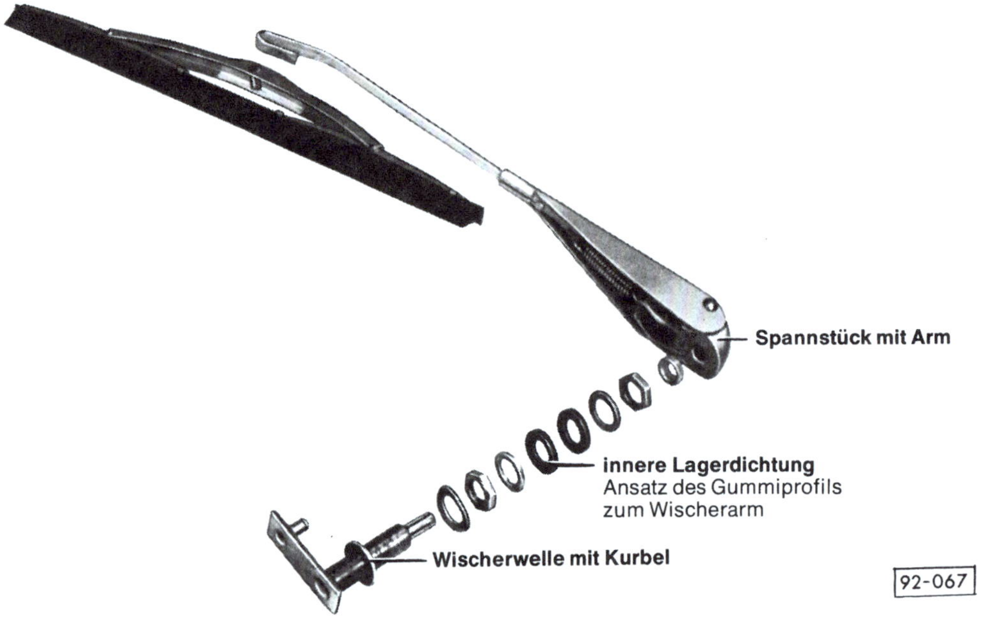

- Sechskantmuttern von den Wischerwellen abschrauben, Lagerdichtungen abnehmen.
- Elektrische Leitungen vom Wischermotor kennzeichnen und abziehen.

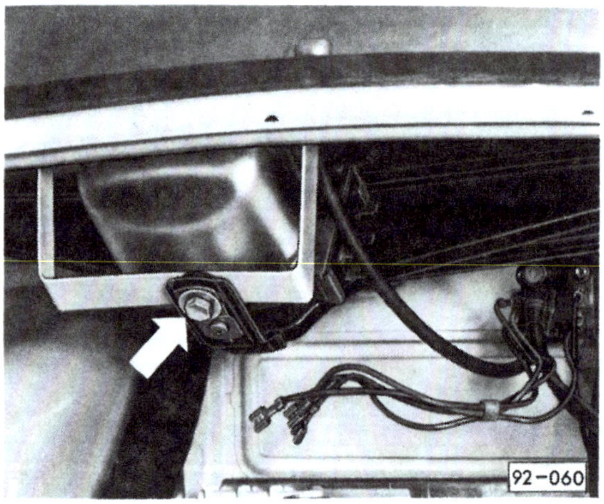

- Sechskantschraube (Pfeil) herausdrehen und Motor mit Lagerschild herausnehmen.

Einbau

- Kunststoffbuchsen für Wischerwelle prüfen. Erlaubt ist ein Axialspiel von 0,2 mm.
- Wischerwellen mit inneren Gummilagerungen versehen und einsetzen.
- Gummilagerung und Scheibe von außen auf Wischerwelle schieben und Sechskantmutter aufschrauben.
- Motor mit Sechskantschraube befestigen.
- Elektrische Leitungen an Wischermotor anschließen. **Achtung:** Die Leitungen müssen so verlegt werden, daß sie nicht mit dem Gestänge des Wischermotors in Berührung kommen.
- Wischerarme anbauen und einstellen.
- Batterie-Massekabel anschließen.

Scheibenwischerarm ersetzen

(VW 1303)

Ausbau

Die Wischerarme für den VW 1303 sind unterschiedlich und dementsprechend mit „L" bzw. „R" gekennzeichnet.

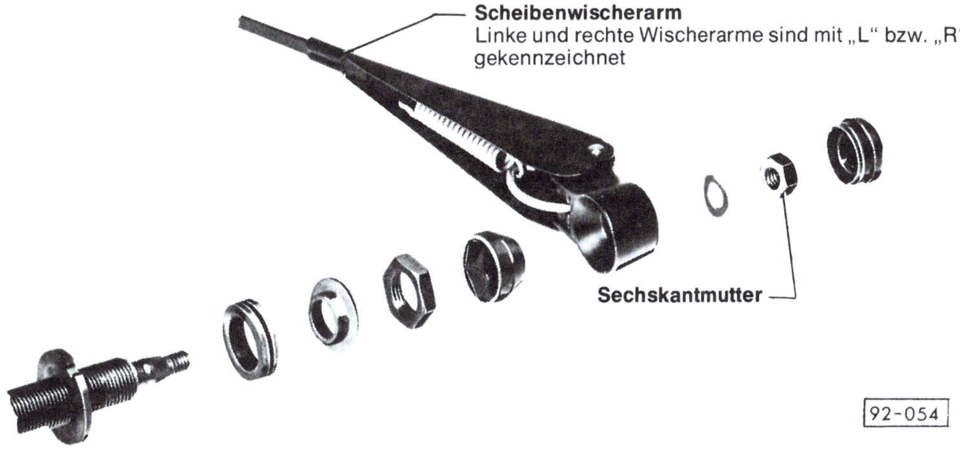

- Abdeckkappe am Wischerarm mit Schraubenzieher abheben.
- Sechskantmutter von der Welle abschrauben, Scheibenwischerarm abnehmen.

Einbau

- Scheibenwischerarm aufsetzen.

a = 34 mm, b = 41 mm.

- Scheibenwischerarme so ausrichten, daß sich der in der Abbildung eingezeichnete Abstand ergibt.
- Wellscheibe auf Wischerwelle schieben, Sechskantmutter aufschrauben und nicht zu stramm anziehen. Abdeckkappe aufdrücken.

Scheibenwischeranlage aus- und einbauen

(VW 1303)

Ausbau

- Batterie-Massekabel abklemmen.
- Scheibenwischerarme abschrauben, Sechskantmuttern von den Wischerwellen abschrauben, Lagerringe abnehmen.
- Deckel vom Frischluftkasten abschrauben.
- Elektrische Leitungen am Wischermotor kennzeichnen und abziehen.
- Kunststoffabdeckung für Wischermotor abschrauben.

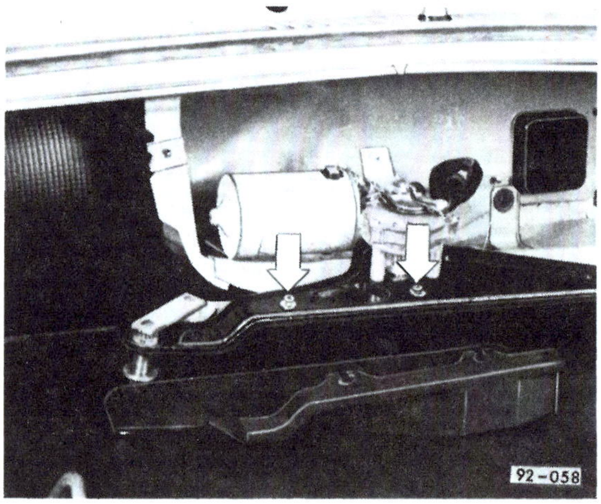

92-058

- Wischermotor mit Lagerschild abschrauben.

Einbau

- Falls die Antriebskurbel vom Wischermotor abgenommen wurde, muß die Parkstellung am Wischermotor eingestellt werden.
- Scheibenwischermotor vor dem Einbau entsprechend der Klemmenbezeichnung mit den elektrischen Leitungen verbinden. Der Massestecker des Wischermotors sowie die Klemme 31 des Wischerschalters (wichtig wegen der Parkstellenbremsung) sind an den Minuspol der Batterie, die Klemme 30 des Wischerschalters an den Pluspol der Batterie anzuschließen. Motor mehrere Minuten durchlaufen lassen, dann Schalter ausschalten. Motor bleibt exakt in Parkstellung stehen.

92-065

- Antriebskurbel so aufsetzen, daß zwischen der gedachten Verlängerung des Polgehäuses und der Mittellinie der Kurbel ein Winkel von $\alpha = 15°$ eingehalten wird.
- Antriebskurbel festziehen.
- Motor mit Rahmen einbauen, Gummiringe und Lagerungen für die Wischerwellen aufschieben, Sechskantmuttern aufschrauben. Abdeckung für Wischerwelle aufschieben.
- Wischerarme aufschrauben und einstellen.
- Elektrische Leitungen für Wischermotor entsprechend der Kennzeichnung aufstecken. **Achtung:** Wasserschlauch zur Spritzdüse und Leitungsstrang nicht einklemmen.
- Kunststoffabdeckung anschrauben, Deckel für Frischluftkasten anbauen. Defekte Deckeldichtung erneuern.

Störungstabelle Scheibenwischergummi

Wischbild	Ursache	Abhilfe
Schlieren Abbildung 92-012	● Wischgummi verschmutzt	Wischgummi mit harter Nylonbürste und einer Waschmittellösung oder Spiritus reinigen
	● ausgefranste Wischlippen, Gummi ausgerissen oder abgenutzt	Wischgummi erneuern
	● Wischgummi gealtert, rissige Oberfläche	Wischgummi erneuern
Im Wischfeld verbleibende Wasserreste ziehen sich sofort zu Perlen zusammen Abbildung 92-013	● Windschutzscheibe durch Lackpolitur, Öl oder Dieselrückstände verschmutzt	Windschutzscheibe mit sauberem Putzlappen und einem Fett-Öl-Silikonentferner reinigen
Wischerblatt wischt einseitig gut – einseitig schlecht, rattert Abbildung 92-014	● Wischgummi einseitig verformt, ,,kippt nicht mehr''	neues Wischgummi einbauen
	● Wischerarm verdreht, Blatt steht schief auf der Scheibe	Wischerarm vorsichtig verdrehen, bis richtige, senkrechte Stellung erreicht ist
nicht gewischte Flächen	● Wischgummi aus der Fassung herausgerissen	Wischgummi vorsichtig in die Fassung einsetzen
	● Wischerblatt liegt nicht mehr gleichmäßig an der Scheibe an, da Federschienen oder Bleche verbogen	Wischerblatt ersetzen. Dieser Fehler tritt vor allem bei unsachgemäßem Montieren eines Ersatzblattes auf
	● Anpreßdruck durch Wischerarm zu gering	Wischerarmgelenke und Feder leicht einölen oder neuen Arm einbauen

Die Wagenpflege

Pflege der Karosserie

- Verschmutzten Wagen möglichst bald waschen.
- Reichlich Wasser verwenden.
- Weichen Schwamm oder sehr weiche Waschbürste mit Schlauchanschluß benutzen.
- Lackierung nicht scharf abspritzen, sondern nur abbrausen und Schmutz aufweichen lassen.
- Aufgeweichten Schmutz von oben nach unten mit reichlich Wasser abwaschen.
- Schwamm oft ausspülen.
- Zum Abtrocknen sauberes Leder verwenden.
- Nur gute Markenwaschmittel verwenden (falls überhaupt). Gründliches Nachspülen mit klarem Wasser, um die Reste des Waschmittels zu entfernen.
- Bei regelmäßiger Benutzung von Waschmitteln muß öfter konserviert werden.
- Wagen niemals in der Sonne waschen oder trocknen. Wasserflecken auf der Lackierung sind sonst unvermeidlich.
- Durch Streusalze besonders gefährdet sind alle innenliegenden Falze, Flansche und Fugen an Türen und Hauben. Diese Stellen müssen deshalb bei jedem Wagenwaschen – auch nach der Wäsche in automatischen Waschstraßen – mit einem Schwamm gründlich gereinigt und anschließend abgespült und abgeledert werden.

Durch Waschen allein lassen sich Teerspritzer, Ölspuren, Insekten und andere Verschmutzungen nicht immer entfernen. Grundsätzlich sollten derartige Verunreinigungen so bald wie möglich beseitigt werden, da sie sonst bleibende Lackschäden verursachen können.

Teerflecke

Teerflecke fressen sich innerhalb kurzer Zeit in den Lack ein und können dann nicht mehr vollkommen entfernt werden.

Frische Teerflecke können mit einem in Waschbenzin getränkten weichen Lappen entfernt werden. Notfalls kann auch Tankstellenbenzin, Petroleum oder Terpentinöl verwendet werden. Sehr gut gegen Teerflecke eignet sich auch der bei Audi/VW-Vertretungen erhältliche Lackkonservierer. Bei Verwendung dieses Mittels kann auf ein Nachwaschen verzichtet werden.

Insektenbefall

Die Reste von Insektenleichen tragen Stoffe in sich, die den Lackfilm beschädigen können, wenn sie nicht innerhalb kurzer Zeit entfernt werden. Einmal festgeklebt, lassen sie sich durch Schwamm und Wasser allein nicht entfernen, sondern müssen mit schwacher, lauwarmer Seifen- oder Waschmittel-Lösung abgewaschen werden. Es gibt auch spezielle Insekten-Entferner.

Parken unter Bäumen

Wagen, die im Sommer längere Zeit unter Bäumen geparkt wurden, zeigen sich oft über und über gesprenkelt. Diese Flecken lassen sich verhältnismäßig leicht mit lauwarmer Seifenlösung entfernen, wenn die Behandlung nicht allzu lange hinausgezögert wird. Eine anschließende Konservierung ist zu empfehlen.

Industrieverschmutzungen

Auf der Lackierung festsitzender Industrieschmutz, vornehmlich Eisenstaub, Abrieb von Kupferdraht-Oberleitungen elektrischer Bahnen, Kohlenstaub usw. kann mit Spezial-Lackreinigungsmitteln (säurehaltige Produkte) entfernt werden. Solche Mittel sind beim VW/Audi-Händler erhältlich. Da Metallstaub die Eigenschaft besitzt, sich in den Lack einzufressen, sollte die Reinigung möglichst bald vorgenommen werden.

Achtung: Gebrauchsanweisung genau beachten!

Zement-, Kalk- und andere Baumaterial-Spritzer

Spritzer jeglichen Baumaterials mit einer lauwarmen Lösung neutraler Waschmittel abwaschen. Nur leicht reiben, da sonst die Lackierung zerkratzt werden kann. Nach dem Waschen sorgfältig mit klarem Wasser nachspülen.

Flugasche

Stellen, die sich durch aufgeflogene, heiße Flugasche markiert haben, mit Waschbenzin unter häufigem Wechsel des Poliermaterials reinigen. Das häufige Wechseln ist notwendig, um den Lack nicht zu zerkratzen. Anschließend mit Original-Audi/VW-Polierpaste kräftig durchpolieren. Abschließend mit Konservierungsmittel behandeln.

Lackierung pflegen

Konservieren

Etwa alle 3 Monate sollte die getrocknete Lackierung mit einem Konservierungsmittel behandelt werden, um die Oberfläche durch eine porenschließende und wasserabweisende Wachsschicht gegen Witterungseinflüsse zu schützen.

Das Konservieren muß wiederholt werden, wenn Wasser nicht mehr vom Lack abperlt, sondern großflächig verläuft. Regelmäßiges Konservieren bewirkt, daß der ursprüngliche Glanz der Lackierung sehr lange erhalten bleibt.

Eine weitere Möglichkeit, den Lack zu konservieren, bieten Wasch-Konservierer. Ein Meßbecher davon wird dem Waschwasser beigegeben (nachdem der Wagen zuerst mit reinem Wasser vom gröbsten Schmutz befreit wurde). Danach ist nur noch Abledern erforderlich. Wasch-Konservierer schützen die Lackierung jedoch nur ausreichend, wenn sie bei jeder zweiten Wagenwäsche verwendet werden und der zeitliche Abstand zwischen zwei Wäschen nicht mehr als zwei bis drei Wochen beträgt.

Nach dem Anwenden von Waschmitteln (Schaumwäsche), ist eine Nachbehandlung mit einem Konservierungsmittel besonders zu empfehlen (Gebrauchsanweisung beachten).

Das Konservieren darf nicht in der prallen Sonne erfolgen.

Polieren

Das Polieren einer Lackierung ist nur dann erforderlich, wenn der Lack infolge mangelhafter Pflege unter der Einwirkung von Straßenstaub, industriellen Abgasen, Sonne und Regen unansehnlich geworden ist und sich durch eine Behandlung mit Konservierungsmitteln kein Glanz mehr erzielen läßt.

Zu warnen ist vor stark schleifenden oder chemisch stark angreifenden Poliermitteln, auch wenn der erste Versuch damit noch so sehr zu überzeugen scheint.

Vor jedem Polieren muß der Wagen sauber gewaschen und sorgfältig abgetrocknet werden. Im übrigen ist nach der Gebrauchsanweisung für das jeweilige Poliermittel zu verfahren.

Die Bearbeitung soll in nicht zu großen Flächen erfolgen, um ein vorzeitiges Eintrocknen der Politur zu vermeiden. Bei manchen Poliermitteln muß anschließend noch konserviert werden. Nicht in der prallen Sonne polieren!

Chromteile pflegen

Verchromte Teile werden nach dem Waschen und Trocknen mit einem Chrom-Pflegemittel behandelt.

Leichtmetallteile an der Karosserie brauchen nicht besonders gepflegt zu werden.

Reinigen der Scheiben

Fensterscheiben mit sauberem, weichem Lappen abreiben. Bei starker Verschmutzung helfen Spiritus oder Salmiakgeist und lauwarmes Wasser. Beim Reinigen der Windschutzscheibe Scheibenwischerarme nach vorn klappen.

In manchen Lackpflegemitteln sind Silikone enthalten, welche die konservierende Wirkung unterstützen sollen. Gelangen Spuren davon auf die Windschutzscheibe, so bilden sich bei Regen Schlieren und Trübungen im Scheibenwischerfeld, die die Sicht und damit die Fahrsicherheit beeinträchtigen können. Mit einem auch gegen Silikone wirksamen Scheibenreiniger lassen sich diese Schlieren wieder beseitigen. Pastenförmige Mittel haben bei einer stark silikonverschmutzten Scheibe im allgemeinen eine bessere Wirkung als flüssige Mittel, die dem Scheibenwaschwasser zugegeben werden.

Bei der Reinigung der Windschutzscheibe sind auch die Wischerblätter zu säubern.

Achtung: Bei Verwendung silikonhaltiger Mittel dürfen die zur Reinigung der Lackierung verwendeten Waschbürsten, Schwämme, Lederlappen und Tücher nicht für die Scheiben verwendet werden. Beim Einsprühen der Lackierung mit silikonhaltigen Pflegemitteln sollten die Scheiben mit Pappe oder anderem Material abgedeckt werden.

Gummidichtungen pflegen

Sämtliche Gummidichtungen sollen von Zeit zu Zeit leicht mit Talkum eingepudert werden, um die gewünschte Geschmeidigkeit zu erhalten und an den Fensterabdichtungen ein gutes Gleiten zu erreichen.

Quietschende oder knarrende Geräusche, die an Gummidichtungen entstehen, können durch Einpudern der Dicht- und Gleitflächen mit Talkum oder Bestreichen mit Glyzerin behoben werden. Auch das Einreiben der betreffenden Fläche mit Schmierseife beseitigt die Geräusche.

Undichtigkeiten an der Windschutzscheibe und am Heckfenster lassen sich wie folgt beheben: Lippe der Gummidichtung im Wageninnern mit einem Holzspan soweit wie möglich anheben und Fensterscheibenzement zwischen Gummiprofil und Blechrahmen eindrücken. Reste des Dichtungsmittels können mit Spiritus entfernt werden.

Polsterbezüge pflegen

Textilbezüge

Polsterbezüge mit Staubsauger absaugen oder mit einer nicht zu weichen Bürste ausbürsten.

Fett- und Ölflecke mit Fleckenwasser behandeln. Das Reinigungsmittel darf aber nicht unmittelbar auf den Stoff gegossen werden, da sich sonst unweigerlich Ränder bilden. Fleck durch kreisförmiges Reiben von außen nach innen bearbeiten.

Andere Verschmutzungen lassen sich meistens mit lauwarmem Seifenwasser entfernen.

Kunstlederbezüge

Kunstlederbezüge besitzen eine schmutzabweisende Oberfläche. Besondere Pflegemittel sind hier nicht erforderlich.

Bei normalen Verschmutzungen genügen folgende Reinigungsarten:

- Seifenlauge, hergestellt aus Wasser und einem handelsüblichen Feinwaschmittel.
- Reinigungslösung, hergestellt aus Wasser und einem handelsüblichen Kunstlederreiniger.

Eine weiche Bürste erleichtert das Entfernen des Schmutzes aus genarbten Oberflächen.

Grobe Verschmutzungen sollten sofort entfernt werden; die zur Reinigung geeigneten Mittel können nachstehender Tabelle entnommen werden. Es ist zu beachten, daß die Reinigungsmittel, vor allem Waschbenzin, Spiritus und Verdünner, nicht aufgegossen, sondern nur mit einem angefeuchteten Lappen aufgetragen werden. So wird ein Eindringen in die Nähte oder Polsterung vermieden. Längere Einwirkzeit der Reinigungsflüssigkeit ist zu vermeiden, weil der schmutzabweisende Schutzfilm des Kunstleders dadurch zerstört werden kann.

Nach jeder Reinigung muß das Kunstleder, und dabei besonders in den Nahtfurchen, mit einem weichen Lappen gut trockengerieben werden.

Verschmutzung	Entfernung	
	frische Flecken	ältere Flecken
Öl oder Fett	Mit trockenem, weichem Tuch abnehmen; das Tuch oftmals wenden. Nicht durch Hin- und Herreiben den Fleck vergrößern. Einen eventuell in der Narbung verbleibenden Schein mit einem mit Waschbenzin befeuchteten Lappen vorsichtig abtupfen. Danach gut trockenreiben mit sauberem, weichem Tuch	Mit einem mit Waschbenzin oder Spiritus leicht angefeuchteten, sauberen weichen Lappen vorsichtig ab- und anschließend gut trockenreiben. Lappen oftmals wenden, um ein Verschmieren des Fleckes zu vermeiden
Schuhcreme	Genau wie bei Öl oder Fett Als Reinigungsmittel kann neben Waschbenzin oder Spiritus auch Terpentinöl verwendet werden	
Kunstharz- und Nitro-Farben sowie Ölfarben	Mit trockenem, weichem Tuch abnehmen wie bei Öl und Fett. Verbleibende Reste mit einem wasserbefeuchteten Lappen oder mit einem Stück Gummi kräftig abreiben	Mit einem mit Nitro-Verdünnung bzw. mit Terpentinöl oder Benzin angefeuchteten weichen Lappen vorsichtig ab- und anschließend gut trockenreiben. Nitro-Verdünnung für Flecke von Kunstharz- und Nitro-Lacken. Terpentinöl oder Benzin für Ölfarbe
Blut	Mit einem mit kaltem oder besser lauwarmem Wasser angefeuchteten Lappen abtupfen, ohne den Fleck durch Hin- und Herreiben zu vergrößern	
Rost	Mit einem weichen Tuch, das mit angesäuertem Wasser (1 Teil Salzsäure und 9 Teile Wasser) angefeuchtet ist, vorsichtig abtupfen, nicht breitreiben. Das angesäuerte Wasser darf nicht in Spalten, Ecken oder Nähte dringen, da sonst Anrostungen unvermeidlich sind. Nach der Behandlung gut mit einem mit klarem Wasser angefeuchteten Lappen nachwaschen, damit keine Rückstände von angesäuertem Wasser zurückbleiben. Die benutzten Lappen sind zu vernichten	

Das Werkzeug

Welches Werkzeug zur Reparatur des Käfers angeschafft werden muß, richtet sich ganz nach dem Umfang der Arbeiten, die durchgeführt werden sollen. Neben der Grundausstattung ist für die Reparatur auch Spezialwerkzeug erforderlich. Benötigt wird vor allem ein Drehmomentschlüssel, da viele Schraubverbindungen mit vorgeschriebenem Drehmoment angezogen werden müssen. Das richtige Drehmoment ist für die volle Funktion des betreffenden Aggregates von großer Wichtigkeit. Vor allem Schraubverbindungen am Motor, Zylinderkopf, Radlager, Motor- und Getriebeaufhängung usw. sind mit vorgeschriebenem Drehmoment anzuziehen.

Werkzeuge kann man in jedem Kaufhaus preiswert kaufen. Gutes und standfestes Werkzeug ist in der Regel teurer als Kaufhausware. Wer viel repariert und lange Freude an seinem Werkzeug haben will, sollte die höheren Kosten für stabiles Werkzeug nicht scheuen. Dies gilt vor allem auch beim Kauf elektrischer Prüfwerkzeuge. Billig-Geräte arbeiten meistens mit derart großer Streuung, so daß der Prüfwert wenig aussagt.

Die Grundausstattung

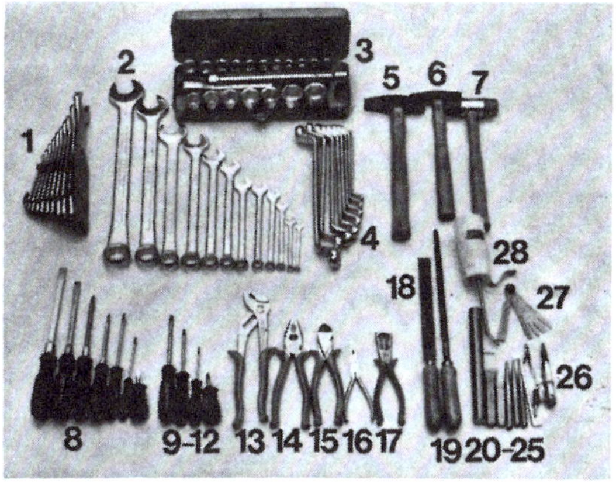

Gutes und stabiles Werkzeug wird von der Firma Hazet angeboten. In der Tabelle sind die Werkzeuge mit der Hazet-Bestellnummer aufgeführt. Vertrieben wird das Werkzeug über den Fachhandel.

Werkzeug	Abb.	Hazet-Nr.
1 Satz Maulschlüssel	1	450/10RD
1 Satz Ring-Maulschlüssel	2	600/12
1 Satz Steckschlüsseleinsätze	3	930
1 Satz Doppelringschlüssel	4	630/8
1 Schlosserhammer	5	2140-2
1 Schlosserhammer	6	2140-5
1 Plastikhammer	7	1950-3
1 Satz Schraubendreher	8	810K/10
1 Kreuzschlitzschraubendreher	9	835-0n
1 Kreuzschlitzschraubendreher	-	835-1n
1 Kreuzschlitzschraubendreher	-	835-2n
1 Kreuzschlitzschraubendreher	12	835-02n
1 Universalzange	13	760-33
1 Kombizange	14	1850-33
1 Seitenschneider	15	1802-22
1 Flachzange	16	1816-1
1 Abisolierzange	17	1861-00
1 Flachfeile	18	2122-8
1 Rundfeile	19	2120-10
1 Messingdorn	20	2534
1 Flachmeißel	21	730-2
1 Kreuzmeißel	22	740-1
1 Körner	22	746-1
1 Durchtreiber	23	745-2
1 Durchtreiber	24	745-1
1 Winkelschraubendreher	25	818-2
1 Stromprüfer	26	2153
1 Fühlerblattlehre	27	2146-1
1 Ölspritzkanne	28	2160

Das Spzialwerkzeug

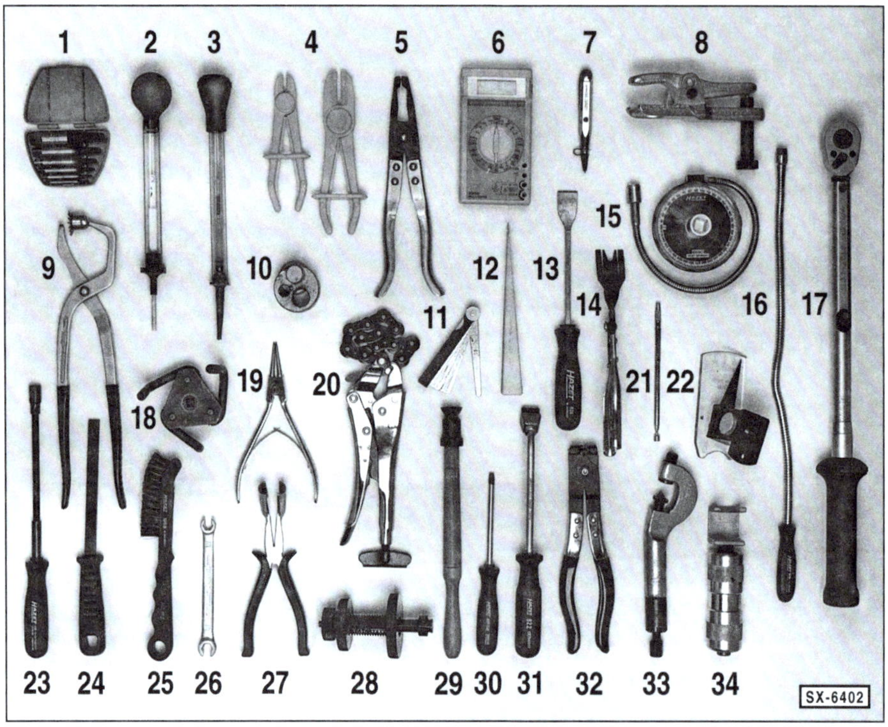

Das Spezialwerkzeug ist mit der Bestellnummer der Firma HAZET (42804 Remscheid, Postfach 100461) aufgeführt.

Abb.	Werkzeug	Hazet-Nr.
1	Schraubenausdrehersatz	840/5
2	Batteriesäureprüfer	4650-1
3	Kühlmittel-Frostschutzprüfer	–
4	Schlauchklemmen	4590/3
5	Zange für Ventilschaftabdichtungen	791-5
6	Multimeter	–
7	Spannungsprüflampe mit Spitze	2153
8	Ausdrücker für Spurstangenköpfe	1790-7
9	Bremsfedernzange	797
10	Stehbolzenausdreher	845
11	Fühlerblattlehre 0,05 – 1,0 mm	2147
12	Montagekeil	1965-20
13	Flachschaber zur Beseitigung von Dichtungsrückständen an Zylinderkopf sowie Motorblock	824
14	Abdrückzange für Verkleidungen	799-4
15	Winkelscheibe für drehwinkelgesteuerten Schraubenanzug	6690
16	Magnet-Sucher	1976
17	Drehmomentschlüssel 40 – 200 Nm	6122–1CT
18	Ölfilterschlüssel	2172
19	Spitzzange für Sicherungsringe	1846c-2
20	Ketten-Abgasrohrschneider	4682
21	Spritzdüseneinsteller für Scheibenwaschanlage	4850-1
22	Winkeleinsteller für Scheibenwischerarme	4851-1

Abb.	Werkzeug	Hazet-Nr.
23	Steckschlüssel flexibel, 8 und 10 mm	426-8, -10
24	Bremssattelfeile	4968-1
25	Bremssatteldrahtbürste	4968-2/-3
26	Offene Doppelringschlüssel für Überwurfmuttern der Bremsleitungen	612-8x10, 612-10x11
27	Zündkerzensteckerzange	1849-1
28	Kupplungs-Zentrierwerkzeug	2174
29	Ventileinschleifer	795
30	Torxschraubendreher (verschiedene Größen)	837-T20, bis -T45
31	Ziehklinge zum Entfernen von Unterbodenschutz etc.	822
32	Klemmzange für Haltebänder der Gelenkwellenmanschetten	1847-1
33	Hydraulischer Muttersprenger	846-22
34	Schlag-Ausziehgerät für Bremsbeläge, Scheibenwischerarme etc.	1966
ohne Abbildung:		
	Federspanner für Vorderfedern	4900
	Schlauchklemmenzange	798
	Kolbenringzange	790-1
	Kolbenring-Spannband	794 U 3
	Ventilfeder-Spannapparat	792-1
	Öldienstschlüssel	2567-1

Schmierung und Wartung

Schmierstoffe

Für die Motor-Schmierung sind **Mehrbereichsöle** vorgeschrieben, so daß ein jahreszeitbedingter (Sommer/Winter) Ölwechsel nicht erforderlich ist. Mehrbereichsöle bauen auf einem dünnflüssigen Einbereichsöl auf (z. B. 10 W) und werden durch sogenannte »Viskositätsindexverbesserer« im heißen Zustand stabilisiert. Dadurch ist sowohl für den kalten wie auch für den heißen Motor die richtige Schmierfähigkeit gegeben.

Es können auch **Leichtlauföle** verwendet werden. Dabei handelt es sich um Mehrbereichsöle, denen unter anderem Reibwertverminderer zugesetzt wurden, wodurch sich die Reibung innerhalb des Motors vermindert. Für das Leichtlauföl wird als Grundöl ein Synthetiköl verwendet. Die Angabe »Mineralisch«, »Teilsynthetisch« oder »Vollsynthetisch« ist nur ein Hinweis auf die Zusammensetzung des Basisöls. Zusammen mit den übrigen Bestandteilen können sich ganz unterschiedliche Qualitäten ergeben.

Anwendungsbereich/Viskositätsklassen

Die SAE-Bezeichnung gibt die Viskosität (Zähflüssigkeit) des Motoröls an. Beispiel: SAE 10 W 40:

10 – Viskosität des Öls in kaltem Zustand. Je kleiner die Zahl, desto dünnflüssiger ist das kalte Motoröl.

W – Das Motoröl ist wintertauglich.

40 – Viskosität des Öls in heißem Zustand. Je größer die Zahl, desto dickflüssiger ist das heiße Motoröl.

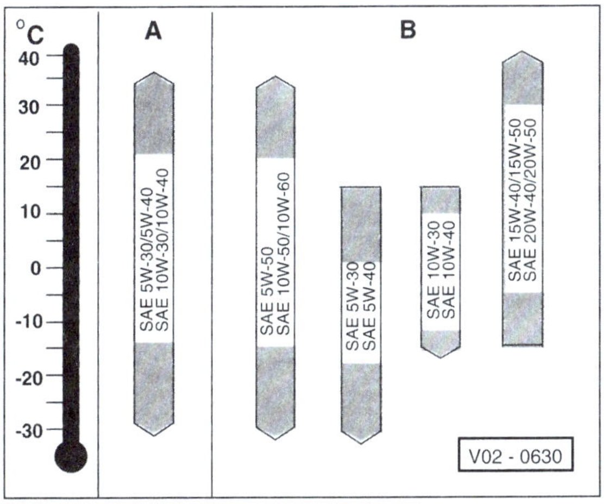

A – Mehrbereichs-Leichtlauföle
B – Mehrbereichsöle

Da sich die Einsatzbereiche benachbarter SAE-Klassen überschneiden, können kurzfristige Temperaturschwankungen unberücksichtigt bleiben. Es ist zulässig, Öle verschiedener Viskositätsklassen miteinander zu mischen, wenn einmal Öl nachgefüllt werden muß und die Außentemperaturen nicht mehr der Viskositätsklasse des im Motor befindlichen Öles entsprechen.

Zusatzschmiermittel – gleich welcher Art – sollen weder dem Kraftstoff noch den Schmierölen beigemischt werden.

Spezifikation des Motoröls

Die Qualität eines Motoröls wird durch Normen der Automobil- sowie der Ölhersteller gekennzeichnet.

Die Klassifikation der Motoröle amerikanischer Ölhersteller erfolgt nach dem **API**-System (API: American Petroleum Institut): Die Kennzeichnung erfolgt durch jeweils zwei Buchstaben. Der erste Buchstabe gibt den Anwendungsbereich an: **S** = Service, für **Ottomotoren** geeignet; **C** = Commercial, für **Dieselmotoren** geeignet. Der zweite Buchstabe gibt die Qualität in alphabetischer Reihenfolge an. Von höchster Qualität sind Öle der Spezifikation SL für Ottomotoren und CF für Dieselmotoren.

Europäische Ölhersteller geben eine **ACEA**-Spezifikation an. Dabei wird insbesondere die europäische Motorentechnologie berücksichtigt (ACEA – **A**ssociation des **C**onstructeurs **E**uropéens de l'**A**utomobile). Öle für PKW-Benzinmotoren erhalten je nach Qualität die Klassen ACEA A1 bis A3; Dieselmotoröle erhalten die Klassen B1 bis B3. Von höchster Qualität sind Öle **A3** für Ottomotoren und **B3** für Dieselmotoren.

Achtung: Motorenöle, die vom Hersteller ausdrücklich als Öle für Diesel-Motoren bezeichnet werden, sind für Ottomotoren nicht geeignet. Es gibt Öle, die sowohl für den Otto- als auch für den Diesel-Motor geeignet sind. In diesem Fall sind beide Spezifikationen (Beispiel: ACEA A3/B3 oder API SH/CD) auf der Öldose vermerkt.

Das richtige Motoröl für den VW Käfer

VW hat für die VW-Modelle **eigene Ölnormen** festgelegt. Grundsätzlich sollen nur Öle verwendet werden, die diese Normen erfüllen. Die VW-Norm steht dann auf der Öldose.

Für **Benzinmotoren** sind Motoröle erforderlich, die eine oder mehrere der folgenden Normen erfüllen: **VW-Norm 500 00, 501 01 oder 502 00.** Sollte kein Öl der angegebenen VW-Spezifikationen zur Verfügung stehen, kann zum Nachfüllen ein Mehrbereichsöl der Spezifikation API-SF, SG oder höher verwendet werden.

Achtung:
Seit 4/99 werden für neue VW-Fahrzeuge spezielle Longlife-Motorenöle vorgeschrieben, die nicht in bisherige Fahrzeuge eingefüllt werden dürfen. Longlife-Motorenöle nach den VW-Normen **503 00** für Benziner und **506 00** für Dieselmotoren dürfen **nicht** im VW Käfer verwendet werden.

Achtung: Auf keinen Fall Öl über die »Maximal«-Markierung einfüllen. Wurde zuviel Öl eingefüllt, muß das überschüssige Öl abgelassen werden. Sonst gelangt unverbranntes Öl in die Abgasanlage.

Getriebeöle

Zur Schmierung von Schaltgetriebe und Achsantrieb ist ein Hypoid-Markenöl SAE 80 oder SAE 80 W-90 der Spezifikation Mil L 2105 vorgeschrieben; bisweilen findet man auch die Kennzeichnung API/GL 4. Dieses Öl gilt für alle Klimazonen und ganzjährig.

Motorölwechsel

Der Motorölwechsel soll nur bei betriebswarmem Motor durchgeführt werden. Zum Ablassen des alten Öles Motor waagerecht aufbocken oder auf den Rädern stehen lassen. Der erste Ölwechsel erfolgt nach ca. 1000 km, dann alle 5000 km (seit September '81 alle 7500 km) oder, falls weniger gefahren wird, alle 6 Monate.

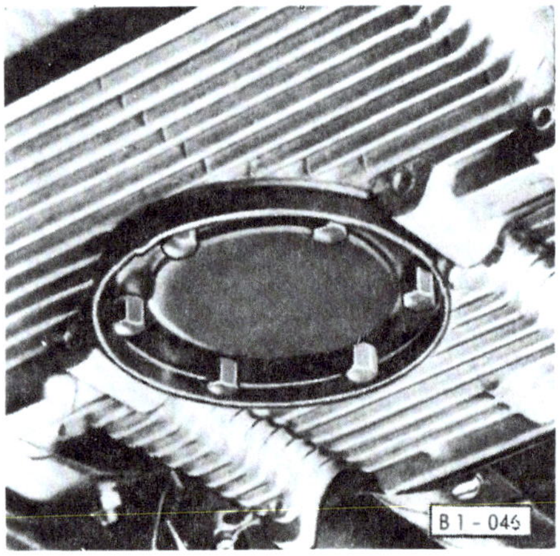

- Alle Hutmuttern am Ölsieb lösen, nur 5 Muttern abschrauben.
- Ölsiebdeckel an einer Seite mit Schraubenzieher vom Gehäuse abdrücken, Öl ablaufen lassen.

Achtung: Bei jedem Ölwechsel Ölsieb abnehmen und in Benzin reinigen. Das Öl darf nicht mit einer Sonde abgesaugt werden.

- Grundsätzlich neue Dichtungen und Dichtringe verwenden. Hutmuttern aufschrauben, nicht zu stramm anziehen.
- Öl auffüllen. Die Ölwechselmenge beträgt 2,5 Liter. Die Mengendifferenz auf dem Ölpeilstab beträgt zwischen min.- und max.-Markierung 1,25 Liter.
- Nach Probefahrt überprüfen, ob Öl am Ölsiebdeckel austritt. Gegebenenfalls Hutmuttern nachziehen.

Um die Betriebsverhältnisse des Motors besser überwachen zu können, soll beim Ölwechsel immer ein Öl gleichen Typs und möglichst auch gleicher Marke verwendet werden. Daher ist es zweckmäßig, bei jedem Ölwechsel ein Hinweisschild am Motor zu befestigen, auf dem Marke und Viskosität des Öles vermerkt sind.

Wahllos abwechselnder Gebrauch verschiedener Öltypen ist ungünstig. Motorenöle gleichen Typs, aber verschiedener Marken, sollen möglichst nicht gemischt werden. Motorenöle gleichen Typs und gleicher Marke, aber verschiedener Viskosität, können im Bedarfsfall während jahreszeitlicher Überschneidung ohne weiteres nachgefüllt werden.

Wird ständig in Gebieten mit starkem Staubanfall oder in Ländern mit arktischem Klima, also Dauertemperaturen ab etwa –20°C gefahren, sollte man das Motoröl in kürzeren Abständen wechseln.

Ölwechsel Schaltgetriebe und Achsantrieb

Ein Wechsel der gemeinsamen Hypoidfüllung für Wechselgetriebe und Achsantrieb ist nicht mehr erforderlich. Die Füllmenge beträgt etwa 2,5 Liter.

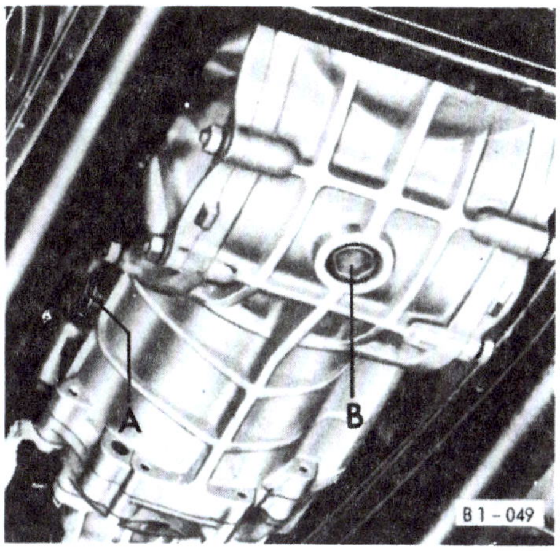

- Die Ölkontrolle erfolgt alle 20 000 km. Ölbefüllung und Kontrolle erfolgen über die Einfüllbohrung A am Getriebe. Das Öl soll bei waagerecht aufgebocktem Wagen bis zum unteren Gewinderand der Einfüllbohrung reichen. Ölstand mit Finger abtasten.
- Öl langsam einfüllen. Nachgefüllt werden muß ein Hypoid-Getriebeöl SAE 80 oder SAE 80 W 90 der Spezifikation MIL–L–2105, Kennzeichnung GL 4.

Vorderachse abschmieren

- Vorderachse einmal jährlich, mindestens aber alle 30 000 km abschmieren.

- Die Vorderachse kann nur einwandfrei bei angehobenem Vorderwagen, das heißt im entlasteten Zustand abgeschmiert werden.
- Alle 4 Schmiernippel und Fettpresse sorgfältig reinigen.
- Solange abschmieren, bis Fett an den Dichtringen austritt.
- Reifen und Bremsschläuche sofort von Fett säubern.

Scharniere schmieren

Die Türscharniere werden einmal jährlich oder alle 10 000 km geschmiert.

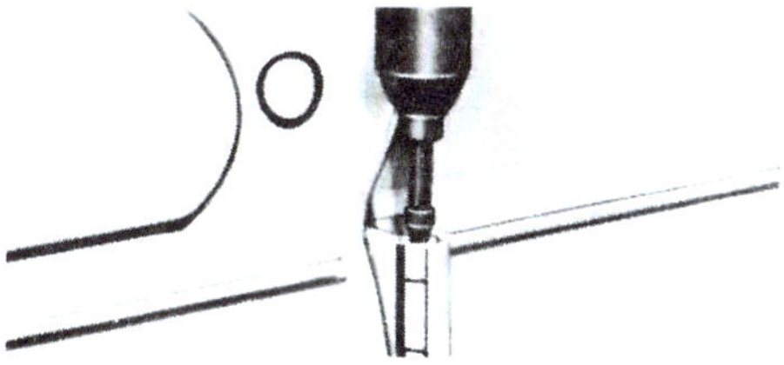

- Stopfen aus Scharnier mit Schraubenzieher entfernen.
- Scharnier mit Handpresse abschmieren, Stopfen aufdrücken.

Schlösser / Türfeststeller ölen

- Türfeststeller mit Motoröl alle 10000 km schmieren. Abtropfendes Öl sofort mit einem Lappen entfernen.

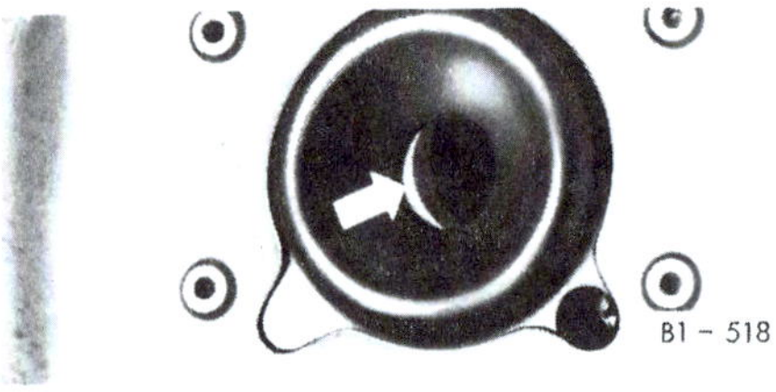

- Bei Schwergängigkeit Tür- und Deckelschlösser ölen.
- Schließzylinder der Sicherheitsschlösser nur mit Graphit schmieren. Es genügt, den vorher in Graphit getauchten Schlüssel im Schloß mehrfach hin und her zu bewegen.

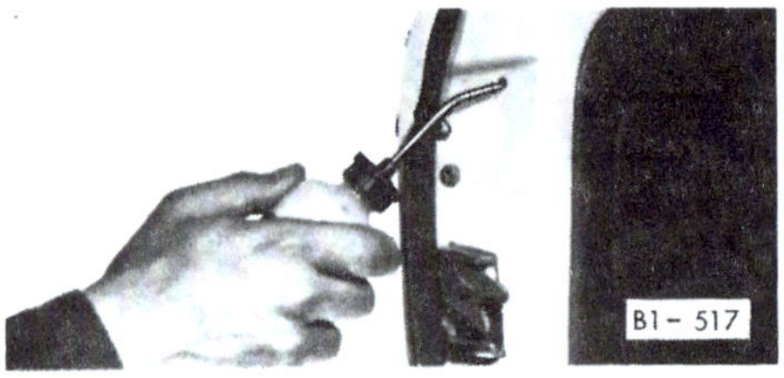

- Stopfen aus der Türschloßseite mit Schraubenzieher entfernen. Mit ein paar Tropfen Motoröl Türschloß schmieren. Die Gleitflächen an Schloßfalle und Schließplatte leicht einfetten.

Luftfilter

- Der Papierfiltereinsatz im Luftfilter wird normalerweise alle 15000 km ausgeklopft und alle 30000 km erneuert.
- Bei starkem Staubansatz muß der Einsatz in kürzeren Abständen erfolgen.
- Im Ölbadluftfilter muß die Ölfüllung alle 30000 km erneuert werden. Bei hohem Staubanfall in kürzeren Abständen.
- Luftfilteroberteil nach dem Lösen der Spannverschlüsse vom Unterteil abheben.

Achtung: Das Filteroberteil ist immer mit der Öffnung nach unten abzulegen. Es darf nicht mit Waschbenzin oder ähnlichen Lösungsmitteln gereinigt werden. Verunreinigungen (Staubkrusten) sind mit einem Lappen zu entfernen.

- Unterteil des Filters sorgfältig reinigen und bis zur Ölstandsmarke mit Motoröl SAE 30 (in arktischen Gebieten mit SAE 10 W) auffüllen.

Wasserablauflöcher öffnen

Wasserablauflöcher in den Seitenschildern des Vorderachskörpers auf Freigängigkeit prüfen, ggf. öffnen (Pfeil).

Pflegedienst

Alle 6 Monate, spätestens alle 5000 km, ist ein Pflegedienst vorgesehen (bis August 1981, seit September 1981: alle 7500 km) bei dem folgende Arbeiten durchgeführt werden müssen:

- Motor: Öl wechseln
- Ölsieb: Reinigen
- Behälter für Bremsflüssigkeit: Flüssigkeitsstand prüfen
- Bremsbeläge: Dicke prüfen
- Batterie: Säurestand prüfen, ggf. destilliertes Wasser nachfüllen
- Bremsbacken: Einstellen (ab Sept. 81)
- Kupplungspiel: Einstellen (ab Sept. 81)
- Ventilspiel: Einstellen (ab Sept. 81)

Wartung

Die Wartung muß einmal im Jahr, spätestens bei km-Stand 10000, 20000, 30000 usw. durchgeführt werden (bis Aug. 81). Seit September 1981 einmal jährlich, spätestens alle 15000 km.

Motor und Kupplung

- Motor: Öl wechseln, Ölsieb reinigen
- Zündverteiler: Unterbrecherkontakt und Zündzeitpunkt überprüfen bzw. einstellen
- Zündkerzen: Ersetzen (seit Sept. 81)
- Unterbrecherkontakt: Ersetzen (seit Sept. 81)
- Ventile: Einstellen, Dichtung für Zylinderkopfhauben ersetzen
- Keilriemen: Spannung und Zustand prüfen
- Kompression: Prüfen
- Vergaser: Leerlauf des Motors bei betriebswarmem Motor prüfen
- Auspuffanlage: Auf Beschädigungen prüfen
- Motor: Sichtprüfung auf Ölundichtigkeiten
- Kupplung: Kupplungsspiel am Pedal prüfen, ggf. einstellen

Getriebe, Achsantrieb, Lenkung

- Gelenkschutzhüllen: Auf Undichtigkeiten und Beschädigungen prüfen
- Schaltgetriebe: Sichtprüfung auf Undichtigkeiten
- Lenkgetriebe: Ölstand kontrollieren
- Getriebe/Achsantrieb: Ölstand prüfen, ggf. Hypoidöl nachfüllen

Vorderachse und Lenkung

- Spurstangenköpfe: Spiel und Befestigung prüfen, Staubkappen prüfen
- Achsgelenke: Staubkappen prüfen
- Lenkung: Spiel prüfen, Faltenbälge auf Undichtigkeiten und Beschädigungen prüfen
- Sturz und Gesamtspur prüfen
- Federbein-Führungsgelenke: Staubkappen prüfen
- Wasserablauflöcher in der Vorderachse: Mit Draht öffnen

Aufbau

- Türscharniere und Türfeststeller: Schmieren
- Scharniere am hinteren Deckel: Schmieren
- Unterbodenschutz: Kontrollieren, ggf. ausbessern

Bremsen, Reifen, Räder

- Bremsanlage: Leitungen, Schläuche und Anschlüsse auf Undichtigkeiten und Beschädigungen prüfen
- Fußbremse: Leerweg des Bremspedals prüfen, Bremse einstellen
- Handbremse: Leerweg des Handbremshebels prüfen, Bremse einstellen
- Bremsbeläge vorn und hinten: Belagstärke prüfen
- Bereifung: Auf Verschleiß und Beschädigungen prüfen (einschl. Reserverad)
- Räder: Befestigungsschrauben auf vorgeschriebenes Drehmoment anziehen

Elektrische Anlage

- Alle Stromverbraucher: Auf Funktion prüfen
- Scheinwerfer: Prüfen, gegebenenfalls einstellen
- Scheibenwaschanlage: Auf Funktion prüfen, Düsenstellung kontrollieren
- Batterie: Spannung und Säurestand prüfen

Zusätzlich bei km-Stand 20000, 40000 usw.

- Zündverteiler: Unterbrecherkontakt ersetzen, Schließwinkel und Zündzeitpunkt einstellen
- Zündkerzen ersetzen

Zusätzlich bei km-Stand 30000, 60000 usw.

- Ölbadluftfilter: Unterteil reinigen, neues Öl einfüllen
- Trockenluftfilter: Filtereinsatz ersetzen
- Vorderachse: Schmieren
- Türscharniere und Türfeststeller: Schmieren
- Automatisches Getriebe: ATF wechseln, Ölwanne und Ölsieb reinigen, Ölwannendichtung erneuern (Werkstattarbeit)

Alle 2 Jahre

- Bremssystem: Bremsflüssigkeit wechseln

Stromlaufpläne

Der Umgang mit dem Stromlaufplan

Der Stromlaufplan vermittelt übersichtlich und anschaulich die Stromwege im Fahrzeug. Anhand der Legende und der verschiedenen Strompfade läßt sich sehr schnell der Weg des Stromes innerhalb eines Stromkreises nachvollziehen.

Beim Stromlaufplan symbolisiert der untere, gelbe Rand die Fahrzeugmasse, also die Anschlüsse zum Minuspol der Batterie.

Herauspräpariert sind die einzelnen, speziellen Stromkreise mit den dazugehörigen Schaltelementen. Die Stromkreise liegen der Übersichtlichkeit wegen nebeneinander und sind unten, im gelben Streifen, fortlaufend numeriert.

In der Erläuterung (Legende) neben dem eigentlichen Stromlaufplan wird das entsprechende Schaltungsteil mit der dazugehörigen Nummer aufgesucht. Die gleiche Nummer findet man unten im gelben Streifen wieder.

Man kann selbstverständlich den Schaltplan auch umgekehrt benutzen, indem man zum Beispiel erst im Stromlaufplan ein Schaltbild aufsucht, dessen Bedeutung unklar ist. Dann findet man in der entsprechenden Legende anhand des betreffenden Buchstabens die Bezeichnung des Teils.

Die Zuteilung der Kennbuchstaben erfolgt dabei nach einem bestimmten Schema, und zwar haben die Fahrleuchten ein L, die Kontrolleuchten ein K, die Signalleuchten ein M. Die Schalter für Handbedienung sind mit E bezeichnet, mechanische Schalter dagegen mit F. Alle Motoren haben ein V, die Relais ein J.

Die Erläuterungen für die gebräuchlichsten Schaltzeichen sind auf Seite 199 zusammengetragen.

Alle Verbindungsleitungen sind, wie schon im Schaltplan, ein- oder mehrfarbig dargestellt. Es sind die gleichen Farben, wie die Leitungen im Fahrzeugnetz. Die Farbzuteilung ist dabei fast immer dieselbe: Rot für Plus, Braun für Masse, usw. Die kleinen oben in die bunten Striche eingerückten Zahlen geben dabei den Leitungsquerschnitt in mm² an.

Bei Teilen, deren Gehäuse unmittelbaren Kontakt zur Masse haben, wo also keine besondere Masseverbindung besteht, wird dies im Stromlaufplan mit einer dünnen, schwarzen Linie angedeutet. In gleicher Weise ist auch die innere Schaltung der einzelnen Bauteile dargestellt.

Die übrigen Zahlen und Buchstaben haben folgende Bedeutung: Die Zahlen an den Anschlußstellen der Leitungen mit den Verbrauchern, Schaltern usw. decken sich mit der Kennzeichnung an diesen Teilen.

Die Zahlen in den gelbunterlegten Quadraten am Ende eines Strompfades weisen auf den Stromkreis hin, in dem der Strompfad weitergeführt wird.

Die Zahlen in den weißen Kreisen unten bezeichnen bestimmte Massepunkte, deren Lage in der Legende erklärt.

Stehen die Zahlen in den orangeroten Kreisen, handelt es sich um Leitungen des Diagnose-Netzes, die von den betreffenden Anschlußpunkten direkt zur Zentralsteckdose führen.

Schaltzeichen für Stromlaufpläne

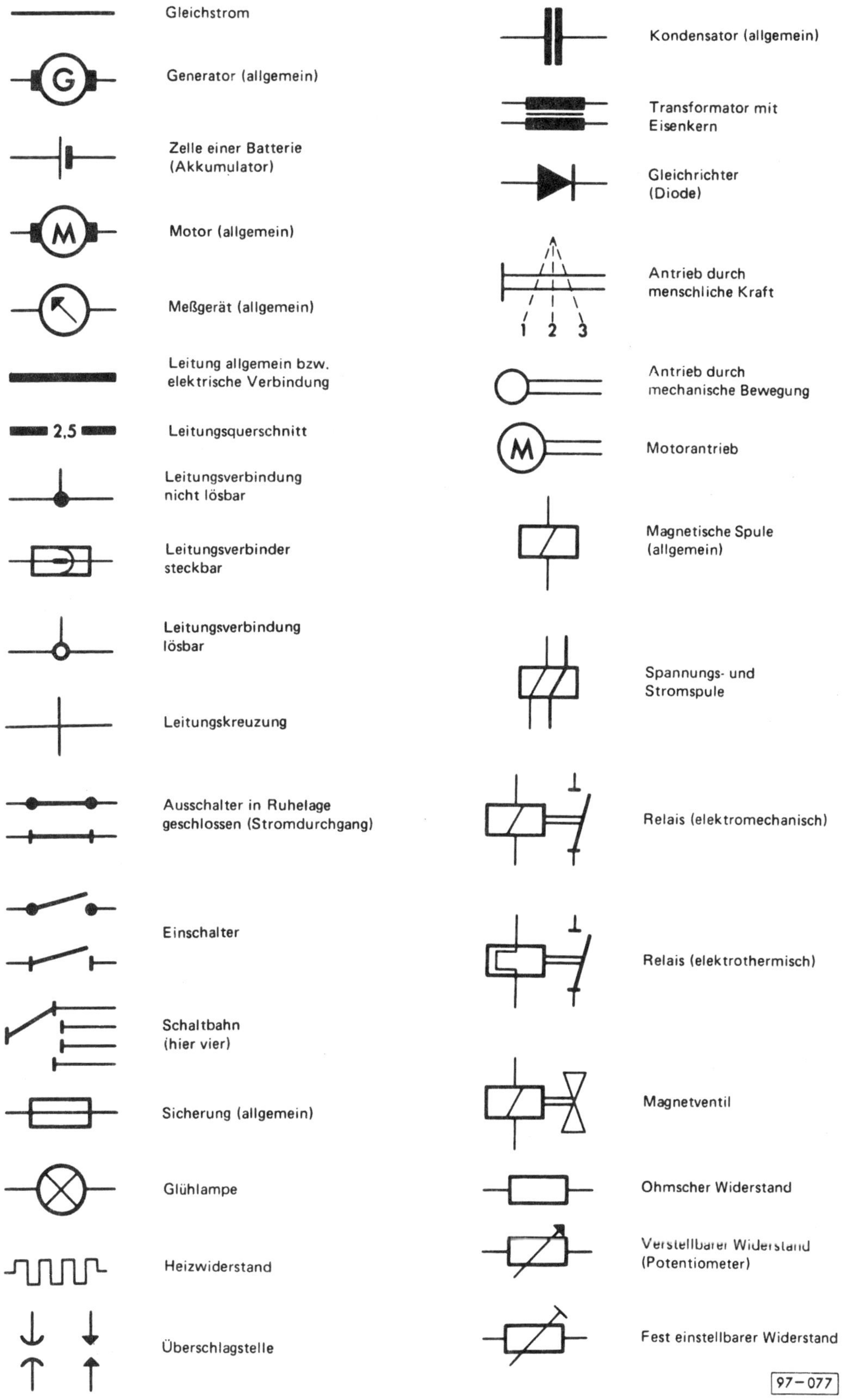

Stromlaufpläne

Aus Kostengründen ist es nicht möglich, die Schaltpläne aller Modelljahre mitzuliefern. Da die Änderungen in der Regel jedoch nur in Detailbereichen stattfinden, kann man sich auch dann, wenn das eigene Fahrzeug einem anderen Modelljahr angehört, an den vorliegenden Schaltplänen orientieren.

Stromlaufplan VW 1200/1200 L
ab August 1975

Stromlaufplan VW 1303
ab August 1974

Stromlaufplan VW 1200
ab August 1974

Zusatzstromlaufplan VW 1300/1303
ab August 1974

Zusatzstromlaufplan
Nebelscheinwerfer und Nebelschlußleuchte

Schaltungsänderung
Drehstromgenerator/Spannungsregler

Die orangefarbig ausgelegten Kreise bezeichnen die Anschlüsse der Leitungen des Prüfnetzes, die direkt von den Anschlußpunkten zur Zentralsteckdose führen.

Die Zahlen in den Kreisen entsprechen der Belegung in der Zentralsteckdose.

Schaltungsänderung Drehstromgenerator/Spannungsregler

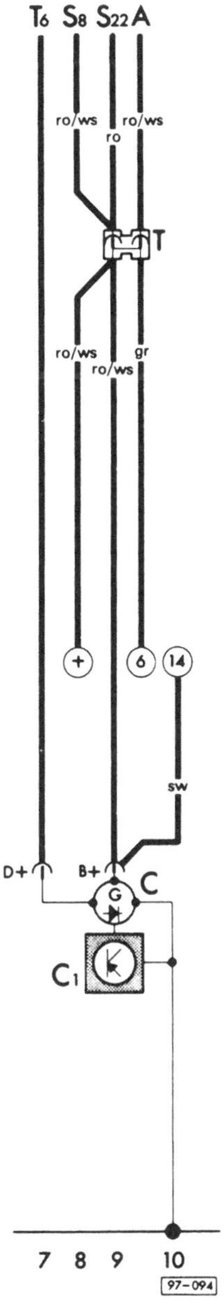

Benennung	in Strompfad
L^{23} – Lampe für Nebelscheinwerfer rechts	6
S^2 – Sicherungen in der Sicherungsdose	4
S^6 – Sicherungen in der Sicherungsdose	3
S^8 – Sicherungen in der Sicherungsdose	6, 8
S^{10} – Sicherungen in der Sicherungsdose	6
S^{21} – Einzelsicherung für Nebelscheinwerfer (16 A)	5
S^{22} – zur Einzelsicherung für beheizbare Heckscheibe	9
T – Leitungsverteiler im Motorraum	9, 10
T^6 – zur Steckverbindung, achtfach, hinter der Schalttafel	7

FACHLITERATUR

In diesem Buch wird die faszinierende Geschichte des legendären VW Käfers erzählt. Lange Zeit galt als sicher, dass alle Prototypen des Käfers verschrottet wurden. Doch auf einem österreichischen Schrottplatz wurden Teile des Modells „VW 30“ gefunden, die zwischen 1936 und 1938 gebaut wurden. Diese Prototypen legten rund zwei Millionen Testkilometer zurück und waren entscheidend für den späteren Erfolg des Käfers, der von 1938 bis 2003 über 21 Millionen Mal gebaut wurde. Das Buch bietet alle Details zum Fund und eine umfassende Chronik der Rekonstruktion.

Thorsten Elbrigmann
Der erste Käfer
Wiedergeburt des VW 30
ISBN 978-3-667-12880-5

Peter Kurze
VW Käfer – Bewegte Zeiten
Die Erfolgsgeschichte des VW Käfers und das Lebensgefühl einer Generation mit Original-Dokumenten und zeitgenössischen Fotos
ISBN 978-3-667-11836-3

GUTE FAHRT
Das Magazin für VW-, Audi-, Porsche-, Skoda- und Cupra-Fahrer erscheint mit brandaktuellen Informationen über die neuesten Modelle, ausführlichen Test- und Fahrberichten, allen Neuigkeiten aus den Werken sowie Technik- und Service-Teil.
gute-fahrt.de/abo

DELIUS KLASING

shop.delius-klasing.de/auto

Stromlaufplan VW 1200, ab August 1974

	Benennung	in Strompfad
A	– Batterie	5
B	– Anlasser	6, 7
C	– Gleichstromgenerator	2
C^1	– Reglerschalter	1, 2, 3
D	– Zündanlaßschalter	7, 8
E	– Schalter für Scheibenwischer	8
E^1	– Lichtschalter	12, 14
E^2	– Blinkerschalter mit Kontakt für Handabblendung und Lichthupe	9, 29, 30
E^3	– Warnlichtschalter	26, 28, 30, 32, 33
F	– Bremslichtschalter	22
F^1	– Öldruckschalter	24
F^4	– Schalter für Rückfahrleuchten	34
H	– Signalhornbetätigung	20
H^1	– Signalhorn	20
J	– Relais für Handabblendung und Lichthupe	9, 10, 12
J^2	– Warnblinkrelais	26, 27
K^1	– Kontrollampe für Fernlicht	11
K^2	– Kontrollampe für Gleichstromgenerator	23
K^3	– Kontrollampe für Öldruck	24
K^5	– Kontrollampe für Blinker	25
K^6	– Kontrollampe für Warnblinkanlage	33
L^1	– Zweifadenlampe für Scheinwerfer, links	10
L^2	– Zweifadenlampe für Scheinwerfer, rechts	12
L^6	– Lampe für Beleuchtung Geschwindigkeitsmesser	13
M^1	– Lampe für Standlicht links	14
M^2	– Lampe für Schlußlicht rechts	17
M^2	– Lampe für Bremslicht rechts	21
M^3	– Lampe für Standlicht rechts	15
M^4	– Lampe für Schlußlicht links	18
M^4	– Lampe für Bremslicht links	22
M^5	– Lampe für Blinklicht vorn links	28
M^6	– Lampe für Blinklicht hinten links	29
M^7	– Lampe für Blinklicht vorn rechts	31
M^8	– Lampe für Blinklicht hinten rechts	32
M^{16}	– Lampe für Rückfahrleuchte links	34
M^{17}	– Lampe für Rückfahrleuchte rechts	35
N	– Zündspule	37
N^1	– Vergaserstartautomatik	39
N^3	– Elektromagnetisches Absperrventil	40
O	– Zündverteiler	37, 38
P	– Zündkerzenstecker	38
Q	– Zündkerzen	38
S^1 bis S^{12}	– Sicherungen in der Sicherungsdose	8, 10, 12, 14, 18, 19, 22, 25, 26
S^{13}	– Einzelsicherung für Rückfahrleuchten (8 A)	34
T	– Leitungsverteiler hinter der Schalttafel im Motorraum	
T^1	– Flachsteckerführung, einfach, – hinter der Schalttafel – unter der Rücksitzbank	
T^2	– Flachsteckerführung, zweifach, im Kofferraum	
T^3	– Flachsteckerführung, vierfach, hinter der Motorraumdämpfung links	
T^{20}	– Zentralsteckdose	36
V	– Scheibenwischermotor	8
W	– Innenleuchte	19
X	– Kennzeichenleuchte	16

Die **orangefarbig** ausgelegten Kreise bezeichnen die Anschlüsse der Leitungen des Prüfnetzes, die direkt von den Anschlußpunkten zur Zentralsteckdose führen.

Die Zahlen in den Kreisen entsprechen der Belegung in der Zentralsteckdose.

① – Masseband von Batterie zum Rahmen
② – Masseband von Getriebe zum Rahmen
④ – Masseleitung über Lenkkupplung
⑩ – Massepunkt Schalttafel
⑪ – Massepunkt Geschwindigkeitsmesser

Zusatzstromlaufplan VW 1300 und 1303, ab August 1974

Der Zusatzstromlaufplan enthält:
Scheibenwischer-Intervallbetrieb, Getriebe-Automatik, Anhängerbetrieb.

	Benennung	in Strompfad
B	– Anlasser	**19, 20**
B^1	– zum Anlasser Klemme 30	**25**
D	– Zündanlaßschalter	**20**
E^{17}	– Anlaßsperrschalter	**18, 20**
E^{21}	– Wählhebelkontakt	**17**
E^{22}	– Scheibenwischerschalter für Intervallbetrieb	**13, 14**
J^{11}	– Relais für Intervallschaltung	**15, 16**
J^{20}	– Blinkwarnlichtrelais für Anhängerbetrieb	**21, 22**
K^{18}	– Kontrollampe für Anhängerbetrieb	**22**
M^2	– Lampe für Schluß- und Bremslicht rechts	**27**
M^4	– Lampe für Schluß- und Bremslicht links	**23**
M^6	– Lampe für Blinklicht hinten links	**24**
M^8	– Lampe für Blinklicht hinten rechts	**26**
N^7	– Steuerventil	**18**
S^{10}	– Sicherungen in der Sicherungsdose	**11**
S^{11}		**18**
S^{22}	– Einzelsicherung für Verbraucher im Anhänger	**25**
U	– Steckdose für Anhänger	**25**
V	– Scheibenwischermotor	**10, 13**
X	– Kennzeichenleuchte	**28**